Daniel Richard
Patrick Chevalet Nathalie Giraud Fabienne Pradere Thierry Soubaya

Biologie im Überblick

Grundwissen in Lerneinheiten

Aus dem Französischen übersetzt
von Hildegard Malka

Springer Spektrum

Daniel Richard, Professor am Institut universitaire de formation des maîtres Midi Pyrénées, Toulouse, Frankreich
Patrick Chevalet, Université Toulouse II-Le Mirail, Toulouse, Frakreich
Fabienne Pradere, Professor am Institut universitaire de formation des maîtres Midi-Pyrénées, Toulouse, Frankreich
Nathalie Giraud, Professor am Institut universitaire de formation des maîtres Midi-Pyrénées, Toulouse, Frankreich
Thierry Soubaya, Professor am Lycée Pierre de Fermat, Toulouse, Frankreich

Aus dem Französischen übersetzt von **Hildegard Malka**

ISBN 978-3-8274-2929-2 ISBN 978-3-8274-2930-8 (eBook)
DOI 10.1007/978-3-8274-2930-8

Die Deutsche Nationalbibliothek verzeichnet diese Publikation in der Deutschen Nationalbibliografie; detaillierte bibliografische Daten sind im Internet über http://dnb.d-nb.de abrufbar.

Springer Spektrum
Übersetzung der französischen Ausgabe:
MAXI FICHES Biologie von Daniel Richard, Patrick Chevalet, Fabienne Pradere, Nathalie Girau und **Thierry Soubaya**, erschienen bei Dunod, Paris, 2011, **© Dunod, Paris, 2011**. Alle Rechte vorbehalten

Planung und Lektorat: Dr. Ulrich G. Moltmann, Dr. Christoph Iven
Redaktion: Dr. Sonja Bernhardt, Kaja Rosenbaum-Feldbrügge
Satz: TypoDesign Hecker GmbH, Leimen
Einbandabbildung: © Fotolia
Einbandentwurf: SpieszDesign, Neu-Ulm

Gedruckt auf säurefreiem und chlorfrei gebleichtem Papier

Springer Spektrum ist eine Marke von Springer DE.
Springer DE ist Teil der Fachverlagsgruppe Springer Science+Business Media.
www.springer-spektrum.de

Inhaltsverzeichnis

1 Organische Biomoleküle

Worum es geht:
Kohlenhydrate, Lipide, Proteine, Nucleinsäuren, Makromoleküle

Biomoleküle sind die grundlegenden Bausteine des Lebens, denn sie erfüllen wichtige Funktionen in Organismen. Man unterscheidet anorganische Moleküle, deren wichtigstes das Wasser ist, und organische Moleküle, die durch Kohlenstoffketten und damit verbundene funktionelle Gruppen unterschiedlicher Natur charakterisiert sind.

Nach der Länge der Kohlenstoffkette und der Art der funktionellen Gruppen teilt man sie in vier Hauptklassen von Molekülen ein: Kohlenhydrate (Zucker), Proteine (Eiweiße), Nucleinsäuren und Lipide (Fette).

Die Molekülmasse der Kohlenhydrate, Proteine und Aminosäuren kann niedrig sein, aber auch über 10^4 Da betragen; man bezeichnet sie dann als Makromoleküle. Dagegen haben Lipide immer eine Molekülmasse von < 750 Da, d. h. sie bilden keine Makromoleküle.

1. Kohlenhydrate

Saccharide (Zucker) mit der Bruttoformel $C_n(H_2O)_n$ sind organische Moleküle, die eine reduzierende Aldehyd- (–CHO) oder Ketogruppe (>C=O) und mindestens eine Hydroxylgruppe (–OH) enthalten.

Sie werden in zwei große Kategorien aufgeteilt (Abb. 1):

- **Monosaccharide** oder Einfachzucker sind nicht hydrolisierbare Zucker, die größtenteils 3 bis 7 Kohlenstoffatome, mindestens zwei Hydroxylgruppen und eine reduzierende Aldehyd- (Aldosen) oder Ketogruppe (Ketosen) tragen. In wässriger Lösung nehmen sie durch eine intramolekulare Reaktion zwischen der Carbonyl- und einer Hydroxylgruppe eine zyklische Konfiguration mit 4 oder 5 Kohlenstoffatomen im Ring an (Abb. 2).
- **Glycoside** dagegen sind hydrolisierbare Moleküle. Sie entstehen durch Kondensationsreaktionen von zwei oder mehr Monosacchariden oder deren Derivaten unter Bildung einer Zuckerbindung. Diese Etherbindung entsteht durch die Reaktion zwischen der Hydroxylgruppe der reduzierenden Aldehyd- oder Ketogruppe eines Saccharids und der Hydroxylgruppe eines anderen Saccharids.

Holoside bestehen ausschließlich aus Monosacchariden, während Heteroside aus Monosacchariden und nicht-Zucker-Komponenten bestehen, die dann als Aglycone bezeichnet werden.

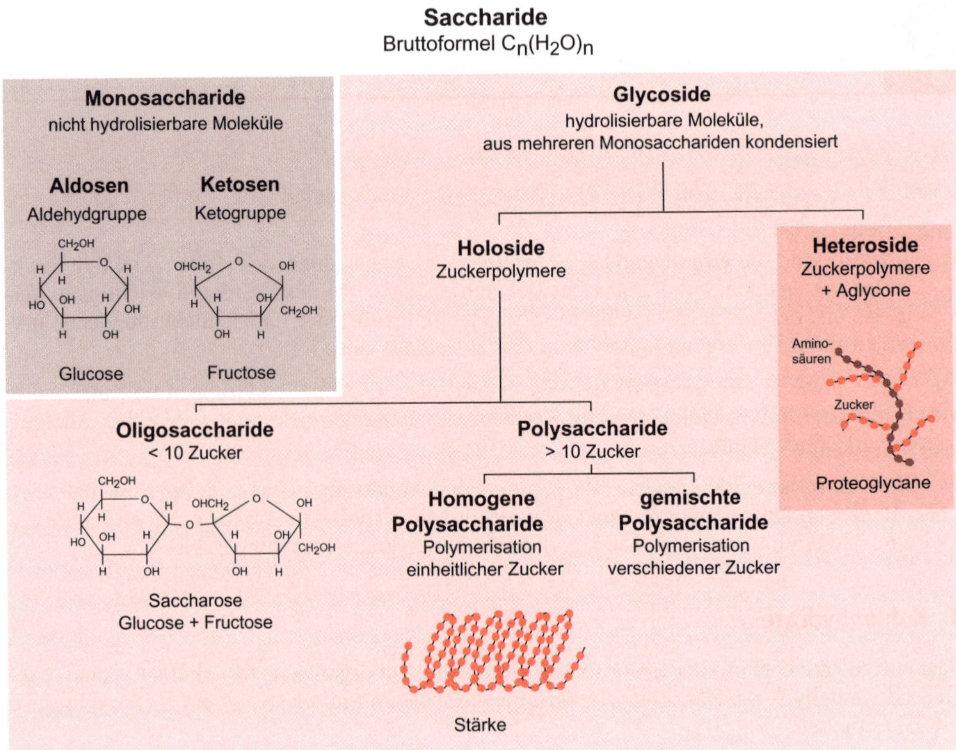

Abb. 1 Einteilung der Kohlenhydrate

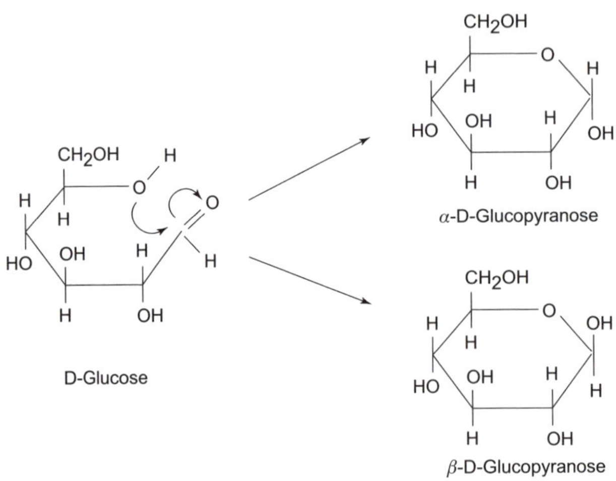

Abb. 2 Ringbildung der Glucose zu Glucopyranose

2. Proteine

Proteine bilden eine Molekülgruppe, die aus den Elementen Kohlenstoff, Wasserstoff, Sauerstoff und Stickstoff besteht. Grundbausteine dieser Gruppe sind die Aminosäuren (Abb. 3).

Aminosäuren enthalten immer eine Carboxylgruppe (–COOH), eine Aminogruppe ($-NH_2$) und eine Seitenkette (–R).

Sie können sich untereinander über die **Peptidbindung** verbinden, die durch eine Kondensationsreaktion zwischen einer Carboxyl- und einer Aminogruppe zweier verschiedener Aminosäuren unter Abspaltung von einem Molekül Wasser entsteht.

Die Zusammensetzung einer Aminosäurekette (Aminosäuresequenz) wird auch als Primärstruktur bezeichnet (Abb. 3B).

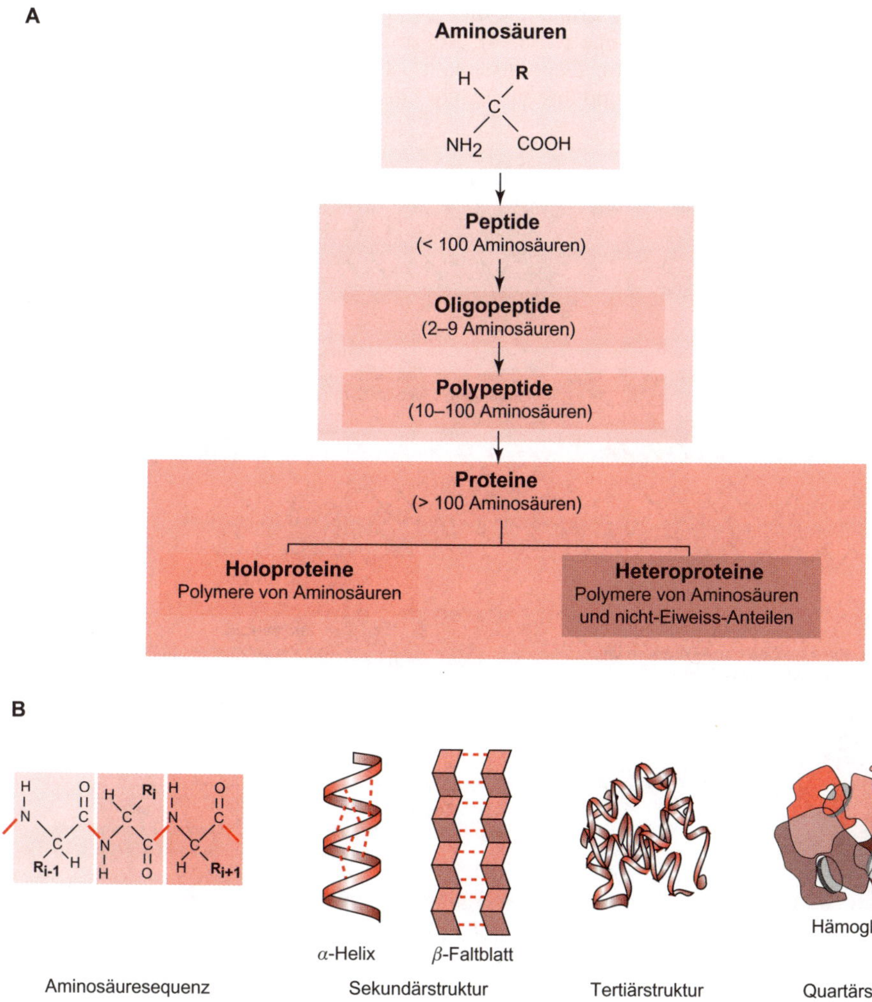

Abb. 3 Proteine
A: Einteilung; **B:** Organisationsstufen der Peptide und Proteine

Räumlich nahe beieinander liegende Aminosäuren interagieren in der Primärstruktur über Wasserstoffbrückenbildung oder hydrophobe Kräfte, was die Bildung der Sekundärstruktur induziert; Beispiele für häufig vorkommende stabile Sekundärstrukturen sind α-Helix und β-Faltblatt.

Das Verknäulen einer Sekundärstruktur erzeugt Wechselwirkungen zwischen entfernt liegenden Aminosäuren der primären Aminosäuresequenz und führt somit zur dreidimensionalen Anordnung der Proteine, auch Tertiärstruktur genannt.

Schließlich vereinigen sich mehrere Peptidketten untereinander und ergeben die Quartärstruktur. Diese Organisationsstufe betrifft nur die Proteine und nicht die Peptide.

3. Lipide

Im Gegensatz zu den Zuckern und Proteinen, die eine relativ homogene Gruppe bilden, sind Lipide eine sehr heterogene Gruppe (Abb. 4). Aufgrund dieser Vielfalt kann man sie nur schwer strukturell definieren; ihre Gemeinsamkeit ist vielmehr ihre Unlöslichkeit (oder schwache Löslichkeit) in Wasser und ihre Löslichkeit in organischen Lösungsmitteln.

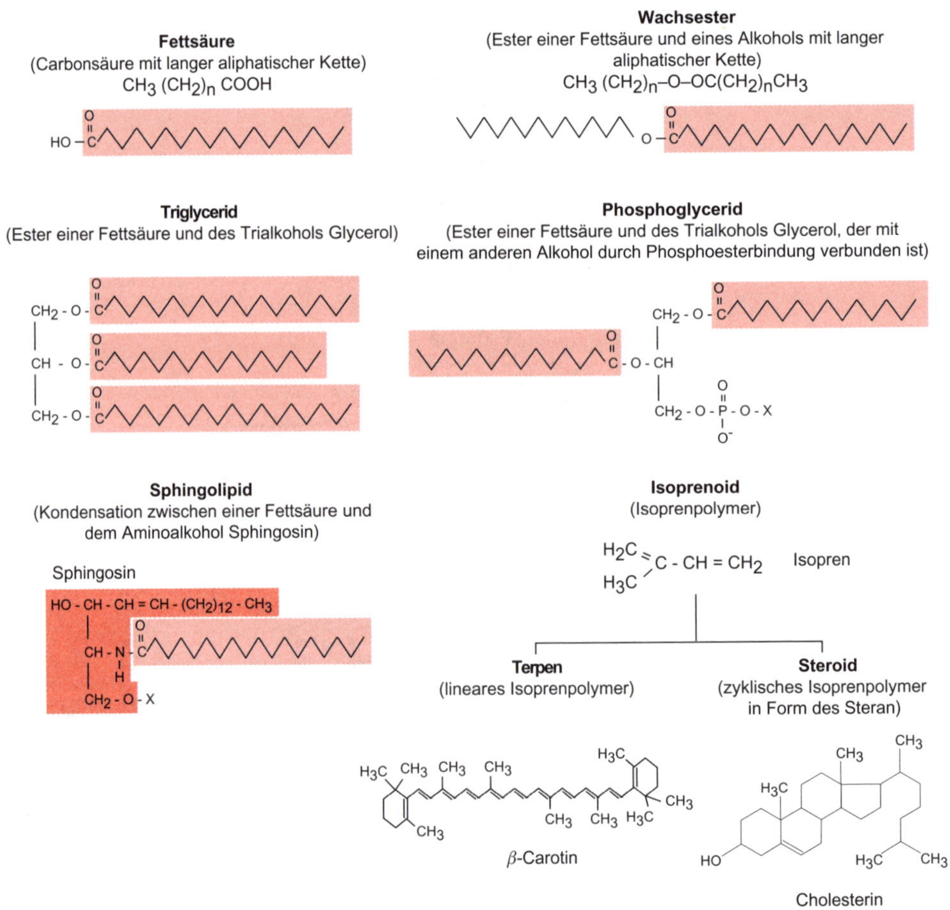

Abb. 4 Einteilung der Lipide

4. Nucleinsäuren

Nucleinsäuren sind Polymere der Nucleosid-5-Phosphate, die durch Phosphodiesterbindungen miteinander verbunden sind (Abb. 5).

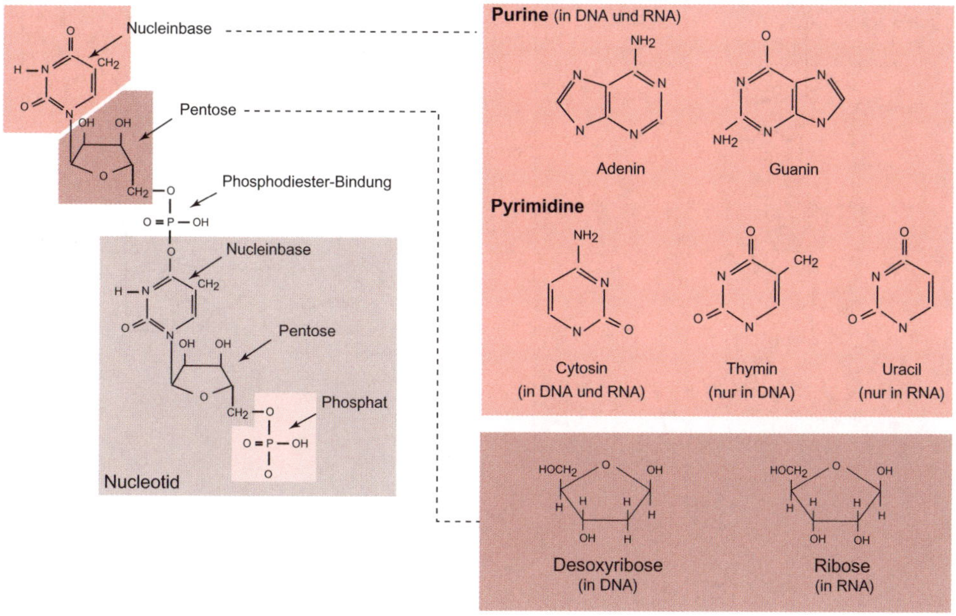

Abb. 5 Struktur der Nucleinsäuren

Ein **Nucleosid** entsteht aus der Kondensationsreaktion einer Pentose (Zucker mit fünf Kohlenstoffatomen) und einer Stickstoffbase. Die Veresterung einer Hydroxylgruppe der Pentose mit Phosphorsäure führt zur Bildung eines **Nucleotids**.

Je nach Art der Pentose unterscheidet man zwei Arten von Nucleinsäuren:

- die DNA, Desoxyribonucleinsäure, enthält Desoxyribose;
- die RNA, Ribonucleinsäure, enthält Ribose.

Die Anwesenheit einer Hydroxylgruppe in 2'-Stellung der Ribose bei der RNA verhindert die Ausbildung eines Doppelstrangs, wie dies bei der DNA der Fall ist (Abb. 6).

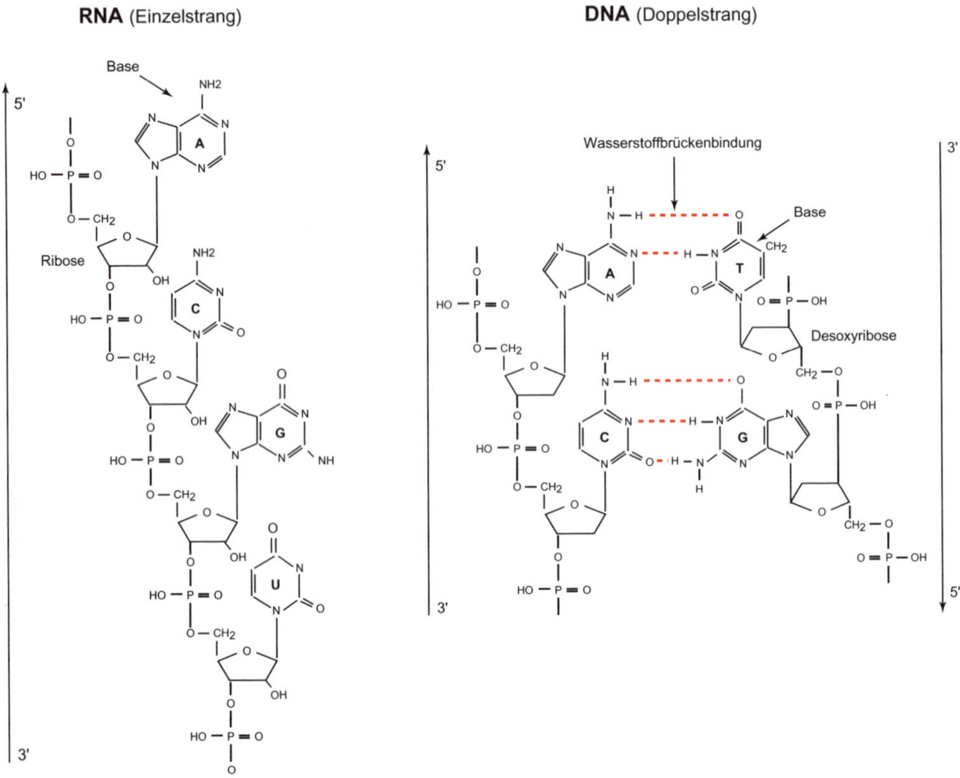

Abb. 6 Primärstruktur der RNA und DNA

Die Nucleotide der DNA, wie auch die der RNA, enthalten vier verschiedene Nucleinbasen, die zwei großen Familien angehören: den Purin- und den Pyrimidinbasen. Zwei Purinbasen (Adenin und Guanin) und eine Pyrimidinbase (Cytosin) kommen in beiden Nucleinsäuren vor. Dagegen ist die Pyrimidinbase Uracil spezifisch für die RNA und ihre methylierte Variante Thymin für die DNA.

Die in den Verbindungen vorliegenden Phosphodiestergruppen sind bei physiologischem pH-Wert negativ geladen, und verleihen somit den Nucleinsäuren eine negative Nettoladung.

2 Aufgaben der organischen Biomoleküle

Worum es geht:
Kohlenhydrate, Lipide, Proteine, Nucleinsäuren

Organische Biomoleküle, eingeteilt in die vier Hauptgruppen Kohlenhydrate, Proteine, Nucleinsäuren und Lipide, sind am Aufbau und Stoffwechsel der Zelle beteiligt. Sie sind Struktur-, Energie- und Informationsträger.

1. Strukturelle Aufgabe der Biomoleküle

Organische Biomoleküle sind am Aufbau der Lebewesen beteiligt, indem sie die Zellkompartimentierung, die Stabilität der Zellform und den Zusammenhalt der Gewebe gewährleisten (Abb. 1).

Die Zellkompartimentierung wird durch Membranen sichergestellt, die hauptsächlich aus Lipiden und Proteinen bestehen.

Die wichtigsten Lipide, die man in Membranen vorfindet, sind Glycerophospholipide und Sphingolipide, deren gemeinsames Merkmal die Amphiphilie ist, d. h. sie besitzen sowohl polare als auch unpolare Gruppen.

Sie sind in einer Doppelschicht so angeordnet, dass der hydrophile (polare) Teil nach außen und der hydrophobe (unpolare oder apolare) Teil nach innen gerichtet ist.

Die Membranen der tierischen Zellen enthalten außerdem Steroide vom Typ Cholesterin, das die Membran verstärkt.

In die Membran integrierte **Proteine** sind am Austausch der Zellen beteiligt und tragen zum Zellzusammenhalt bei, indem sie die Zellen untereinander und mit der extrazellulären Matrix verbinden.

Polysaccharide, die kovalent an Lipide und an Membranproteine gebunden sind, bilden in tierischen Zellen die Glykokalix. Sie fördern den Zusammenhalt zwischen den Zellen, verleihen ihnen ihre Identität und dienen als Membranrezeptoren.

In pflanzlichen Zellen verbinden sich Polysaccharide vom Typ Cellulose, Hemicellulose oder Pektin mit Proteinen zur Bildung der **Zellwand**.

Die Form der Zelle wird durch ein inneres Gerüst, das Cytoskelett, gewährleistet. Es besteht aus einem Netzwerk von Proteinfasern, das aus Mikrofilamenten, Intermediärfilamenten und Mikrotubuli aufgebaut ist. Diese Proteine sind in mehr oder weniger dichten Netzen angeordnet, die unter anderem die Verankerung der Organellen im Cytosol ermöglichen. Außerdem gibt es dynamische Strukturen, die sowohl an der Bewegung der Organellen und der Chromosomen beteiligt sind als auch an der Bindung an die extrazelluläre Matrix.

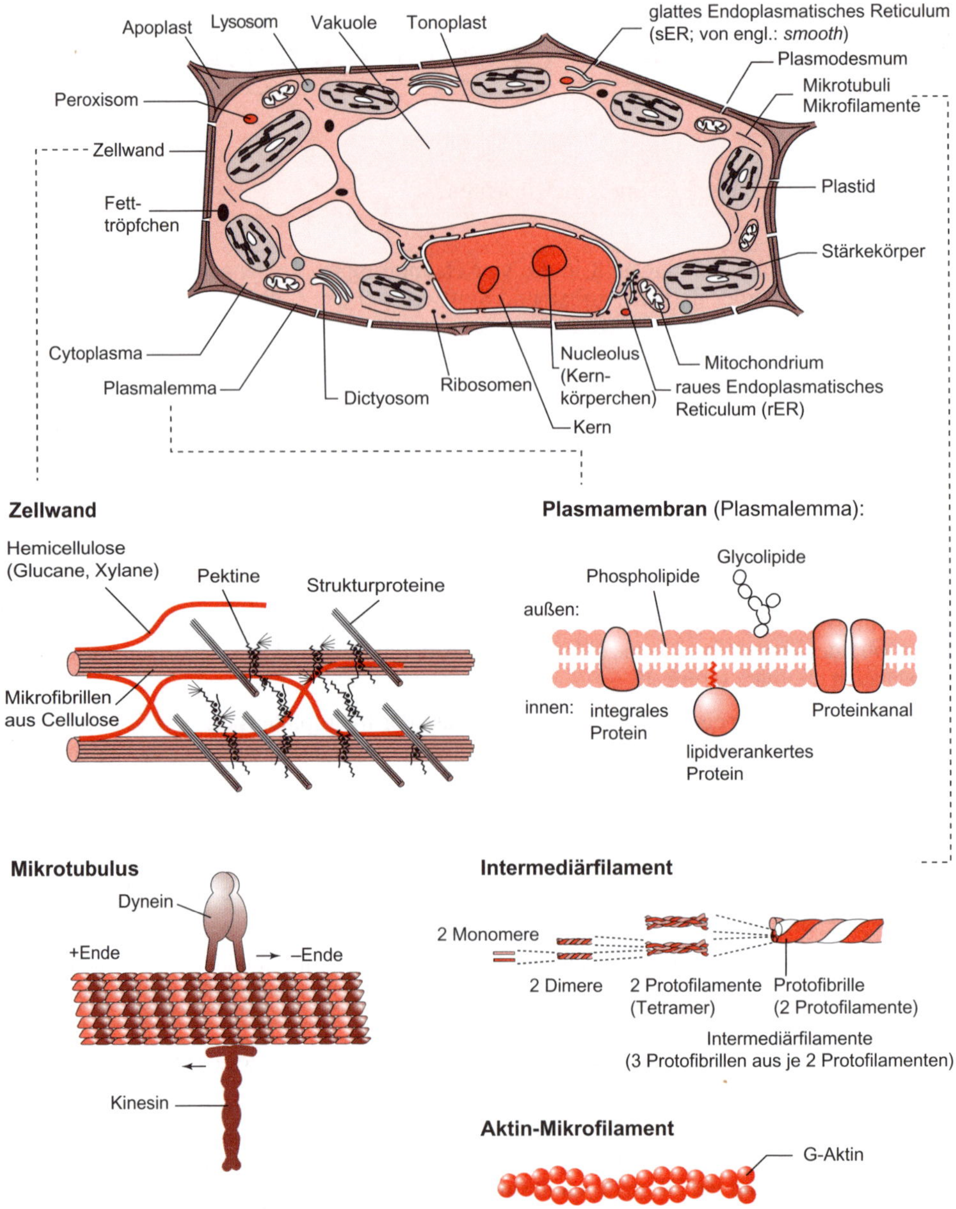

Abb. 1 Strukturelle Aufgaben der organischen Biomoleküle

2. Energetische Aufgaben der Biomoleküle

a) Energetische Eigenschaften der Moleküle

Die energetischen Eigenschaften eines Moleküls sind an verschiedene Eigenschaften gebunden:

- sein Oxidationsvermögen

Beim Energiestoffwechsel werden Substrate in eine der Zelle angemessenen Energieform umgewandelt. Diese Energieumwandlung geschieht durch energetische Kopplung, wobei die bei der Oxidation freigesetzte Energie dazu benutzt wird, ATP aus ADP und anorganischem Phosphat zu synthetisieren.

- seine Lagerungsfähigkeit

Da die energetischen Bedürfnisse der Zelle nicht immer mit der Nahrungszufuhr in Einklang stehen, müssen energiehaltige Substrate in leicht zu mobilisierende Reservestoffe überführt werden.

- seine physiologischen Verwendungsbedingungen

Die am Prozess der Energieumwandlung beteiligten Stoffwechselwege, die zur Bildung von ATP führen, müssen im Einklang mit den Bedürfnissen der Zelle und ihrem physiologischen Zustand stehen, d. h. mit welchen Enzymen die Zelle ausgestattet ist, wie schnell diese eingesetzt werden können und ob molekularer Sauerstoff zur Verfügung steht.
Einerseits sind die am höchsten reduzierten Moleküle potenziell die energiereichsten, andererseits sind Moleküle, die in großer Menge gespeichert werden können, von hoher energetischer Bedeutung.

Außerdem ist das energetische Potenzial der Moleküle von physiologischen Bedingungen abhängig.

b) Organische Moleküle als Energiesubstrate

Da **Fettsäuren** extrem reduzierte, neutrale Moleküle sind, sehr hydrophobe und chemisch inerte Verbindungen darstellen und als **Triglyceride** leicht gespeichert werden können, stellen sie ein hohes energetisches Potenzial dar (Abb. 2). Tatsächlich setzt ihre komplette Verbrennung die Energie von 38 kJ pro Gramm frei, d. h. doppelt so viel wie die Verbrennung von einem Gramm Glucose. Triglyceride sammeln sich im Cytoplasma der Zellen als Fetttröpfchen an, ohne die Osmolarität des Cytosols zu verändern, Wasser anzulagern oder mit anderen Molekülen zu reagieren.

Fettsäuren können aber nur unter aeroben Bedingungen verbraucht werden. Außerdem sind die zur Mobilisierung der Triglyceride verwendeten Stoffwechselwege im Allgemeinen relativ langsam.

Kohlenhydrate, vor allem Glucose, sind eine andere von der Zelle häufig verwendete Energiequelle (Abb. 2). Ihre Oxidation kann sowohl unter aeroben als auch unter anaeroben Bedingungen stattfinden. Glucose wird in tierischen Zellen als **Glycogen**, in pflanzlichen Zellen als **Stärke** gespeichert. Ihr makromolekularer Aufbau ermöglicht die Speicherung ohne Veränderung der Osmolarität des Cytosols, aber ihre Polarität schließt Wassereinlagerung mit ein, was somit die Speicherfähigkeit begrenzt. So sind die Glycogen-Reserven beim Menschen auf 70 g in der Leber und auf 150–300 g im Muskel begrenzt und nach 20 Stunden Fasten erschöpft. Dafür ermöglichen die zahlreichen Verzweigungen in den Glycogen- oder Stärke-Molekülen eine rasche Freisetzung von Glucose.

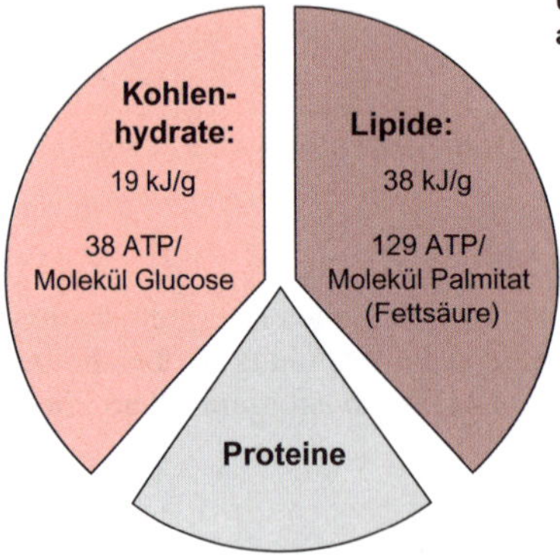

Unter physiologischen Bedingungen hängt die Substratverwertung ab von:

- der enzymatischen Ausstattung der Zelle
  Rote Blutkörperchen und Retinazellen sind obligatorisch glucoseabhängig
- der Sauerstoffversorgung der Zelle
  Oxidation von Fettsäuren ist nur unter aeroben Bedingungen möglich, während Glucose mit oder ohne Sauerstoff oxidiert werden kann
- den Bedürfnissen der Zelle
  Kohlenhydratreserven werden schneller mobilisiert als Fettreserven

Abb. 2 Anteil organischer Moleküle als Energiesubstrat

Schließlich können gewisse Zellen, wie die roten Blutkörperchen oder die Retinazellen, nur Glucose als Energiequelle verwerten. Sie werden daher als glucoseabhängig bezeichnet.

Zum Vergleich: Obwohl Lipide eine höhere Energieausbeute erbringen als Zucker (129 ATP pro Molekül Fettsäure gegenüber 38 ATP pro Molekül Glucose), wenn auch mit einem höheren Sauerstoffverbrauch, liefern Kohlenhydrate mehr ATP als Lipide, wenn man den Ertrag pro Zeiteinheit betrachtet.

3. Biomoleküle als Informationsträger

Die Einzigartigkeit organischer Moleküle liegt in ihrer Fähigkeit, Informationen zu speichern, zu exprimieren oder weiterzuleiten.

a) Biomoleküle als Matrize für die genetische Information

Auf der DNA wird die Matrize für die genetische Information durch die sich gesetzmäßig wiederholende Anordnung von n Nucleotiden mit vier verschiedenen Nucleinbasen festgelegt. Diese Information kann dann mit Hilfe des genetischen Codes entziffert werden, wenn man jeweils Folgen von drei Nucleotiden, die Tripletts, betrachtet (Abb. 3).

zweiter Buchstabe

erster Buchstabe	U	C	A	G	dritter Buchstabe
U	UUU Phe UUC Phe UUA Leu UUG Leu	UCU Ser UCC Ser UCA Ser UCG Ser	UAU Tyr UAC Tyr UAA Stop UAG Stop	UGU Cys UGC Cys UGA Stop UGG Trp	U C A G
C	CUU Leu CUC Leu CUA Leu CUG Leu	CCU Pro CCC Pro CCA Pro CCG Pro	CAU His CAC His CAA Gln CAG Gln	CGU Arg CGC Arg CGA Arg CGG Arg	U C A G
A	AUU Ile AUC Ile AUA Ile AUG Met	ACU Thr ACC Thr ACA Thr ACG Thr	AAU Asn AAC Asn AAA Lys AAG Lys	AGU Ser AGC Ser AGA Arg AGG Arg	U C A G
G	GUU Val GUC Val GUA Val GUG Val	GCU Ala GCC Ala GCA Ala GCG Ala	GAU Asp GAC Asp GAA Glu GAG Glu	GGU Gly GGC Gly GGA Gly GGG Gly	U C A G

genetischer Code

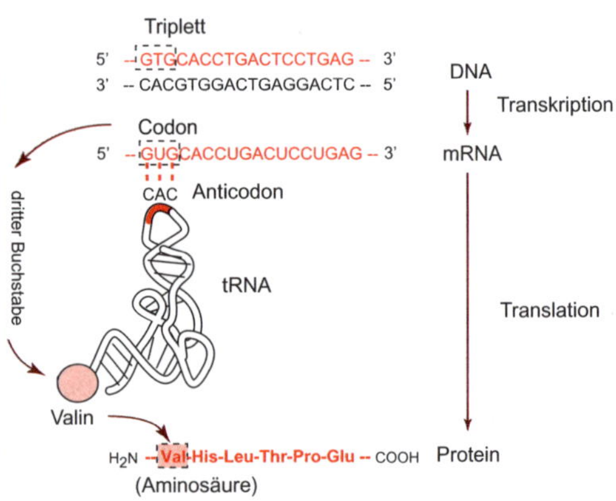

Abb. 3 Prinzip der Übertragung der genetischen Information

Bei der Genexpression werden die Tripletts der DNA durch Transkription in Codons auf der messenger RNA (mRNA) umgeschrieben. Diese sind komplementär zu den Anticodons der transfer-RNA (tRNA), die ihrerseits spezifisch und kovalent an je eine Aminosäure gebunden ist. Die in der DNA enthaltene genetische Information wird also in Aminosäurensequenzen übertragen; die daraus entstehenden Proteine bilden die wichtigste Ausdrucksform der genetischen Information.

b) Biomoleküle als Träger genetischer Information

Die genetische Information, die in eukaryotischen und prokaryotischen Zellen auf der DNA gespeichert ist, wird entweder in Form von Proteinen oder von RNA, der sogenannten funktionalen RNA, exprimiert.

Proteine sind an allen Zellfunktionen beteiligt. Neben ihrer strukturellen Bedeutung ermöglichen sie in ihrer Funktion als enzymatischer Katalysator chemische Reaktionen unter Bedingungen, die an das Leben der Zelle angepasst sind. Sie beteiligen sich über Antikörper oder über das Komplementsystem am Schutz des Organismus, ermöglichen den Transport von Molekülen in biologischen Flüssigkeiten oder durch Membranen. Sie sind an Prozessen der Regulierung, zum Beispiel als Faktoren bei der Transkription, sowie an der Zellbewegung beteiligt.

Die funktionalen RNA-Moleküle nehmen verschiedene Funktionen in der Zelle wahr (Abb. 4). Die tRNA-Einheiten dienen in der Proteinsynthese als Vermittler zwischen der mRNA und den Aminosäuren, an die sie kovalent und spezifisch gebunden sind. Die katalytisch aktive RNA, auch Ribozym genannt, ist an Proteine innerhalb von Ribonucleoprotein-Komplexen, den Ribosomen, gebunden. Eine rRNA (ribosomale RNA) in der großen ribosomalen Untereinheit katalysiert zum Beispiel die Peptidbindung bei der Translation. Schließlich ist die RNAi (interferierende RNA) zusammen mit der mRNA an der Regulierung (Abschaltung) gewisser Gene beteiligt.

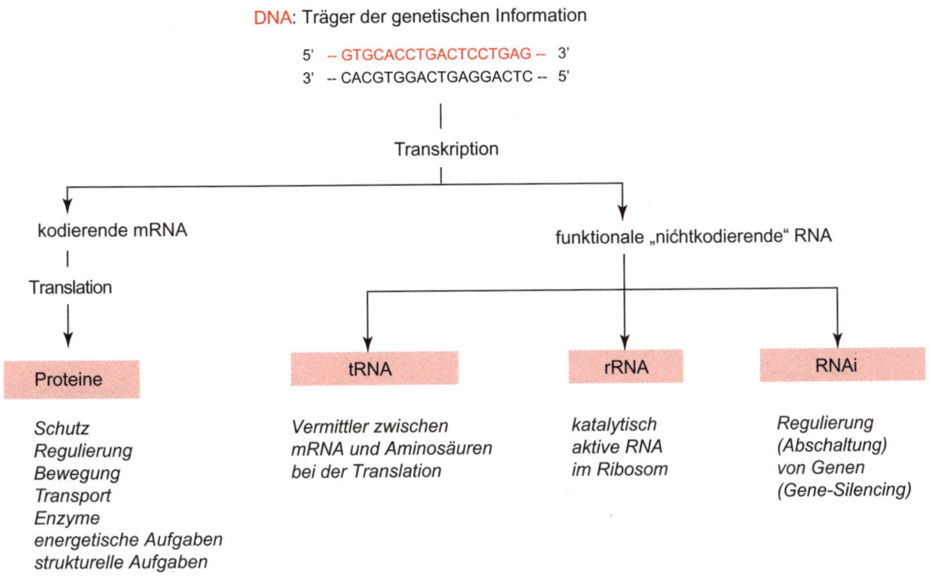

Abb. 4 Expressionsformen der genetischen Information

c) An der intrazellulären Kommunikation beteiligte Biomoleküle

Die intrazelluläre Kommunikation wird unter anderem durch organische Moleküle gewährleistet, die diese Informationen empfangen und ausdrücken.

Primärsignale (*first messenger*), die die Informationen zwischen Zellen oder zwischen Organismen übertragen, sind Peptide oder Lipide. Ihre chemische Beschaffenheit bedingt ihren Transport- sowie ihren Aktionsmodus. Lösliche Peptide werden in biologischen Flüssigkeiten transportiert, während Lipide durch Protein-Transporter weitergeleitet werden müssen (Abb. 5).

Lipidsignale wie die Steroidhormone durchdringen dank ihrer hydrophoben Eigenschaft die Zellmembran und wirken direkt im Inneren der Zelle, während Peptidsignale über Membran-Rezeptoren und andere Transduktionsmechanismen transportiert werden müssen. Gewisse peptidische Signale, z. B. Insulin, bewirken enzymatische Reaktionen ihrer Proteinrezeptoren und lösen so eine Zellreaktion aus. Andere Signale wie Glucagon lösen die Synthese von Sekundärsignalen (*second messenger*) aus.

Sekundärsignale können hydrophil sein und wirken in diesem Fall intrazellulär im wässrigen Cytosol. Dies ist der Fall z. B. beim zyklischen AMP (cAMP), einem Nucleinsäurederivat, oder dem Inositoltriphosphat (IP_3), einem Zuckerderivat. Signalmoleküle können aber auch hydrophob sein wie Diacylglycerol, ein Lipid, und verbleiben dann in der Membran.

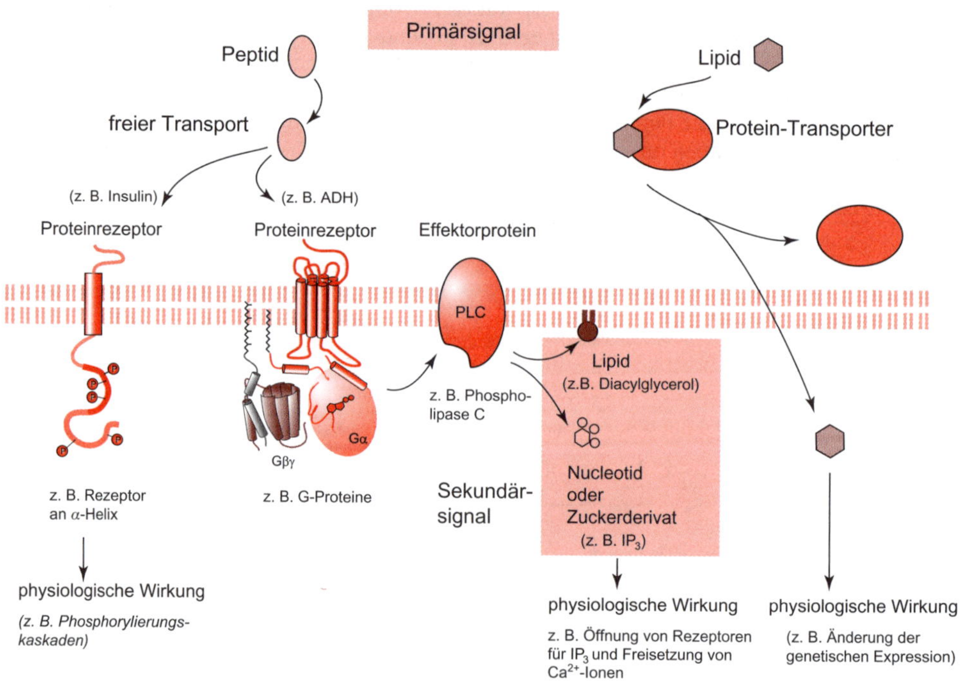

Abb. 5 Biochemische Signale bei der hormonalen Kommunikation

3 Energiestoffwechsel

Worum es geht:
Zellenergie, Energiekopplung

Um lebenswichtige biologische Funktionen ausführen zu können, müssen Lebewesen Energie und Materie aus ihrer Umwelt beziehen. Sie wandeln sie um und verwenden sie in unterschiedlichen Formen. Diese Umwandlungen erfordern verschiedene chemische Reaktionen, die durch die Enzyme der verschiedenen Stoffwechselwege katalysiert werden. Die Gesamtheit dieser Wege oder Zyklen stellt den Metabolismus (Stoffwechsel) dar; das Wort kommt aus dem Griechischen *metabol* und bedeutet Wechsel, Veränderung. Der energetische Metabolismus folgt den Prinzipien der Bioenergetik.

1. Zellenergie

In der Zelle kann Energie prinzipiell in zwei Energieformen gespeichert werden: der chemischen und der osmotischen Energie.

Die **chemische Energie** entspricht der **in den Molekülen enthaltenen potenziellen Energie**. Diese Energie wird beim Aufbrechen chemischer Bindungen mit hohem Hydrolysepotenzial oder bei Redoxreaktionen freigesetzt.

Das **ATP**-Molekül stellt den universalen Energieträger der Zelle dar. Seine energetische Bedeutung beruht auf der Instabilität der Phosphoanhydridbindung, deren Hydrolyse einen Energiebetrag von $\Delta G^0 = -30$ kJ/mol freisetzt.

Das hohe Hydrolysepotenzial von ATP liegt darin begründet, dass die Hydrolyseprodukte, ADP und anorganisches Phosphat (P_i), stabiler sind als das ATP selbst (Abb. 1).

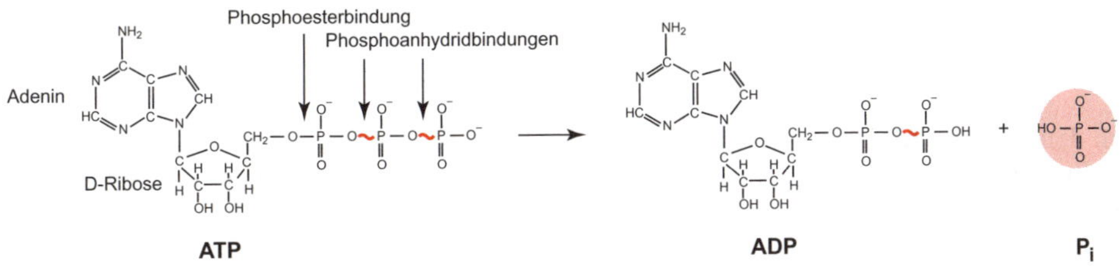

Abb. 1 Hydrolyse von ATP

Da ATP auf der Skala der freien Standardenthalpie eine Zwischenstellung zwischen Molekülen mit hohem Hydrolysepotenzial, d. h. einer höheren Energiefreisetzung bei Hydrolyse als der von ATP, und Molekülen mit niedrigem Hydrolysepotenzial einnimmt, ist es ein guter Energieüberträger (Abb. 2). Diese Tatsache erklärt seine hohe Turn-Over-Rate und gibt ihm eine zentrale Stellung zwischen Anabolismus und Katabolismus.

Innerhalb der Zelle wird ATP entweder durch chemo-chemische Kopplung synthetisiert, z. B. bei der Glycolyse, oder durch die Kopplung von chemischem und osmotischem Potenzial in der Atmungskette und Photosynthese.

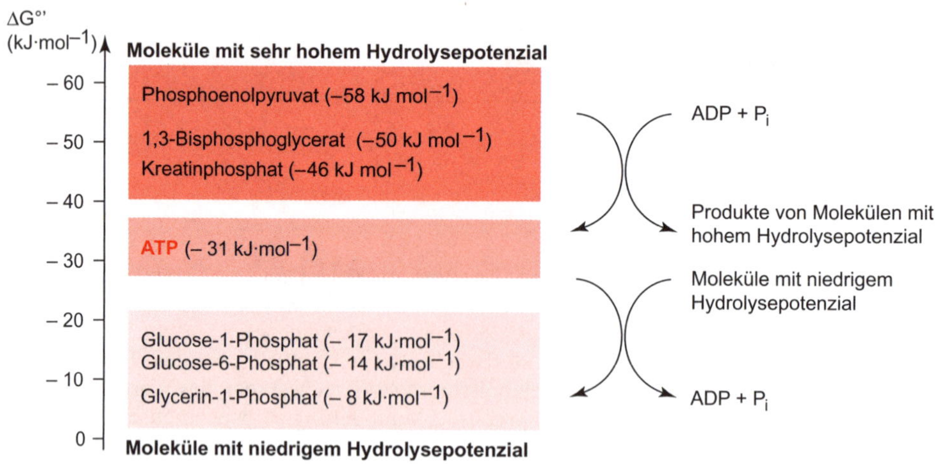

Abb. 2 Zentrale Stellung des ATP im Stoffwechselmetabolismus

Chemische Energie kann auch durch das Reduktionsvermögen der Coenzyme, die sog. Reduktionsäquivalente, ausgedrückt werden. Das häufigste ist das NADPH, das aus dem Pentosephosphatweg, der Photosynthese oder aus der durch das Malat-Enzym katalysierten Reaktion hervorgeht. Es findet Verwendung als Elektronendonor in der Synthese von Fettsäuren, Cholesterin oder Triosephosphaten.

Osmotische Energie bildet sich aus dem Konzentrationsgefälle zwischen den Substanzen beiderseits einer Membran. Der Übergang eines Moleküls an der Membran, die zwei Zellkompartimente trennt, setzt Energie frei, wenn der gelöste Stoff in Richtung des abnehmenden Konzentrationsgradienten fließt.

Im Fall von elektrisch geladenen Molekülen besteht außer dem Konzentrationsunterschied ein Unterschied im elektrischen Potenzial an beiden Seiten der Membran. Es müssen also gleichzeitig der Konzentrations- und der elektrische Gradient berücksichtigt werden. Man spricht hier von elektrochemischer Energie.

2. Energieumwandlungen

Nach dem **ersten Hauptsatz der Thermodynamik** oder dem Prinzip der Energieerhaltung kann Energie in jeglichem System weder geschaffen, noch vernichtet, sondern nur umgewandelt werden.

Es gibt in den Zellen Kopplungssysteme, die in einer exergonischen Reaktion die freigesetzte Energie für eine andere endergonische Reaktion nutzen. Letztere sind entweder chemische Reaktionen oder Stofftransporte, die nicht ohne Energiezufuhr ablaufen können. Je nach Art der Kopplungsreaktion gibt es vier verschiedene Energiekopplungsmechanismen (Abb. 3).

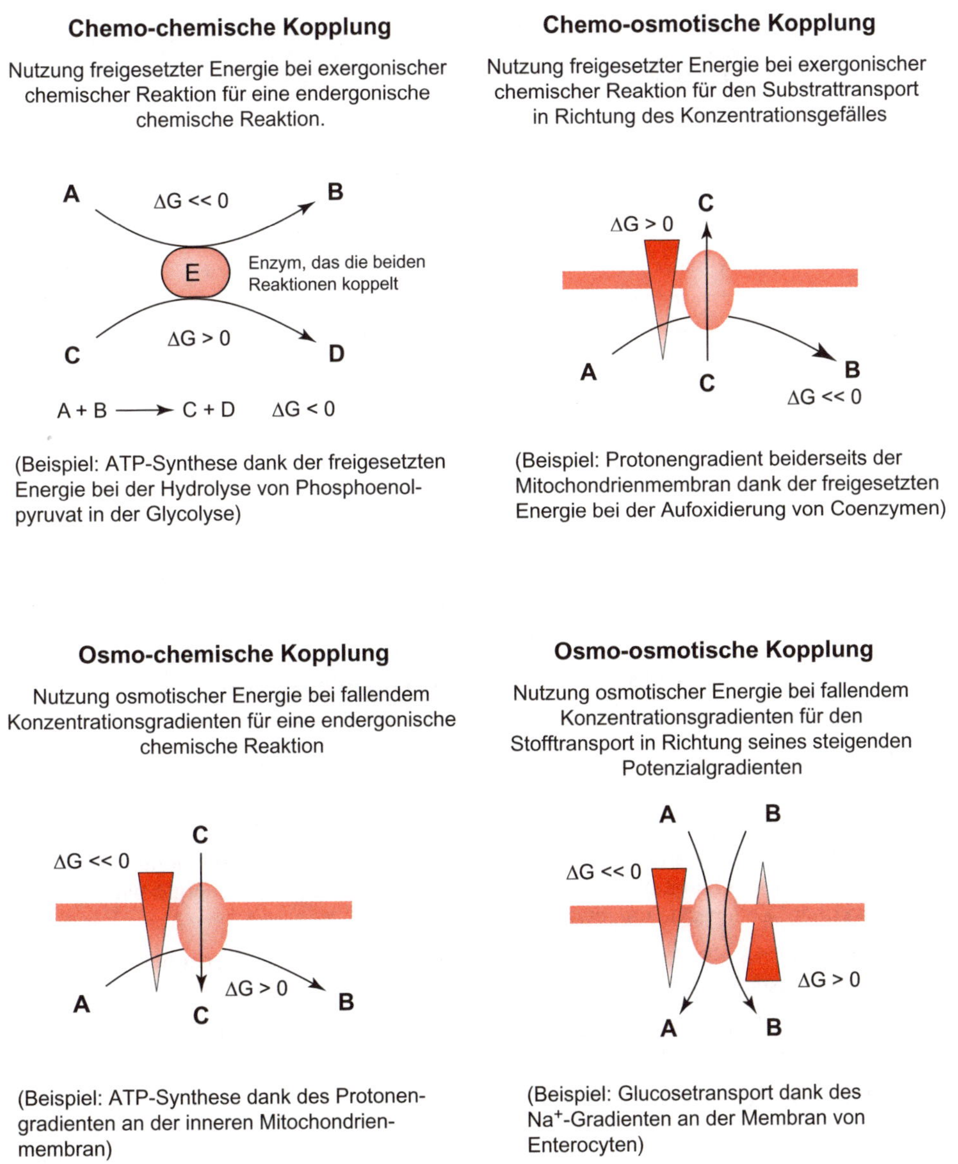

Abb. 3 Die vier Energiekopplungsmechanismen

3. Energiefluss und Materie

Stoffwechselwege, die zum Intermediärstoffwechsel gehören, koppeln bei der Substratoxidation **exergonische Reaktionen** mit **endergonischen Vorgängen**, z.B. mechanischer Arbeit oder Biosynthesen.

Diese Energieumwandlungen lösen innerhalb der Zelle zwei entgegengesetzte Flussrichtungen von Energie und Materie aus, den Katabolismus und Anabolismus (Abb. 4).

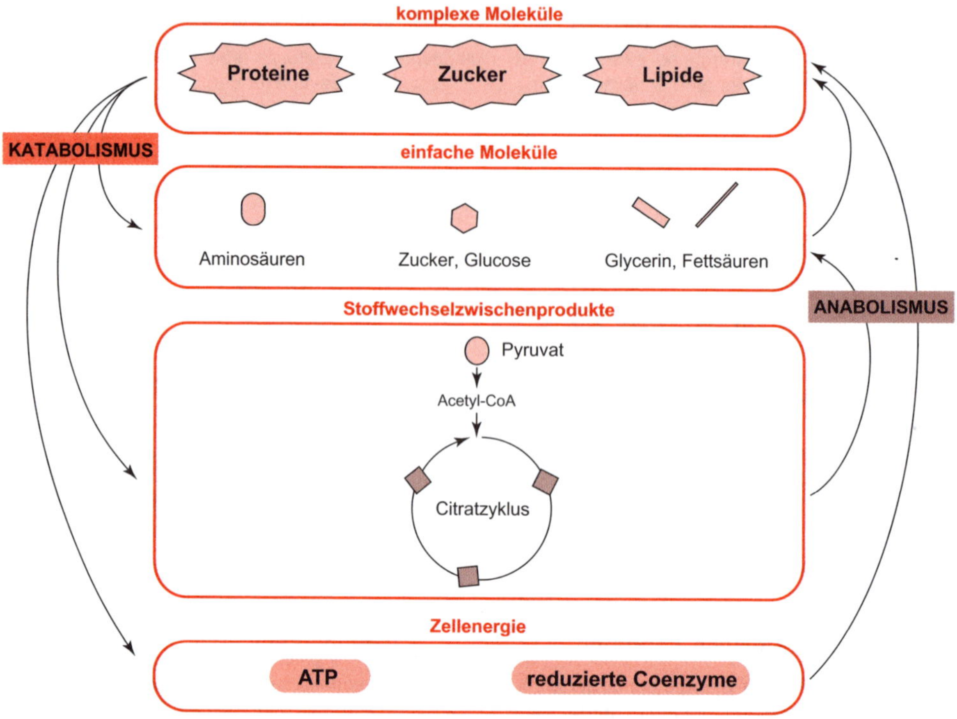

Abb. 4 Energiefluss und Stofftransport zwischen Katabolismus und Anabolismus

Der **Katabolismus** gewährleistet den Abbau von Nährstoffen oder Zellreserven in einfache Moleküle, deren Anzahl begrenzt ist. Er vereint die Stoffwechselwege, die organische Moleküle größtenteils über Oxidationsreaktionen abbauen. Die freigesetzte Energie wird dabei in leicht verwertbare Zellenergie umgewandelt.

Der **Anabolismus**, der alle Biosynthesewege einschließt, nutzt diese Zellenergie, um eine große Anzahl komplexer Zellsubstanzen aus wenigen einfachen Vorstufen aufzubauen.

Das Zusammenspiel von intrazellulärem Energiefluss und Stofftransport wird durch Stoffwechselwege geregelt, die auf drei Ebenen ablaufen.

- **Aktivitätsänderungen der wichtigsten Stoffwechselenzyme** nach zwei verschiedenen Mechanismen:
  - Allosterische Regulation eines Enzyms durch zelleigene Aktivatoren oder Inhibitoren zieht eine sofortige Antwort nach sich.
  - Kovalente Modifikation eines Enzyms als Antwort auf ein hormonales Signal bewirkt eine mittelfristige Antwort.
- **Änderung der Enzymkonzentration**
  - durch Änderung der Syntheserate des Enzyms als Antwort auf ein hormonales Signal, das die Gentranskription verändert, was einer langfristigen Antwort entspricht;
  - oder durch Erhöhung der zelleigenen Enzym-Abbaurate.
- **Änderung der Substratverfügbarkeit** wirkt sich auf die Transportmechanismen aus, die die Kommunikation zwischen den Zellkompartimenten kontrollieren. Bei Eukaryoten nimmt die Trennung der Stoffwechselwege in den verschiedenen Zellkompartimenten eine Schlüsselstellung in der Homöostase (Selbstregulierung) der Zelle ein (Abb. 5).

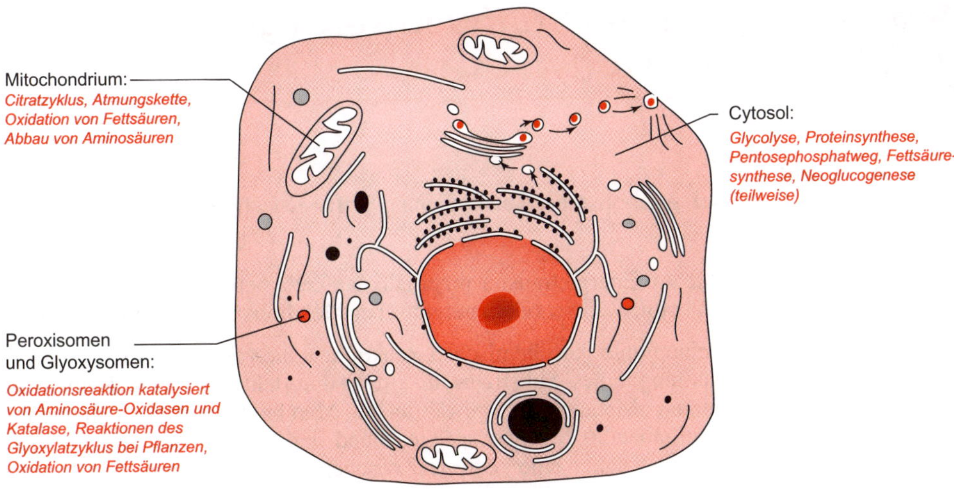

Abb. 5 Kompartimentierung der Intermediärstoffwechselwege in der eukaryotischen Zelle

4 Die wichtigsten Stoffwechselwege des Intermediärstoffwechsels

Worum es geht:
Intermediärstoffwechsel, Anabolismus, Katabolismus, Stoffwechselwege

Die Stoffwechselwege, die am Energietransfer innerhalb der Zelle beteiligt sind, werden unter dem Begriff Intermediärstoffwechsel oder energetischer Metabolismus zusammengefasst.

Ein Stoffwechselweg ist eine Folge von chemischen Reaktionen, die von Enzymen katalysiert werden und die Umwandlung eines Substrates in ein Endprodukt über eine Reihe von Zwischenstufen, sogenannten „Metaboliten", gewährleistet. Man unterscheidet katabole (abbauende) und anabole (aufbauende) Stoffwechselwege und den Citratzyklus, der in beide Richtungen ablaufen kann und daher eine zentrale Zwischenstellung zwischen beiden einnimmt.

1. Katabolismus

Der Katabolismus gewährleistet zunächst den **Abbau von Nährstoffen** oder **Zellreserven**, Kohlenhydraten, Proteinen und Lipiden, in einfache Moleküle von begrenzter Anzahl. So werden Kohlenhydrate in 5 bis 10 Zucker überführt, die wiederum größtenteils in Glucose umgewandelt werden. Fette werden zu Glycerin und ungefähr zehn Fettsäuren abgebaut, und Proteine in 20 verschiedene Aminosäuren.

Diese einfachen Moleküle werden dann zu noch weniger und –was ihre chemische Struktur betrifft– noch einfacheren Intermediärstoffwechselprodukten oxidiert.

Bei Oxidationsreaktionen wird ein Teil der chemischen Energie in Form von **reduzierten Coenzymen** gebunden, wie NAD, FAD und NADP, die Elektronen und freigesetzte Protonen aufnehmen. Der Katabolismus benötigt daher die Reoxidation der Coenzyme, anaerob durch Gärung oder unter aeroben Bedingungen über die Atmungskette.

So wird Glucose in der Glycolyse zu Pyruvat abgebaut oder über den Pentosephosphatweg zu Ribose-5-Phosphat (Abb. 1).

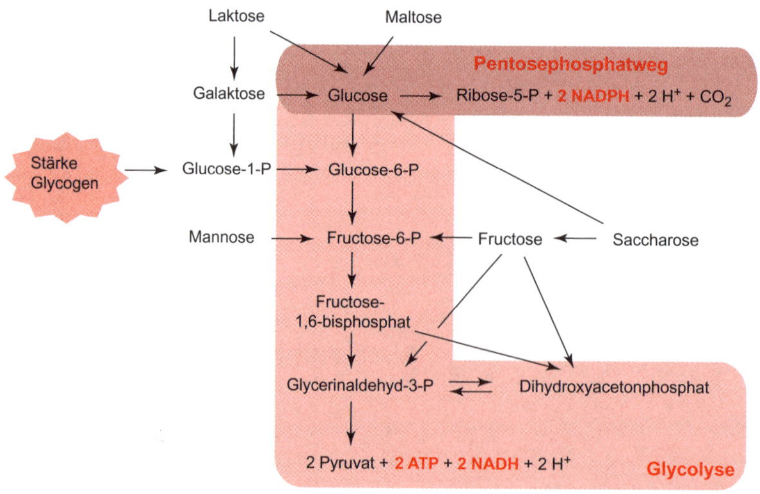

Abb. 1 Oxidationswege der Glucose

Die **Glycolyse** ist ein anaerober Oxidationsweg der Glucose, der im Cytoplasma eukaryotischer Zellen stattfindet. Er produziert das reduzierte Coenzym NADH und gewinnt Energie in Form von ATP durch chemo-chemische Kopplung.

Die bei der Glycolyse reduzierten Coenzyme werden entweder bei vorhandenem Sauerstoff in der Atmungskette oder unter Ausschluss von Sauerstoff durch Gärung reoxidiert.

Der **Pentosephosphatweg** ist ein im Cytosol stattfindender Stoffwechselweg, bei dem Glucose zu Fructose-6-Phosphat und Glycerinaldehyd-3-Phosphat oxidiert wird, wobei NADPH produziert wird. Er liefert außerdem Pentosephosphate, Vorläufer für Biomoleküle wie Nucleotide und bestimmte Coenzyme.

Fettsäuren werden in Form von „aktivierter Fettsäure" oder Acyl-Coenzym A (Acyl-CoA) in der ***β*-Oxidation** (oder **Lynen-Helix**) oxidiert. Die Reaktion findet, je nach Länge der Fettsäuren, in der Mitochondrienmatrix oder in den Peroxisomen statt. Die Oxidation läuft in mehreren zyklischen Phasen ab und endet in jeder Spiralumdrehung mit der Produktion von Acetyl-Coenzym A und reduziertem NADH und $FADH_2$ (Abb. 2).

Das Acetyl-Coenzym A tritt in den Citratzyklus ein, und die reduzierten Coenzyme werden in der Atmungskette reoxidiert. Die Fettsäureoxidation kann also nur unter aeroben Bedingungen ablaufen.

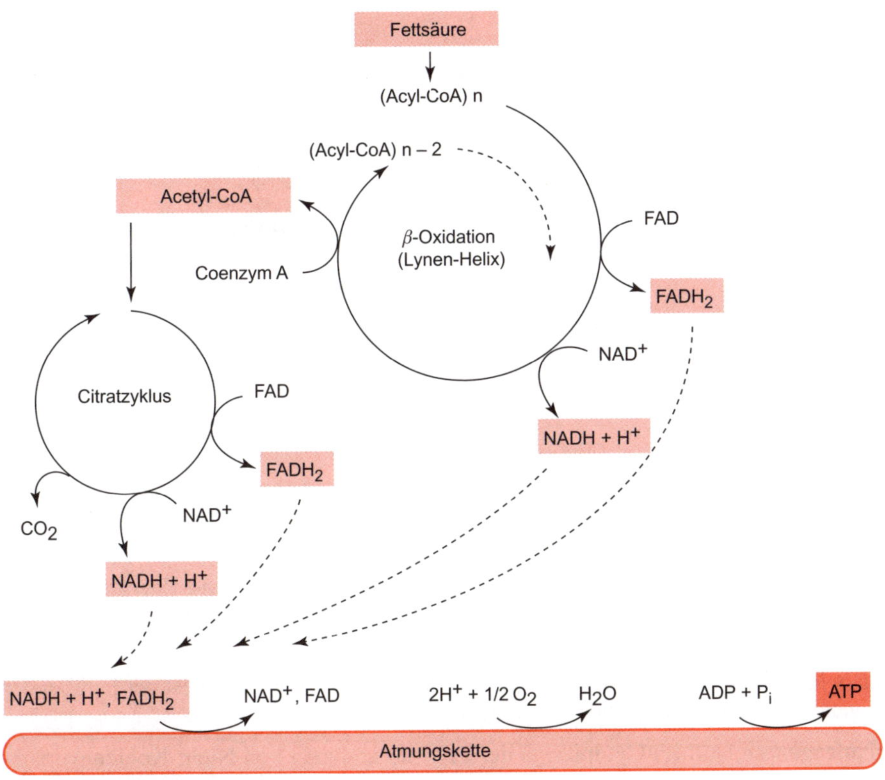

Abb. 2 Oxidation von Fettsäuren

Aminosäuren werden durch Eliminierung der Aminogruppen in Form von Ammoniak, Ammoniumion oder Harnstoff abgebaut, und das Kohlenstoffgerüst in Intermediärstoffwechselprodukte oder deren Vorläufer wie Pyruvat oder Acetyl-Coenzym A umgewandelt, die dann in den Citratzyklus eingeschleust werden (Abb. 3). Aminosäuren können also vollständig zu CO_2

und H_2O oxidiert werden und sich folglich an der Synthese von ATP beteiligen, oder aber als Vorläufer für den Glucoseaufbau über die Gluconeogenese oder für die Synthese von Ketoverbindungen verwendet werden. Man unterscheidet glucogene, ketogene und gemischte Aminosäuren, die sowohl dem Aufbau von Glucose als auch von Ketonkörpern dienen können.

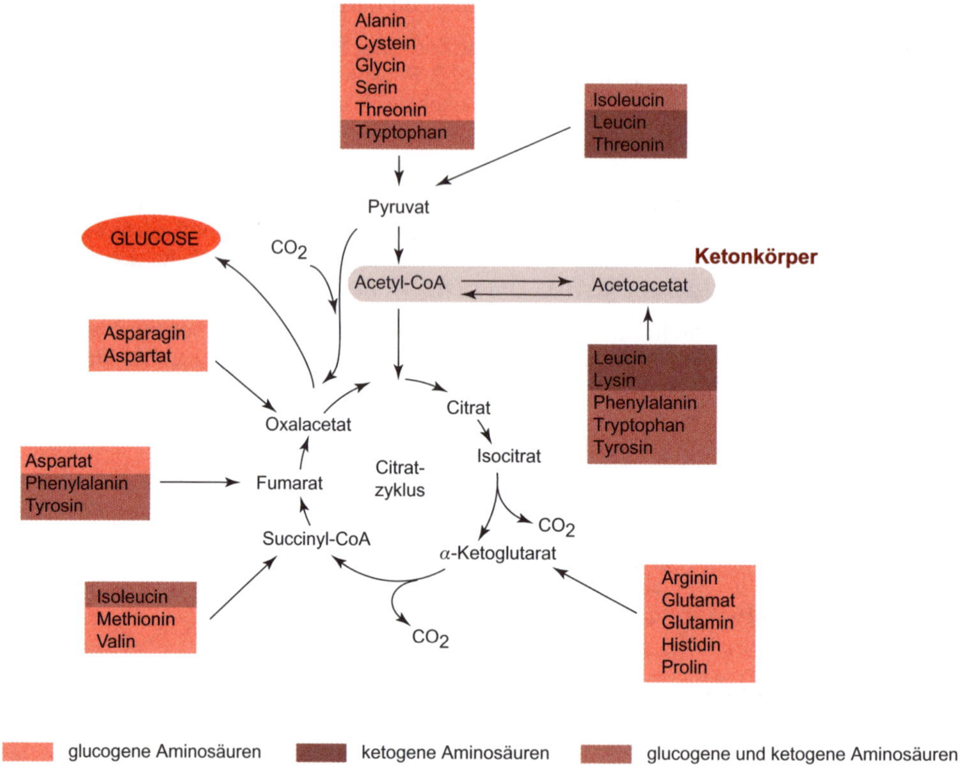

Abb. 3 Verwertung des Kohlenstoffgerüstes der Aminosäuren

2. Anabolismus

Im Gegensatz zum Katabolismus werden im Anabolismus eine begrenzte Anzahl von kleinen einfachen Vorläufer-Molekülen für den Aufbau von fast allen Zellbestandteilen (Proteinen, Lipiden, Polysacchariden) verwendet.

Diese Biosynthesen erfordern neue kovalente Bindungen, die chemische Energiezufuhr in Form von ATP benötigen. Oft werden auch Reduktionsreaktionen und somit ein Elektronenschub in Form von NADPH verwendet.

Einige anabole Wege synthetisieren energiehaltige Substrate *de novo*. Dies ist der Fall bei der Gluconeogenese oder der Biosynthese der Fettsäuren.

Die **Gluconeogenese** läuft im Cytoplasma der Zelle ab und geht von Nicht-Kohlenhydraten aus wie:

- Pyruvat und Laktat, Metaboliten der Glycolyse und der Milchsäuregärung,
- Zwischenprodukten des Citratzyklus und Kohlenstoffgerüsten der meisten glucogenen Aminosäuren, insbesondere Alanin,
- Glycerin aus dem Abbau von Triglyceriden.

Die **Synthese der Fettsäuren** findet im Cytoplasma der eukaryotischen Zellen statt, ausgehend von Acetyl-CoA, das aus der Oxidation überschüssiger Glucose und dem Katabolismus der Aminosäuren stammt.

Andere Stoffwechselwege führen zur **Reservebildung energiehaltiger Substanzen**. So speichert die tierische Zelle im Cytoplasma Glucose als Glycogen. Die Lipogenese ist die Synthese von Triglyceriden (Fetten), einer Reserveform der Fettsäuren.

Schließlich sind anabole Stoffwechselwege an der **Synthese der Zellbestandteile** beteiligt. Dazu gehören die Proteinsynthese und die Synthesewege der Phospholipide.

3. Citratzyklus

Der Citratzyklus, auch Tricarbonsäurezyklus (TCA-Zyklus) oder Krebs-Zyklus genannt, ist eine **Stoffwechselzentrale**, an der alle katabolen Wege zusammenlaufen und von der zahlreiche Biosynthesen ausgehen (Abb. 4). Er stellt deshalb einen **amphibolen Weg** dar.

Er läuft in der Mitrochondrienmatrix der eukaryotischen Zellen ab.

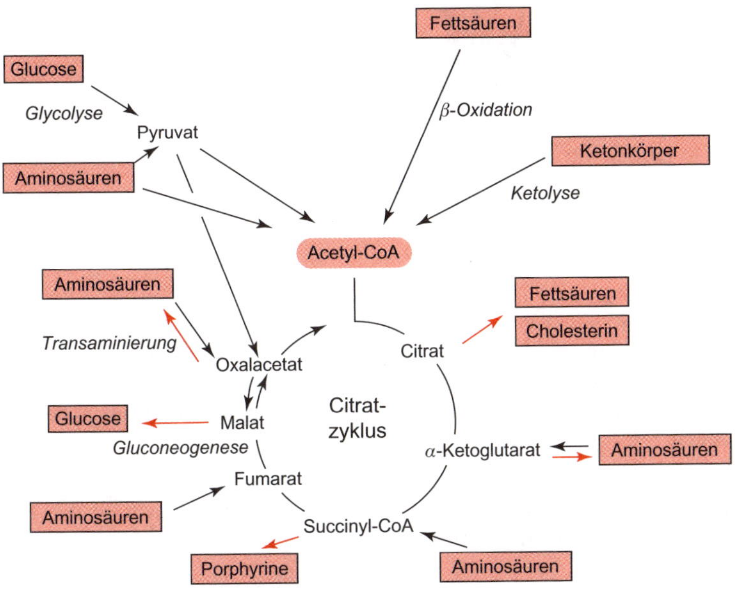

Abb. 4 Der Citratzyklus, ein amphiboler Weg

Am Citratzyklus treffen andere katabole Wege (schwarze Pfeile) zusammen und er ist gleichzeitig Ausgangspunkt für einige Biosynthese-Wege (rote Pfeile).

Der Citratzyklus gewährleistet die Oxidierung der Acetyl-Gruppe, in ihrer aktivierten Form Acetyl-CoA, in zwei Moleküle CO_2, unter Reduktion der Coenzyme NAD und FAD. Die freiwerdende Energie bei der Reoxidation dieser Coenzyme in der Atmungskette ermöglicht die Synthese von ATP. Obwohl Sauerstoff nicht am Zyklus beteiligt ist, ist er unabdingbar, um die zum Ablauf notwendigen Coenzyme zu regenerieren.

Der Citratzyklus trägt zum Anabolismus bei, indem er die Vorstufen für folgende Biosynthesewege liefert:

- Gluconeogenese
- Biosynthesewege der Lipide, Fettsäuren und Cholesterin

- Biosynthesewege gewisser Aminosäuren wie Glutamat und Aspartat
- Biosynthesewege der Porphyrine

4. Atmungskette

Der oxidative Abbau energiehaltiger Substrate führt zur Produktion der Reduktionsäquivalente NADH und $FADH_2$. Ihre Reoxidation ist unerlässlich für den Katabolismus. In Anwesenheit von Sauerstoff findet sie innerhalb der Atmungskette statt.

Die Atmungskette ist an **Proteinkomplexe** gebunden, die bei eukaryotischen Zellen in der **inneren Mitochondrienmembran** eingelagert sind (Abb. 5).

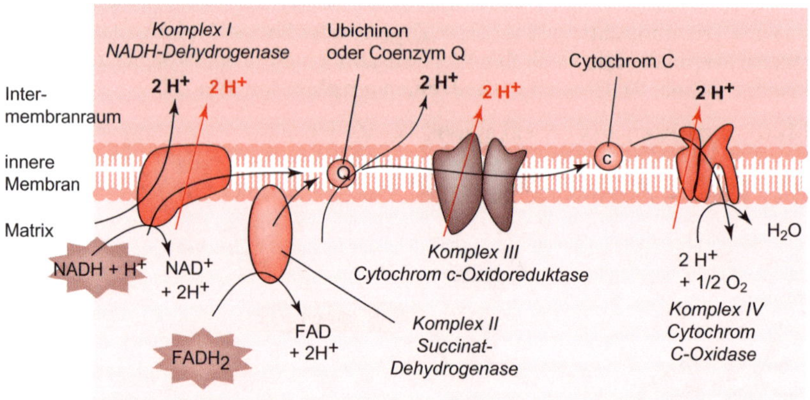

Abb. 5 Struktur der Atmungskette

Diese Komplexe nehmen frei werdende Elektronen bei der Reoxidation der Coenzyme auf und transportieren sie über eine Elektronentransportkette, eine Kaskade von **Redoxreaktionen,** bis zum **Endempfänger Sauerstoff**, der zu Wasser reduziert wird. Die bei den Oxidationsreaktionen freigesetzte Energie wird wiederum dazu benutzt, einen **Protonengradienten** an der inneren Membran aufzubauen.

Die Energie des Protonengradienten wird dazu benutzt, ATP aus ADP und anorganischem Phosphat (P_i) zu synthetisieren (oxidative Phosphorylierung). Diese Reaktion wird von der ATP-Synthase, auch F_0F_1-ATPase, katalysiert (Abb. 6).

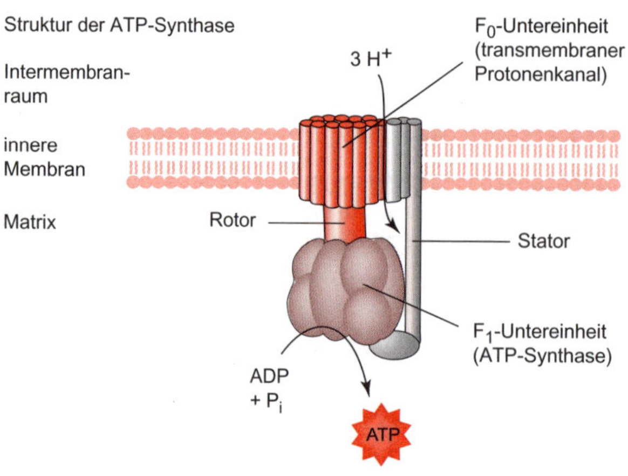

Abb. 6 ATP-Synthese katalysiert von der ATP-Synthase

5 Die genetische Information: Speicherung und Expression

Worum es geht:
Desoxyribonucleinsäure, Nucleotid, Chromatin, Transkription, Translation

Mendel beobachtete Erbsenblüten aus verschiedenen Kreuzungen und bewies, dass erbliche Merkmale von einer Generation zur nächsten über einen „diskreten Faktor" übertragen werden. Heute weiß man, dass diese Faktoren größtenteils aus DNA bestehende Gene sind, Träger der genetischen Information. Die Expression dieser genetischen Information bestimmt, bis ins Detail kontrolliert, den Phänotyp und läuft in zwei Schritten ab, der Transkription und der Translation.

1. DNA, Träger der genetischen Information

a) Makromolekulare Struktur der DNA

Die DNA ist ein **Makromolekül** und besteht aus zwei umeinander gewundene Strängen aus vier Nucleosidmonophosphaten, die durch Phosphodiesterbindungen verbunden sind (Abb. 1).

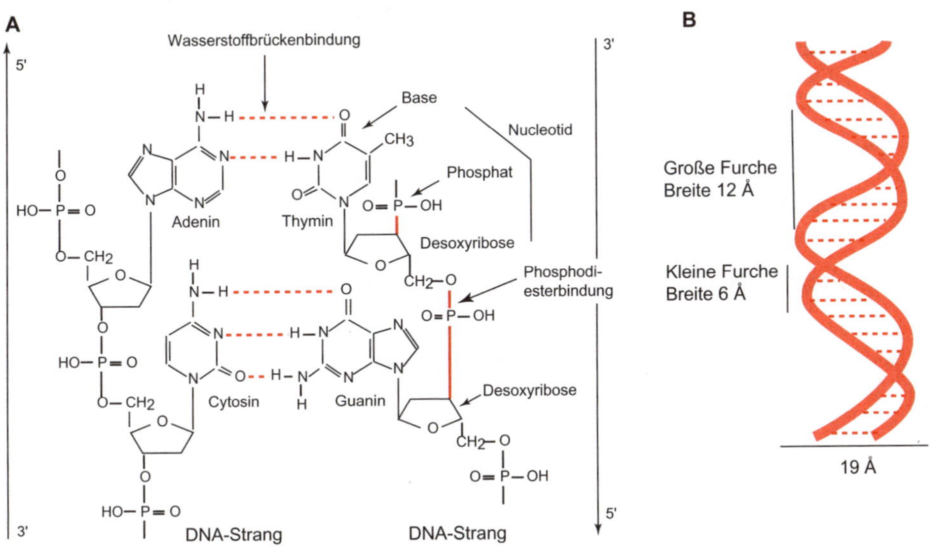

Abb. 1 Struktur der DNA, **A:** Molekulare Struktur, **B:** DNA-Doppelstrang

Die Verknüpfung der Nucleotide führt zur Bildung einer gerichteten Kette vom 5'-Phosphat-Ende zum 3'-Hydroxyl-Ende (Informationsrichtung des Moleküls).

In der Zelle winden sich die beiden Ketten in entgegengesetzter Richtung umeinander, sie sind also anti-parallel. Sie nehmen die Form einer rechtsgängigen Doppelhelix an, die alle 34 Å eine volle Umdrehung macht, wie von Watson und Crick 1953 beschrieben. Sie werden von Wasserstoffbrückenbindungen zwischen den komplementären Nucleinbasen zusammengehalten: drei Wasserstoffbrücken zwischen dem Basenpaar G-C und zwei Wasserstoffbrücken zwischen dem Paar A-T. Die Anordnung der Basenpaare innerhalb der Doppelhelix führt zur Bildung von Furchen im Zucker-Phosphat-Gerüst, der großen Furche (12 Å breit) und der kleinen Furche (6 Å breit) (Abb. 1B).

b) Organisation des genetischen Materials in der Zelle

In der Zelle ist DNA mit Proteinen assoziiert, die einen Nucleoproteinkomplex bilden, das **Chromatin bei den Eukaryoten** (Abb. 2) und das **Nucleoid bei den Prokaryoten**.

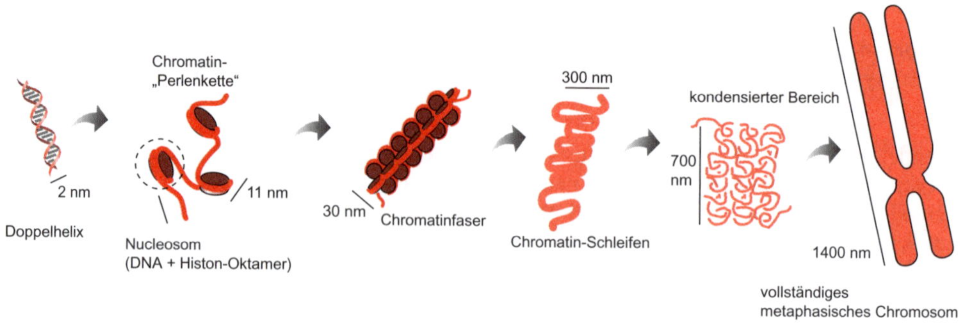

Abb. 2 Strukturelle Organisation des genetischen Materials in der Eukaryoten-Zelle

Die Interaktionen zwischen DNA und Protein bestimmen den Grad der variablen Kondensierung und führen zu mehr oder weniger aktiven Konfigurationen. So erscheint bei Eukaryoten die genetische Information, die im Kern enthalten ist, in zwei Formen:

- das **Euchromatin**, die entwirrte, aktive Form der Gene
- das **Heterochromatin**, die dicht kondensierte, inaktive Form

Die eukaryotischen Zellen besitzen außer der Kern-DNA auch eine extranucleäre DNA in den Organellen. Diese im Allgemeinen kreisförmige, kurze DNA, die in mehreren Kopien vorliegt, kodiert Proteine der Organellen.

Ebenso besitzen Prokaryoten Plasmid-DNA. Es handelt sich hierbei um kleine, kreisförmige, autonom replizierende Genträger, die bei der Konjugation zwischen Bakterien eine Rolle spielen und Resistenzen gegenüber Antibiotika und Toxinen kodieren.

2. Expression der genetischen Information

Die genetische Information wird entweder als Protein exprimiert oder in Form von funktionaler RNA, z. B. der transfer RNA (tRNA), der ribosomalen RNA (rRNA) oder der interferierenden RNA (RNAi). In beiden Fällen findet eine **Transkription** der DNA in RNA statt, die im ersten Fall von einer **Translation** dieser RNA in ein Protein gefolgt wird (Abb. 3).

a) Transkription und Reifung der messenger RNA (mRNA)

Die Transkription entspricht der RNA-Synthese am DNA-Matrizenstrang. Sie hängt von DNA-abhängigen RNA-Polymerasen und anderen Transkriptionsfaktoren ab. Sie führt zur Produktion von verschiedenen RNA-Sorten, die komplementär zum DNA-Matrizenstrang und identisch zum codierten Strang sind, nur dass in der RNA Thymin durch Uracil ersetzt ist (Abb. 4A).

Die Transkription läuft an ungepaarten (entknäulten) DNA-Abschnitten ab, die auch Transkriptionsschleifen genannt werden.

Die beteiligten Abschnitte auf der DNA sind (Abb. 4B):

- **Promotorsequenzen**, die den Einbau der Prä-Initiationskomplexe und der RNA-Polymerase erlauben und die DNA-Doppelhelix öffnen
- **regulierende Sequenzen**, die die Promotoraktivierung ein- oder ausschalten

- die Transkriptionseinheit, die in RNA übersetzt wird. Die Einheit wird durch einen Initiationsort nach dem Promotor (+1 genannt) und einen mehr oder weniger genau definierten Endpunkt (Termination) begrenzt.

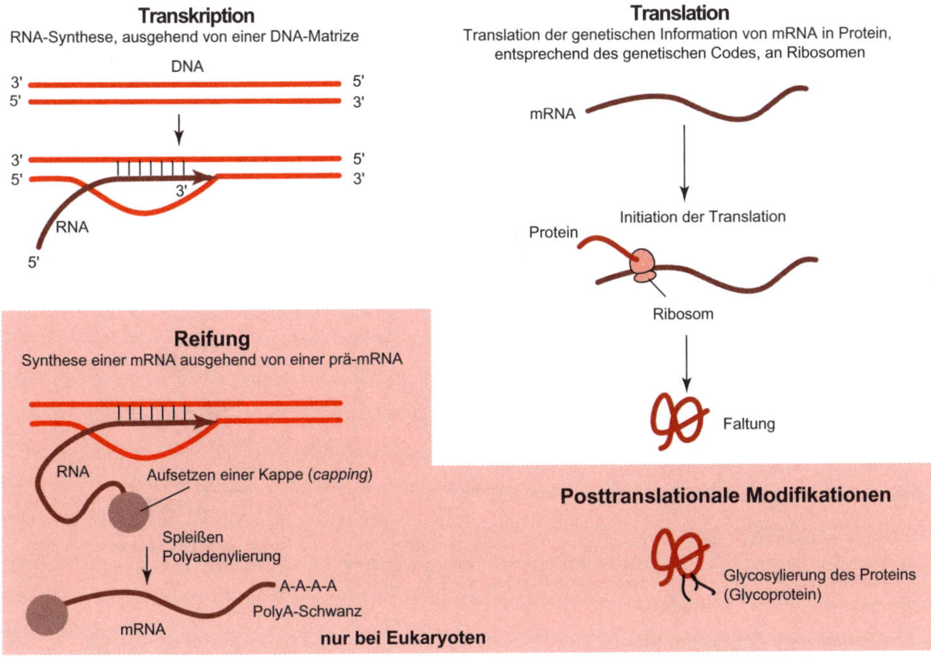

Abb. 3 Schritte der Genexpression

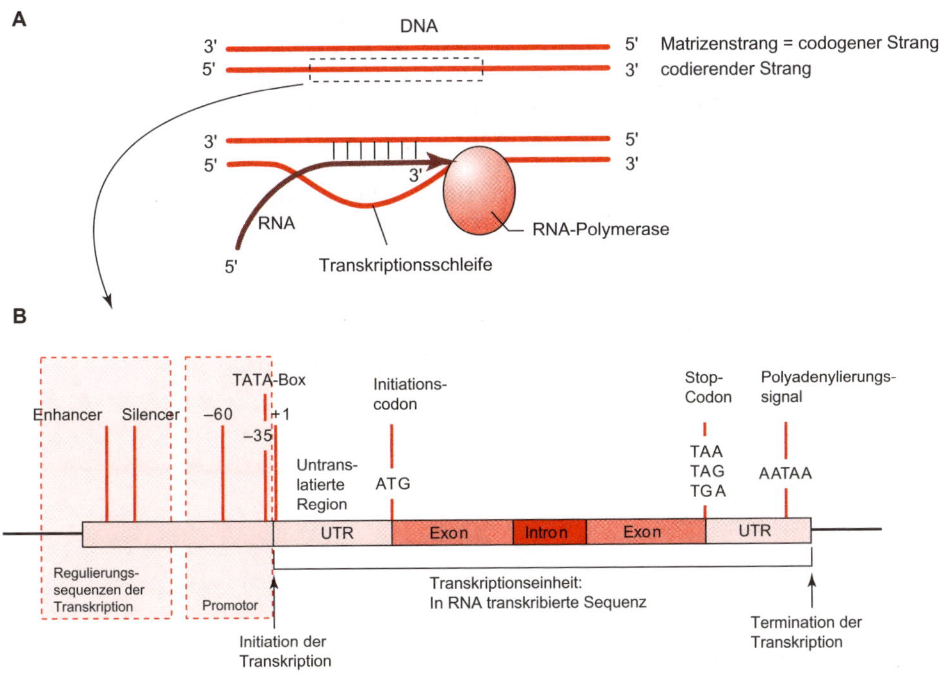

Abb. 4 **A:** Schema des Transkriptionsprinzips; **B:** Schematische Struktur eines eukaryotischen Gens

Am Ende der Transkription kann die mRNA direkt in Proteine translatiert werden, wie es bei den Prokaryoten der Fall ist, oder bei den Eukaryoten eine zusätzliche Reifephase durchmachen. Diese Phase findet im Kern statt und gewährleistet in drei Schritten die Transformation der Prä-mRNA in die mRNA.

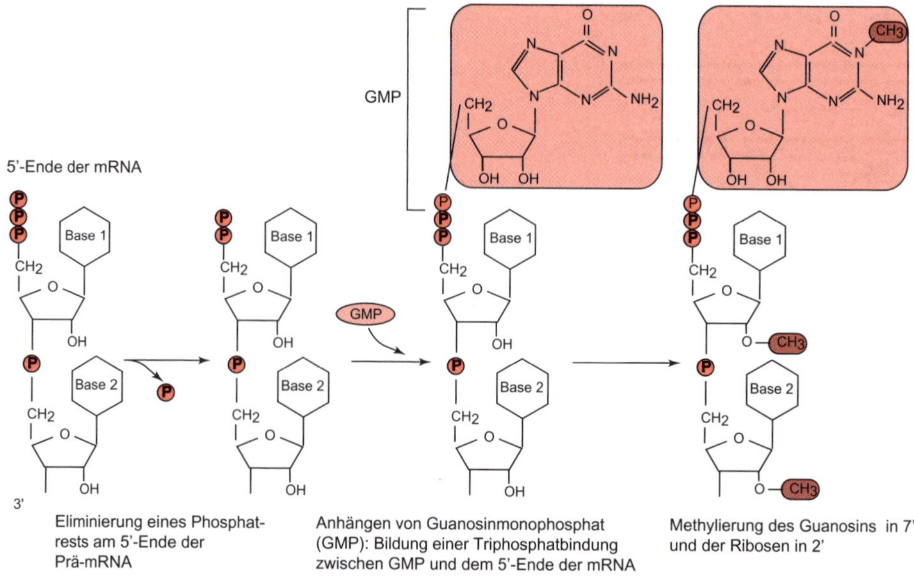

Abb. 5 *Capping* am 5′-Ende der mRNA

- Während der Transkription wird eine **Kappe** (*cap*) aus 7-Methylguanosin an das 5'-Ende der Prä-mRNA geheftet (Abb. 5). Sie bestimmt das 5'-Ende des ersten Introns und induziert das Spleißen. Sie ist auch am Transport der mRNA ins Cytoplasma beteiligt, schützt sie vor Exonucleasen und spielt eine Rolle bei der Initiation der Translation.
- Das 3'-Ende aller eukaryotischen mRNAs, außer der der Histone, trägt eine Folge von 50 bis 200 Adenylresten, die den **PolyA-Schwanz** bilden. Dieser wird am Ende der Transkription durch Teilung der Prä-messenger-RNA und Hinzufügen von Adenylresten gebildet. Der PolyA-Schwanz signalisiert das Ende der Transkription (Termination), ist beteiligt am Transport der mRNA ins Cytoplasma, schützt sie vor Nucleasen und spielt bei der Initiation der Translation eine Rolle.
- Schließlich besteht die Reifung der Prä-mRNA darin, die Exons (codierende Sequenzen) durch Eliminierung der Introns (nicht-codierende Sequenzen) zu verknüpfen. Dieser Vorgang, das **Spleißen**, läuft in zwei Transester-Reaktionen (Abb. 6) ab, die im Inneren des Introns ein Lasso bilden, gefolgt von der Eliminierung dieses Introns.

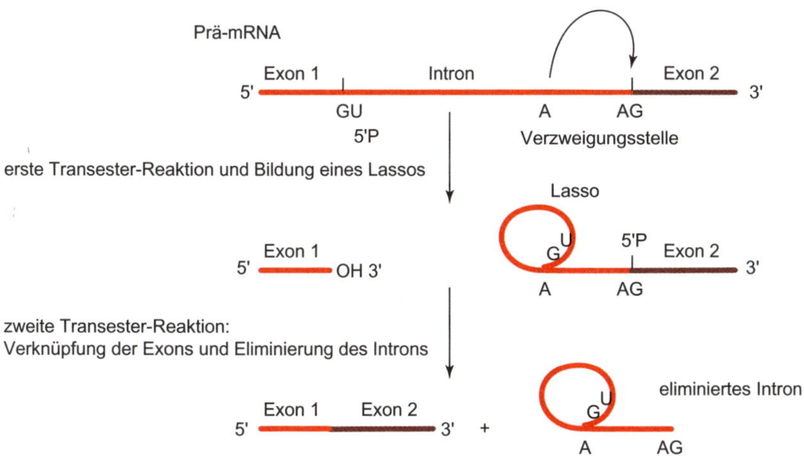

Abb. 6 Spleißen der Prä-mRNA bei Eukaryoten

b) Translation und posttranslationale Modifikation der Proteine

Die Translation entspricht der Phase der **biochemischen Proteinsynthese**, bei der die genetische Information auf der mRNA durch den genetischen Code in Aminosäuren-Sequenzen umgewandelt wird. Der Vorgang benötigt eine **transfer-RNA** (tRNA), die kovalent und spezifisch an eine Aminosäure gebunden ist. Sie ist der Vermittler zwischen den Codons auf der mRNA und den Aminosäuren (Abb. 7).

Zweiter Buchstabe

Erster Buchstabe	U		C		A		G		Dritter Buchstabe
U	UUU	Phe	UCU	Ser	UAU	Tyr	UGU	Cys	U
	UUC		UCC		UAC		UGC		C
	UUA	Leu	UCA		UAA	Stop	UGA	Stop	A
	UUG		UCG		UAG	Stop	UGG	Trp	G
C	CUU	Leu	CCU	Pro	CAU	His	CGU	Arg	U
	CUC		CCC		CAC		CGC		C
	CUA		CCA		CAA	Gln	CGA		A
	CUG		CCG		CAG		CGG		G
A	AUU	Ile	ACU	Thr	AAU	Asn	AGU	Ser	U
	AUC		ACC		AAC		AGC		C
	AUA		ACA		AAA	Lys	AGA	Arg	A
	AUG	Met	ACG		AAG		AGG		G
G	GUU	Val	GCU	Ala	GAU	Asp	GGU	Gly	U
	GUC		GCC		GAC		GGC		C
	GUA		GCA		GAA	Glu	GGA		A
	GUG		GCG		GAG		GGG		G

Genetischer Code

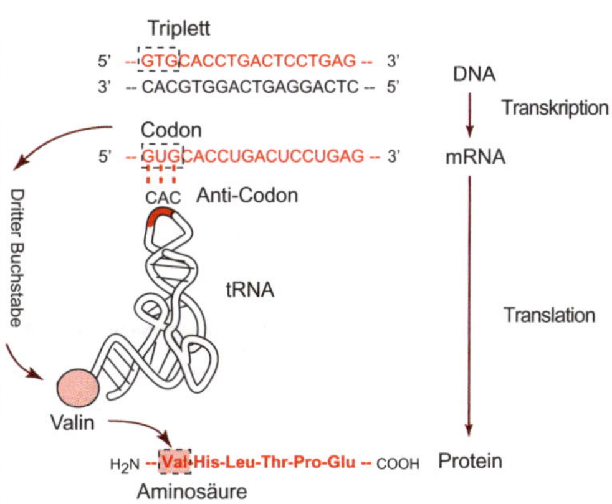

Abb. 7 **Schema der Translation**

Die Translation spielt sich im Inneren der Ribosomen ab und benötigt lösliche Proteinfaktoren.

Bei Prokaryoten findet die Translation gleichzeitig mit der Transkription statt, während dies bei Eukaryoten nicht der Fall ist. Die im Kern synthetisierte mRNA wird ins Cytoplasma befördert, wo innerhalb der cytoplasmatischen Ribosomen Proteine gebildet werden.

Bei allen Organismen ist die Translation in drei Schritte aufgeteilt (Abb. 8):

- Die **Initiation** (Abb. 8A) ist die Anlagerung der Initiator-tRNA, beladen mit N-Formyl-Methionin (fMet) bei Prokaryoten oder Methionin (Met) bei Eukaryoten, an das Initiationscodon AUG der mRNA und an die kleine Ribosomenuntereinheit. Dieser Schritt benötigt mehrere Initiationsfaktoren, sog. IF bei den Prokaryoten und eIF bei Eukaryoten, und erfordert die Hydrolyse von GTP.

- Die **Elongation** (Abb. 8B) ist durch Fixierung einer Aminoacyl-tRNA an der Stelle A des Ribosoms und anschließender Peptidbindung zwischen den beiden vorliegenden Aminosäuren charakterisiert. Das Ribosom wird dann um drei Nucleotide, d. h. ein Triplett, in Richtung 3'-Ende der mRNA weitergeschoben, sodass die neugebildete peptidbeladene tRNA von A nach P gleitet (Translokation) und die unbeladene tRNA dissoziiert. Gelangt eine neue Aminoacyl-tRNA an die Stelle A, folgt ein neuer Syntheseschritt. Jeder Schritt ist von Elongationsfaktoren und der Hydrolyse von GTP begleitet.
- Die **Termination** (Abb. 8C) findet statt, wenn ein Stop-Codon an die Stelle A tritt. Er wird von Terminationsfaktoren (TF) oder *releasing factors* (RF oder eRF) erkannt. Diese setzen die Peptidkette frei, und das Ribosom fällt von der mRNA ab.

Die Translation endet mit der Synthese eines nativen Proteins, das erst funktionell wird, wenn es seine richtige Konformation erhält und **bei den Eukaryoten posttranslationale Modifikationen** durchgemacht hat.

Ihre dreidimensionale Struktur können Proteine in Abhängigkeit von **Chaperonen** (Proteinen) erhalten, die einerseits ein anormales Falten verhindern, das im Laufe der Translation auftreten könnte (eigentliche Aufgabe der Chaperone), und andererseits die Interaktionen zwischen den Aminosäuren fördern, die die funktionelle Konfiguration aufrecht erhalten helfen (Aufgabe der Chaperonine) (Abb. 9).

A: Initiation

kleine Ribosomenuntereinheit, beladen mit Initiationsfaktoren (IF)

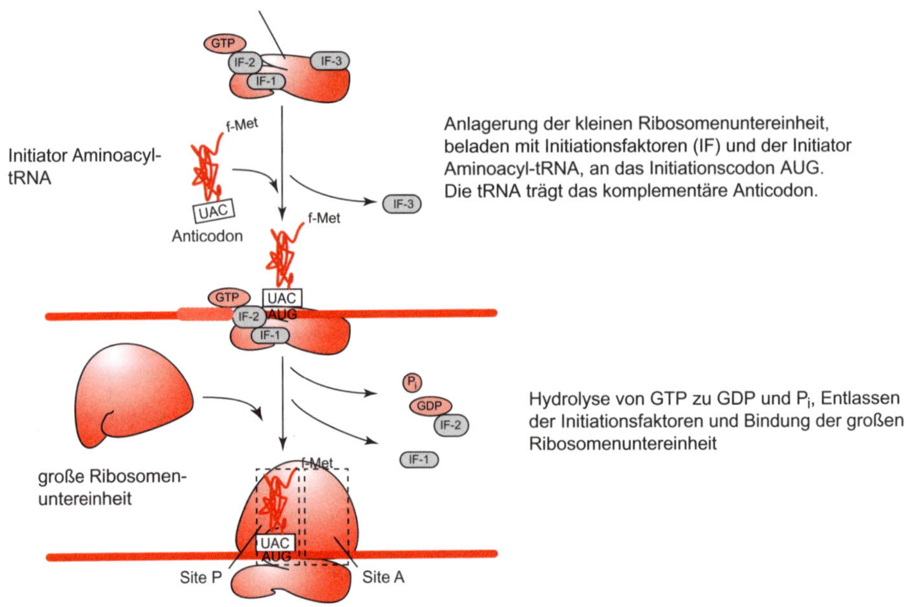

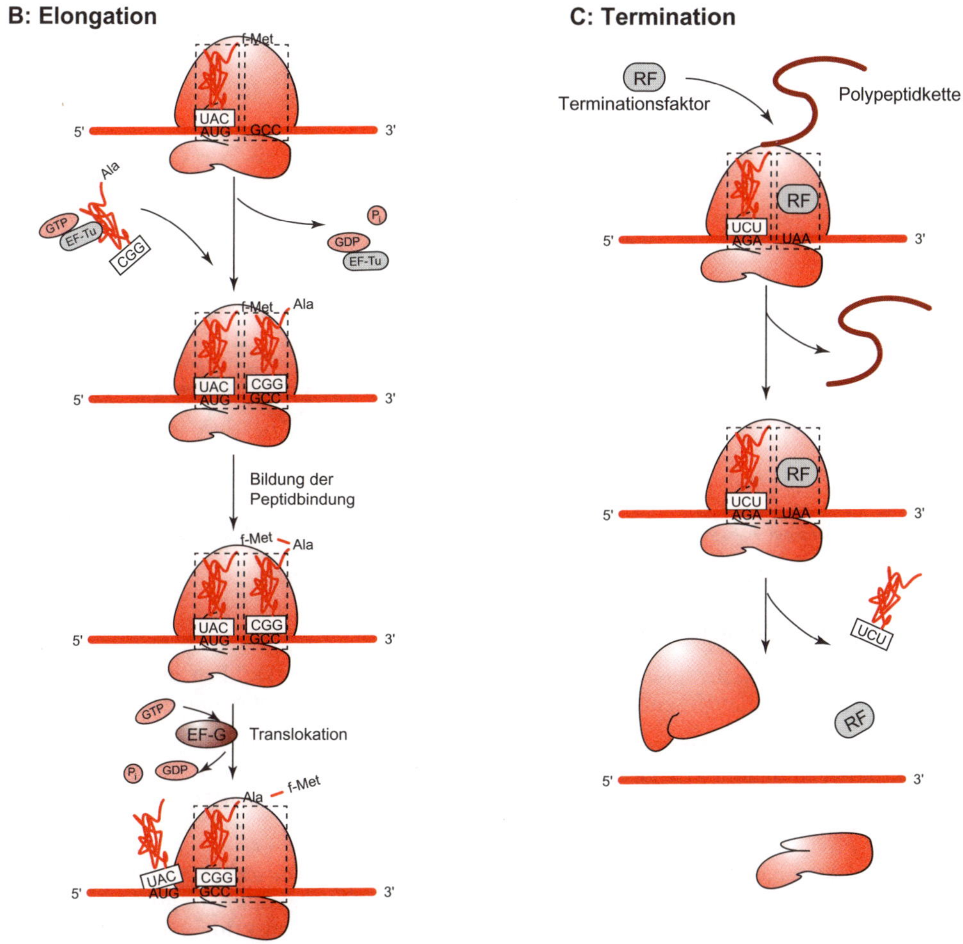

Abb. 8 Schritte der Translation (am Beispiel von Prokaryoten)

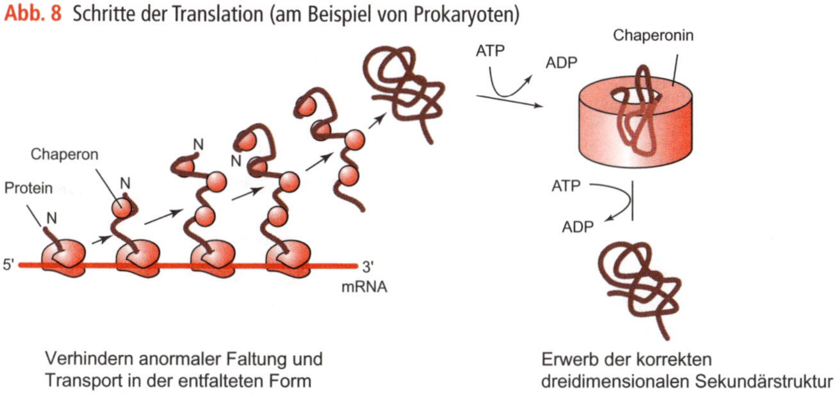

Abb. 9 Aufgabe der Chaperone bei der Faltung der Proteine

Bei den Eukaryoten manifestieren sich während oder nach der Translation Modifikationen der Proteine durch kovalente Bindungen mit dem nativen Protein; dies geschieht entweder durch Hinzufügen z. B. von glykosidischen Gruppen, durch Disulfidbrückenbildung oder durch die Eliminierung peptidischer Sequenzen (Abb. 10).

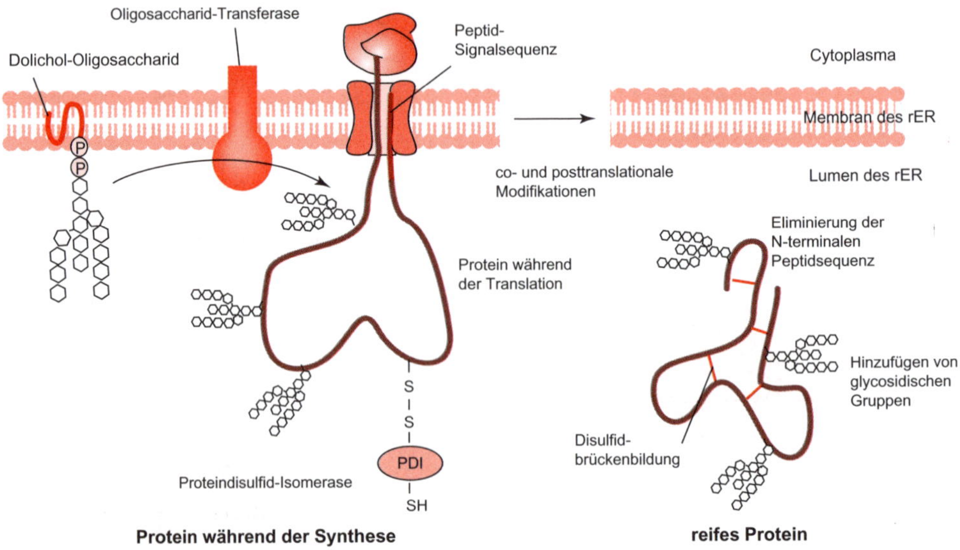

Abb. 10 Mögliche posttranslationale Modifikationen bei eukaryotischen Proteinen

c) Regulation der Genexpression

Die Regulation der Genexpression bei **Prokaryoten** findet hauptsächlich in der Transkriptionsphase statt. Sie betrifft entweder die Initiation oder die Termination der Transkription.

Die Regulation der Genexpression des Lactose-Operons ist ein Beispiel für die Regulation der Transkriptionsinitiation. Ein Operon ist eine Einheit von mehreren Genen, die die gleiche Zellfunktion codieren, vom gleichen Promotor abhängen und mit einer DNA-Sequenz, dem Operator, verbunden sind.

Im vorliegenden Fall heftet sich bei Lactosemangel der Repressor, codiert vom Gen lac I, an den Operator und hemmt die Transkription. In Anwesenheit von Lactose reprimiert die Lactose die Bindung des Repressors an den Operator, wodurch die Transkription ermöglicht wird (Abb. 11).

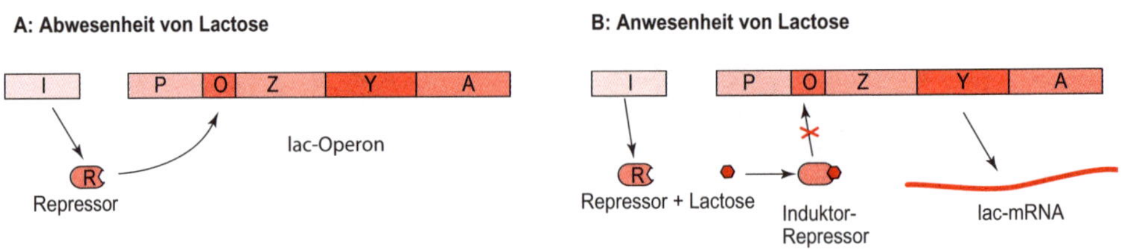

Abb. 11 Regulierung der Transkriptionsinitiation bei Prokaryoten am Beispiel des Lactose-Operon
O: Operator, P: Promotor, I: *lacI*-Gen, Z: *lacZ*-Gen, Y: *lacY*-Gen, A: *lacA*-Gen

Die Kontrolle der **eukaryotischen Genexpression** dagegen findet auf mehreren Ebenen statt. So können Modifikationen in der DNA-Struktur, Änderungen der basalen Transkriptionsrate oder eine Kontrolle bei der Translation auftreten (Abb. 12). Man unterscheidet transkriptionale und posttranskriptionale Modifikationen.

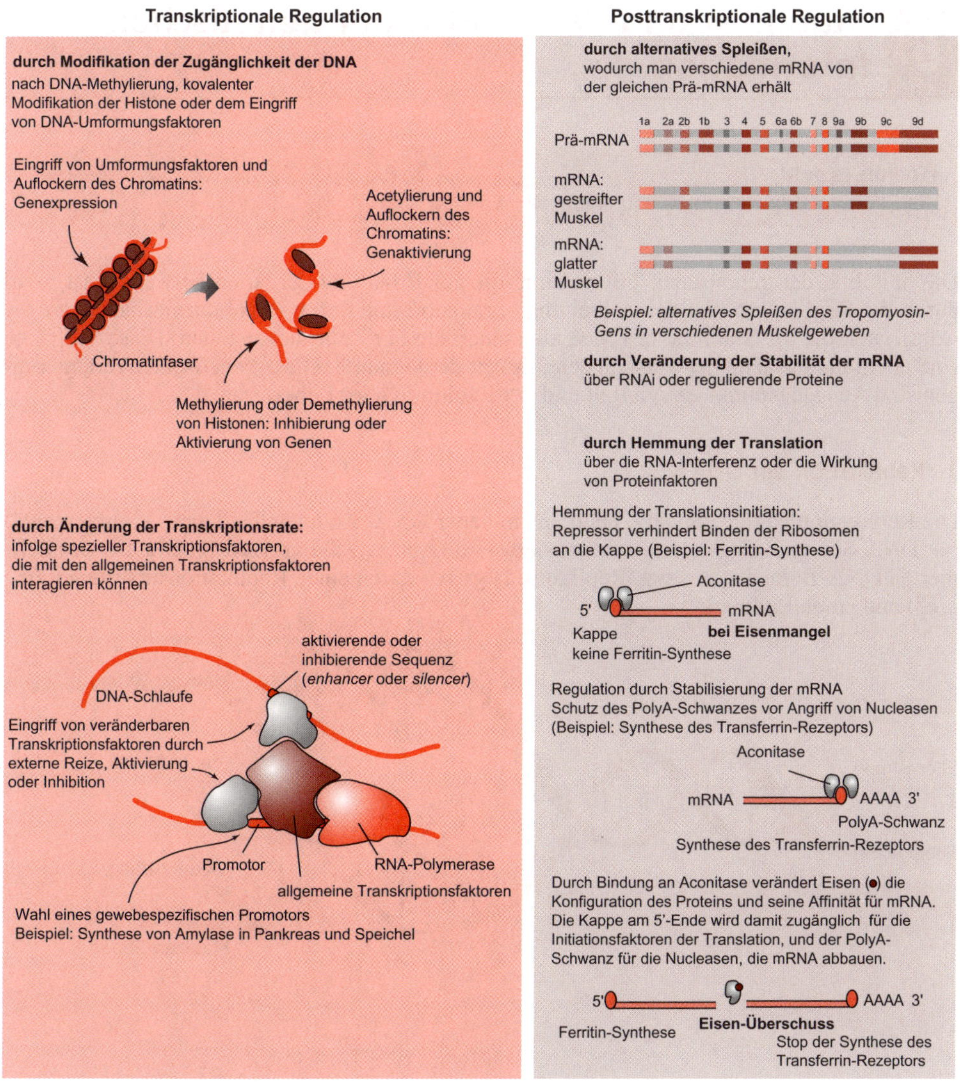

Abb. 12 Regulierungsmöglichkeiten bei der eukaryotischen Genexpression

6 Stabilität und Variabilität der genetischen Information

Worum es geht:
Replikation, Reparaturmechanismen

Die Stabilität der genetischen Information, die zur Erhaltung der Arten notwendig ist, wird durch die Replikation, die der Zellteilung vorangeht, und durch Reparaturmechanismen gewährleistet, die die Stabilität des Moleküls innerhalb der Zelle sicherstellen. Diese Vorgänge sind ebenfalls Ursache der Verschiedenartigkeit der Genome. Diese genetischen Veränderungen sind Ausgangspunkt der Vielfalt und der Evolution aller Lebewesen.

1. Replikation der DNA

Die Replikation ist der Vorgang, bei dem ein neuer DNA-Strang anhand eines komplementären DNA-Stranges als Matrize synthetisiert wird (Abb. 1). Sie verläuft innerhalb eines definierten DNA-Bereichs, des sog. Replikons, begrenzt durch einen Replikationsursprung („*origin*") und einen Endpunkt.

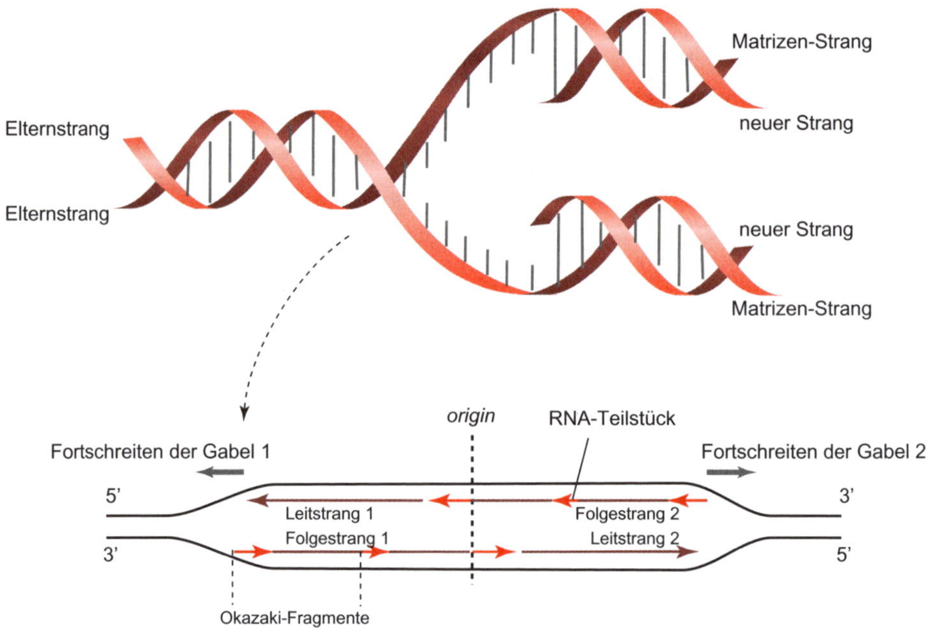

Abb. 1 Verlauf der Replikationsgabel und Synthese der DNA-Stränge

Die Replikation weist Gemeinsamkeiten bei Prokaryoten und Eukaryoten auf:

- Sie ist **semikonservativ**. Nach Auftrennung der DNA-Doppelhelix wird jeder der beiden Stränge als Matrize für die Synthese eines neuen Stranges benutzt. Das neu gebildete DNA-Molekül besteht folglich aus einem (ursprünglichen) Elternstrang und einem neu gebildeten Tochterstrang.

- Sie ist **bidirektional**, was sich daran zeigt, dass sich zwei Proteinkomplexe an ein und demselben Replikationsursprung anheften, und so zwei Replikationsgabeln bilden, die beide in entgegengesetzter Richtung fortschreiten.
- Sie ist **asymmetrisch**. Einer der beiden Stränge wird kontinuierlich aufgebaut (Leitstrang), während der andere (Folgestrang) in Form der sogenannten **Okazaki-Fragmente** gebildet wird.

Die Synthese neuer DNA-Stränge wird durch DNA-abhängige DNA-Polymerasen ausgeführt (Abb. 2). Sie katalysieren die Bildung von Phosphodiester-Bindungen zwischen dem 3'-OH-Ende und dem 5'-Phosphatende zweier aufeinander folgender Nucleotide. DNA-Polymerasen besitzen außerdem eine Exonuclease-Aktivität (3'→5'), die eventuelle Fehler während der Synthese korrigiert.

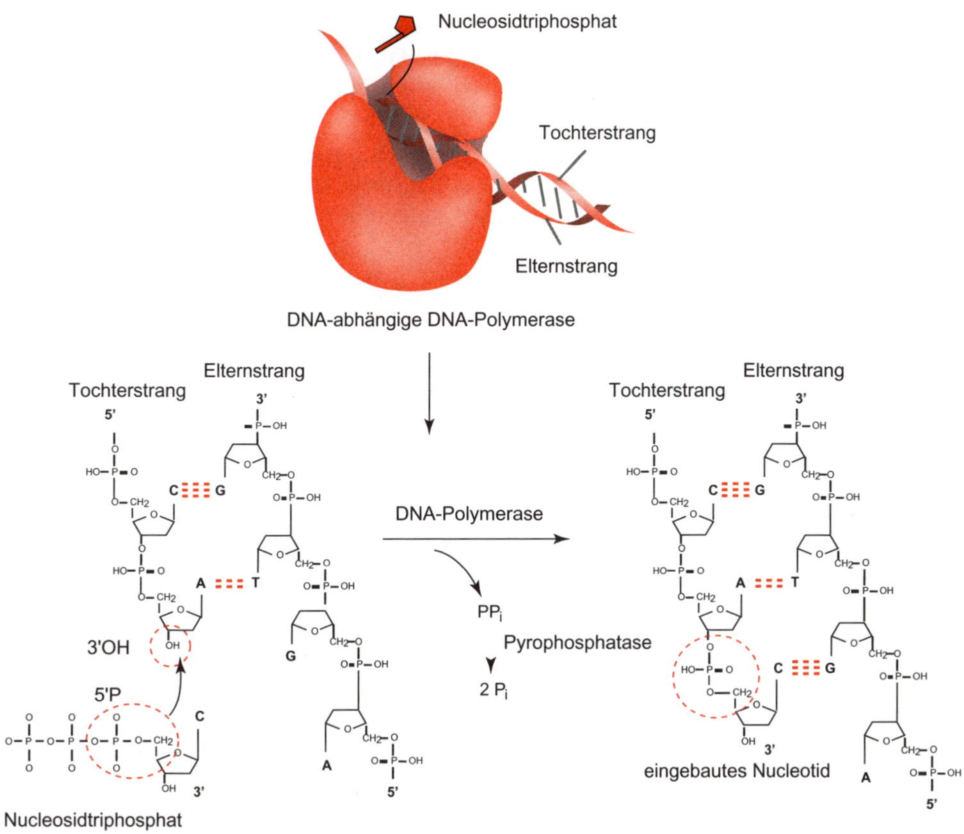

Abb.2 Katalysierte Reaktion der DNA-Polymerase

Der Einbau des ersten Desoxyribonucleotids erfordert ein freies 3'-OH-Ende. Dies wird von einem kurzen RNA-Teilstück (***primer***) geliefert, das von einer DNA-abhängigen RNA-Polymerase synthetisiert wird und sich mit der DNA-Polymerase innerhalb der Replikationsgabel befindet (Abb. 3).

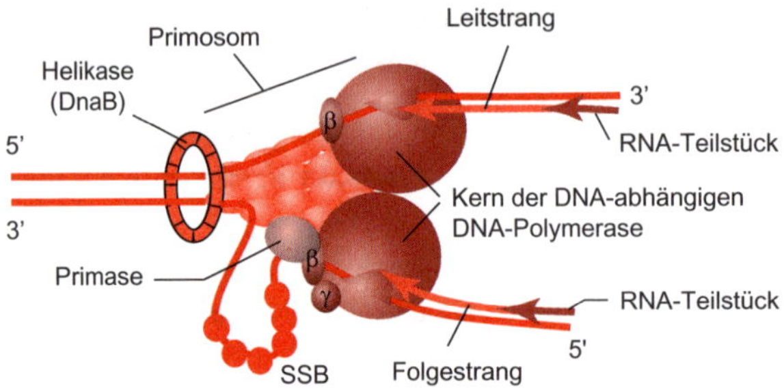

Abb. 3 Molekularer Aufbau einer prokaryotischen Replikationsgabel

Die Replikation beginnt mit der **Öffnung der DNA-Doppelhelix** durch eine Helicase. Die entknäulte DNA bildet die Matrize für eine Primase, die DNA-abhängige RNA-Polymerase, die ein Teilstück der RNA (*primer*) synthetisiert, an den sich die DNA-Polymerase legt, um einen komplementären DNA-Strang zu bilden.

Die fortschreitende Replikationsgabel hinterlässt einen **kontinuierlichen DNA-Strang und einen diskontinuierlichen**, an dem noch die RNA-Teilstücke hängen. Diese werden abgebaut, die Lücken mit komplementären DNA-Stücken aufgefüllt und die Fragmente durch eine DNA-Ligase miteinander verbunden.

2. Reparaturmechanismen der DNA

Die DNA ist ein Makromolekül, das zahlreichen Angriffen z. B. von ultravioletten Strahlen, Stoffwechselprodukten u. a. ausgesetzt ist. Diese Angriffe sind imstande, die Basenfolge oder die Struktur des DNA-Moleküls zu verändern. Es gibt verschiedene Mechanismen, die DNA intakt zu halten.

a) Veränderungen am DNA-Molekül

Das DNA-Molekül kann verschiedene Veränderungen erfahren, die entweder nur eine einzige Base betreffen oder Konfigurationsänderungen am Molekül nach sich ziehen (Abb. 4).

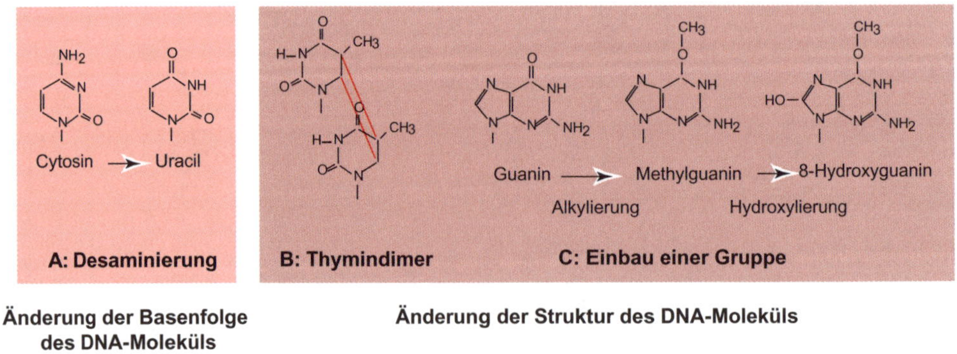

Abb. 4 Beispiele für Veränderungen der DNA

Die ersten Aberrationen, die nur die Basenfolge, aber nicht die Struktur der DNA betreffen, behindern weder die Replikation noch die Transkription. Sie können dennoch Schäden hinterlassen, weil die Information fehlerhaft übertragen und abgelesen wird.

Diese Schäden können die Folge der Desaminierung von Cytosin zu Uracil oder Thymin oder von Adenosin zu Hypoxanthin sein. Diese Reaktionen können spontan oder unter Einwirkung eines chemischen Mutagens erfolgen (Abb. 4A).

Konfigurationsänderungen des DNA-Moleküls hingegen können ein Hindernis bei der Replikation oder Transkription darstellen. Sie können zu kovalenten Bindungen mit Basen desselben DNA-Stranges oder des Komplementärstranges führen. UV-Strahlen z. B. bewirken die Bildung von Fotoprodukten wie Thymindimeren. Ebenso können Alkyl- oder Hydroxylgruppen an die Basen addiert werden und eine anormale Paarung hervorrufen (Abb. 4C).

Außerdem können Fehler, sog. **Fehlpaarungen,** bei der Replikation auftreten.

b) Reparaturmechanismen

Bestimmte Veränderungen wie die Dimerisierung von Thymin und Alkylierung von Basen werden durch **direkte Umkehrung** der Reaktion, die den Schaden verursacht hat, repariert. Der Einsatz dieser Reparaturmechanismen ist aber eher selten.

Die meisten Veränderungen der DNA werden durch Entfernen der strukturveränderten Base und Neu-Synthese der DNA repariert, was man unter **Reparaturmechanismen durch Exzision** zusammenfasst.

Dabei wird die veränderte DNA erkannt und die fehlerhaften Basen entweder als freie Basen (Abb. 5B) oder als Nucleotide herausgeschnitten (Abb. 5A). Die Lücke wird dann von einer DNA-Polymerase, die den intakten Komplementärstrang als Matrize benutzt, mit einem neuen DNA-Strang aufgefüllt.

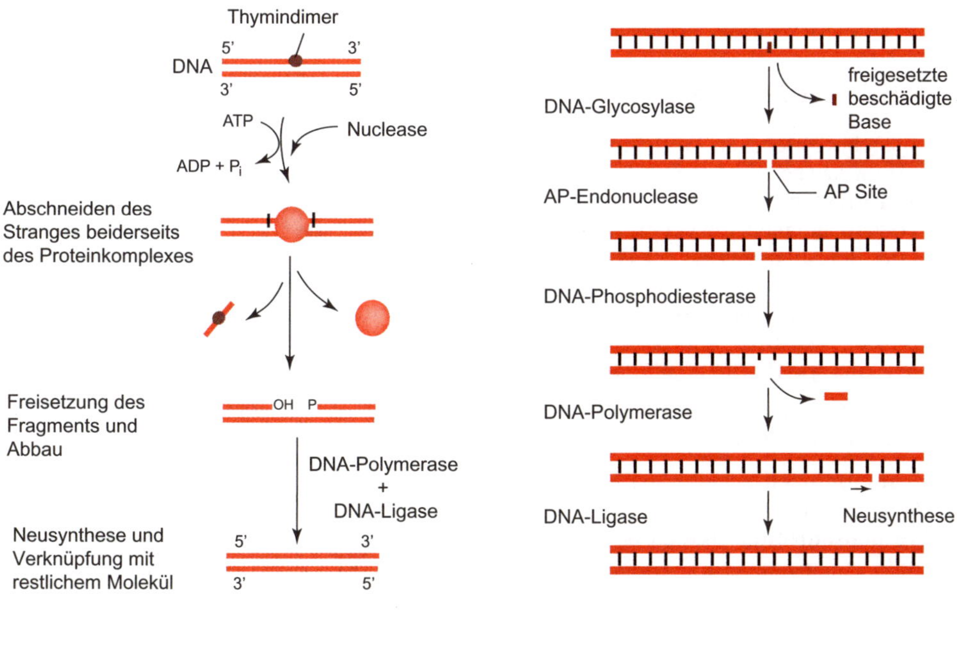

A: Reparatur durch Exzision von Nucleotiden **B:** Reparatur durch Exzision von Basen

Abb. 5 DNA-Reparaturmechanismen durch Exzision

Schließlich werden **Basenfehlpaarungen,** die bei der Replikation stattfinden können, erkannt und durch einen spezifischen Mechanismus repariert (Abb. 6). Die Fehlpaarung wird von speziellen Proteinen entdeckt (Mut L, bei Prokaryoten Mut S) und die Helicase entknäult die Doppelhelix an der beschädigten Stelle. Der neu synthetisierte Strang wird von einer Endonuclease an einer hemimethylierten Stelle nahe der Läsion abgeschnitten (Mut H bei *E. coli*). Die beschädigte DNA wird abgebaut und die Lücke von einer DNA-Polymerase und einer DNA-Ligase repariert.

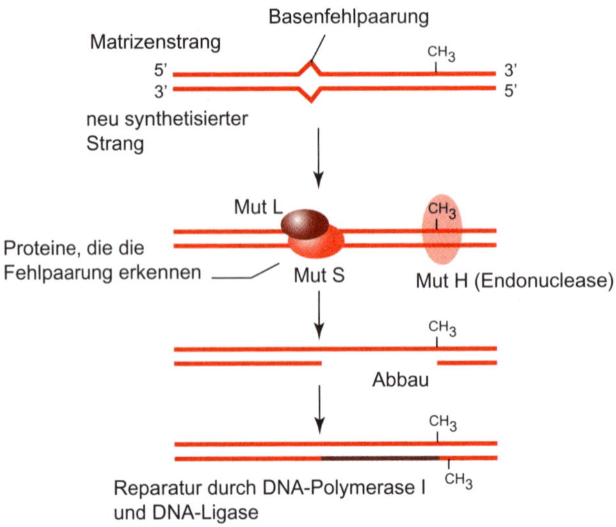

Abb. 6 Ablauf der Reparatur von Basenfehlpaarungen bei *E. coli*

3. Variabilität der genetischen Information

Die oben beschriebenen Mechanismen gewährleisten die Stabilität der genetischen Information. Trotz der spezifischen Besonderheit jedes einzelnen Vorgangs verläuft die Reparatur nicht immer perfekt und kann zu Veränderungen im Genom führen, den **genetischen Mutationen**. Die Geschwindigkeit, mit der diese Mutationen auftreten, gibt das Gleichgewicht zwischen der Zahl der Schädigungen an der DNA und der Zahl der auftretenden Reparaturen wider. Zusätzlich dienen bestimmte Mechanismen wie Rekombination und Transposition dazu, eine Vielfalt neuer Genome zu schaffen.

a) Arten der genetischen Mutationen

Je nach Größe der betroffenen DNA-Sequenz lassen sich drei Arten von genetischen Mutationen unterscheiden (Abb. 7):

- **Genmutationen** entsprechen Veränderungen an relativ kurzen Nucleotidsequenzen, die kürzer als ein Gen sind.
- **Chromosomenmutationen** oder strukturelle Chromosomenaberrationen betreffen relativ große Fragmente von DNA-Molekülen und sind bei der cytologischen Betrachtung der Chromosomen zu erkennen.
- **Genommutationen** sind Veränderungen der Anzahl der Chromosomen. Sie können die Folge aus einer *Nondisjunction* homologer Chromosomen oder Schwesterchromatiden bei der Meiose (Abb. 7) sein oder bei der Vermehrung oder dem Verlust von Chromosomen oder Chromosomensätzen (Polyploidie, Aneuploidie) entstehen.

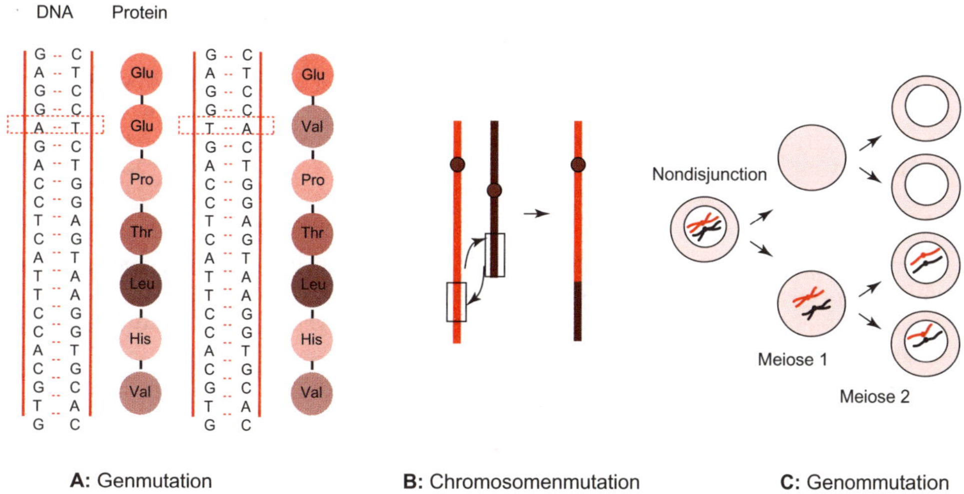

Abb. 7 Arten der genetischen Mutationen

b) Rekombinationsmechanismen

Der Mechanismus der Rekombination entspricht der **Reorganisation des Genoms durch Austausch genetischen Materials zwischen Chromosomen**. Er trägt sowohl zur Variabilität als auch zur Stabilität des Genoms bei.

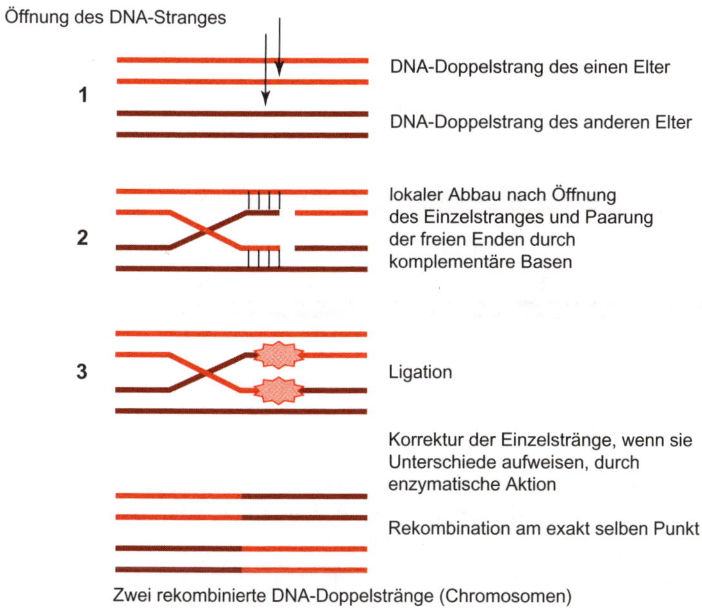

Abb. 8 Homologe Rekombination

Dies ist insbesondere der Fall bei der **homologen Rekombination**. Auch als allgemeine Rekombination bezeichnet, handelt es sich um einen Austauschmechanismus genetischen Materials, das DNA-Sequenzen mit weitgehenden Homologien aufweist. Ein Doppelstrangbruch zweier DNA-Moleküle wird dabei durch eine Ligase wieder zusammengefügt.

Die Bruchstellen können Folge einer Läsion des DNA-Moleküls sein oder durch zelleigene Enzyme hervorgerufen werden, die so den Mechanismus auslösen (Abb. 8).

Bei Eukaryoten finden diese Ereignisse in den Gameten bei der Meiose statt und sind die Ursache für **intrachromosomale Vermischung**. Sie können auch in somatischen Zellen beim Reparaturmechanismus der DNA oder der chromosomalen Neuverteilung stattfinden und führen dann zu Chromosomenmutationen.

c) Transposition

Die Transposition entspricht der **willkürlichen Verlagerung** von DNA-Fragmenten, sog. **Transposons** oder **springenden Genen**, auf dem Chromosom. Im Gegensatz zu Mechanismen der Rekombination findet dieser intrazelluläre Austausch genetischen Materials ohne Bezug zu homologen Sequenzen statt (Abb. 9).

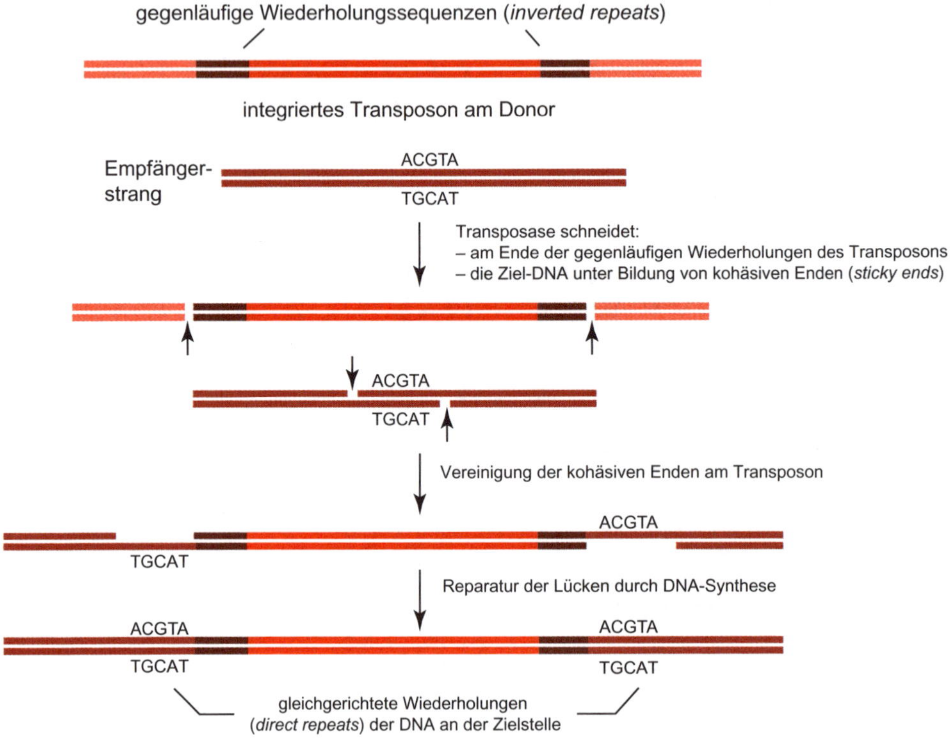

Abb. 9 Phasen der konservativen Transposition

Das willkürliche Einfügen von DNA-Fragmenten in ein Chromosom erzeugt Insertionsmutationen, die entweder die Produktion von Teilstücken der RNA, fehlerhafte RNA oder eine Veränderung der Expressionsrate eines Gens nach sich ziehen.

Im Übrigen kann eine anormale Exzision des Transposons die Ursache von Deletionen oder Duplikationen sein.

Bei der replikativen Transposition vermehren springende Gene durch ein *copy & paste*-Verfahren die Anzahl der identischen Sequenzen auf den Chromosomen, was die Wahrscheinlichkeit homologer Rekombinationen erhöht.

7 Kompartimentierung der eukaryotischen Zelle

Worum es geht:
Plasmamembran, Lipide, Proteine, Organelle, Flüssig-Mosaik-Modell, Endomembransystem, Exocytose, Endocytose, Endosymbiontentheorie, Membranfluss

Eukaryotische Zellen werden durch die Anwesenheit eines Kerns charakterisiert, der das genetische Material enthält. Im Gegensatz dazu sind prokaryotische Zellen kernlos, und das Genom ist ein ringförmiges frei im Plasma bewegliches Nucleoid.

Der eukaryotische Zellinhalt ist in Kompartimente unterteilt, die Organellen, die durch eine einfache oder doppelte Membran begrenzt sind. Innerhalb dieser Organellen herrschen besondere physikalisch-chemische Bedingungen und sie ermöglichen das Konzentrieren von Stoffwechselprodukten, die die Zelle für die notwendigen Reaktionen ihres Anabolismus und Katabolismus benötigt.

1. Das Kompartiment Cytosol

Bei Eukaryoten ist das **Cytoplasma** das gegenüber dem **Kernplasma** abgegrenzte Volumen. Das **Cytosol** wiederum ist ein noch stärker eingegrenztes Kompartiment, nach außen begrenzt durch die Plasmamembran, die die Zelle umgibt, und im Inneren durch die Membranen aller anderen Organellen.

a) Zellbegrenzung durch die Plasmamembran

Alle Zellen sind von einer Schicht aus Lipiden und Proteinen umgeben, der Plasmamembran, die das intrazelluläre Milieu von der extrazellulären Matrix isoliert. Dieses komplexe Gebilde besteht aus Lipiden und Proteinen, von denen einige mit Oligosaccharid-Ketten, an die sie gebunden sind, Glycolipide und Glycoproteine bilden (Abb. 1).

- Die Lipiddoppelschicht ist typisch für alle Zellmembranen und entspricht dem Modell der **Einheitsmembran** (*unit membrane model*) von J. David Robertson (1960).
- Die Stärke der Plasmamembran beträgt 7,5 nm, und das Verhältnis der Lipide zu Proteinen ist ungefähr 3 : 2, jedoch schwankt es je nach Aktivität der Membran und ihrer strukturellen Eigenschaften.
- Die Moleküle der Membran sind **amphiphil**, d. h. bipolar mit einem hydrophilen und einem hydrophoben Pol, und sind so ausgerichtet, dass der hydrophile Teil nach außen und der hydrophobe Teil ins Innere der Doppelschicht gerichtet ist.
- Nach dem **Flüssig-Mosaik-Modell** (*fluid mosaic model*) von S. Jonathan Singer und Garth Nicolson (1972) besteht die Einheitsmembran aus einem molekularen Mosaik aus Phospholipiden, die eine Doppelschicht bilden, in die Proteine eingelagert (integral, intrinsische Proteine) oder auf der Oberfläche (peripher oder lipidverankert) lokalisiert sind. Dieses molekulare Gebilde ist dynamisch, da seine Bestandteile nur schwach miteinander verbunden sind und sich lateral bewegen können und sogar Translokationen durch die Membran möglich sind.
- Lipide und Proteine der Plasmamembran bestimmen all ihre Eigenschaften: **selektive Permeabilität**, **Fluidität**, **Interaktionen** mit den Liganden des intra- und extrazellulären Raumes.

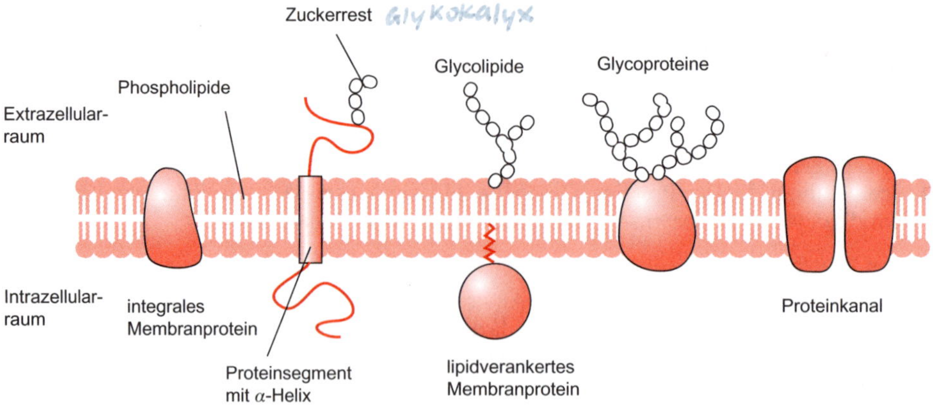

Abb. 1 Aufbau der biologischen Membran

Die Membranlipide sind Phospholipide, Glycolipide, Sphingolipide und Sterole. Periphere Proteine werden durch elektrostatische Bindungen auf der Oberfläche der Membran festgehalten, integrale Proteine sind transmembranär, und lipidverankerte Proteine werden durch kovalente Bindungen an Fettsäuren der Membran gebunden.

Dieser Aufbau –hier beschrieben für die Plasmamembran– findet sich bei allen inneren Membranen der Zelle wieder.

b) Das Cytosol, Sitz mehrerer Stoffwechselwege

Das Cytosol ist der Sitz wichtiger **energetischer und biosynthetischer Stoffwechselwege**, von denen die wesentlichsten sind (Abb. 2):

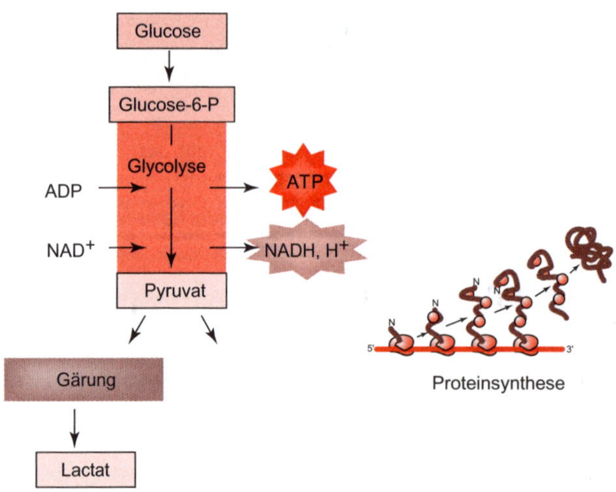

Abb. 2 Hauptstoffwechselwege im Cytosol

- In der **Glycolyse** wird Glucose-6-P schrittweise zu Pyruvat oxidiert, die Reduktionsäquivalente NADH und H^+ gewonnen und Energie in Form von ATP konserviert.
- Die **Gärung** unter anaeroben Bedingungen gewährleistet die Reoxidierung des Coenzyms NADH; NAD^+ und H^+ stehen erneut für die Glycolyse zur Verfügung.
- Der **Pentosephosphatweg** oxidiert Glucose-6-P, ergibt NADPH, H^+ und Ribulose-Phosphat.

- Die Translation der **Proteinsynthese** findet an freien Ribosomen oder an mit dem Endoplasmatischen Reticulum assoziierten Ribosomen statt.

ATP stellt die universale Energiewährung der Zelle zwischen der exergonischen Glycolyse und den verschiedenen endergonischen Stoffwechselwegen dar.

Coenzyme, z. B. NADPH, sind an den Oxidoreduktionsreaktionen des Stoffwechsels beteiligt; H^+ steht für die Fettsäuresynthese zur Verfügung; und sie können zu anderen Kompartimenten geleitet werden, wie z.B. NADH und H^+ unter aeroben Bedingungen zu den Mitochondrien.

c) Das Cytosol ist von einem Cytoskelett durchzogen

Die eukaryotische Zelle weist im Cytosol ein Netzwerk von fibrillären Molekülen auf, die das Cytoskelett bilden (Abb. 3). Es besteht aus **Mikrotubuli** (20–30 nm Durchmesser), **Intermediärfilamenten** (7–12 nm) und **Mikrofilamenten** (Aktinfilamenten, 5–7 nm). Das Cytoskelett erfüllt mehrere Funktionen innerhalb dieses Kompartiments:

- Es bestimmt die Form der Zelle und schafft den Kontakt mit der extrazellulären Matrix oder mit Nachbarzellen über die Plasmamembran.
- Es gewährleistet die Verankerung und Bewegung der Organellen im Cytosol.
- Es ermöglicht die Aufteilung der Chromosomen bei der Zellteilung (Spindelapparat). Es ermöglicht die Fortbewegung der Zelle durch Kriechen oder Schwimmen mit Cilien (Wimpern) oder Flagella (Geißeln).

Ein Mikrotubulus setzt sich aus 13 Protofilamenten zusammen, deren globuläre Monomere von α- und β-Tubulinen ein Lumen umschließen. Die Enden der Mikrotubuli weisen eine Dynamik von Polymerisation und Depolymerisation auf, wobei am (+)-Ende vorwiegend Polymerisation (Aufbau) und am (–)-Ende vorwiegend Depolymerisation (Abbau) stattfindet.

In einer aktiven Zelle interagieren die Tubulin-Monomere mit MAP-Proteinen (*microtubule associated proteins*), mit Proteinen der Zellwand und mit denen des Mikrotubuli-Organisationszentrums (MTOC *microtubule organizing center*). Dieses liegt in tierischen Zellen zentral und entspricht dem Centrosom (zwei Centriolen), in pflanzlichen Zellen dagegen nimmt es die Form einer amorphen Proteinmasse an. So durchzieht ein mikrotubuläres Netzwerk, dessen (–)-Enden im MTOC und (+)-Enden in der Zellrinde festsitzen, die ganze Zelle (Abb. 3).

Ein Intermediärfilament entsteht durch Polymerisation von Monomeren, die sich zu Tetrameren verbinden und schließlich zu stabilen Fasern vereinigen. Der Zusammenschluss von verschiedenen Arten von Monomeren ergibt verschiedene Arten von Filamenten (Keratin, Desmin, etc.). Intermediärfilamente bilden ein Netz, das den Kern umgibt und ihn in die Mitte platziert; sie durchziehen das Cytosol strahlenförmig bis zur Plasmamembran und verankern insbesondere Desmosomen (Zell-Zell-Verbindungen) und Hemidesmosomen (Zell-Matrix-Verbindungen).

Ein Aktin-Mikrofilament ist eine Faser (F-Aktin), die aus der Polymerisation von globulären Aktin-Monomeren (G-Aktin) entstanden ist. Die Monomere an den Enden werden ständig auf- und abgebaut und bestimmen so den (+)- und (–)-Pol. Die Konfiguration dieser Moleküle wird durch aktinassoziierte Proteine (AAP, *actin associated proteins*) bestimmt, die sie z. B. zu kontraktilen Bündeln (F-Aktin + α-Aktinin + Myosin) zusammenfassen oder ein loses Netz (F-Aktin + Filamin) bilden.

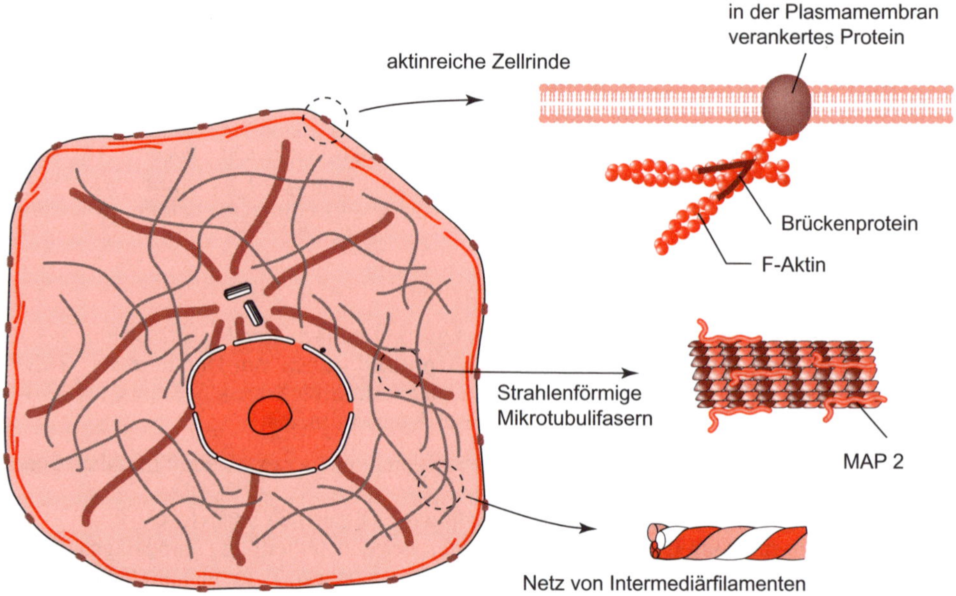

Abb. 3 Elemente des Cytoskelettseiner Zelle

2. Kompartimente des Endomembransystems

Die eukaryotische Zelle unterscheidet sich von der prokaryotischen Zelle durch die Anwesenheit eines Membransystems im Cytosol, des **Endomembransystems**. Es umfasst mehrere Kompartimente, die miteinander in Verbindung stehen und grundsätzlich von einer einzigen Membran umgeben sind. Dazu gehören der Nucleus, das Endoplasmatische Reticulum, der Golgi-Apparat und die Vesikel.

a) Nucleus

Die Kernhülle besteht aus einer einfachen Membran, die jedoch in sich selbst zurückgefaltet ist, wobei die beiden Schichten durch einen intermembranären Zwischenraum getrennt sind. Die Form des Kerns wird durch Intermediärfilamente, die an die innere Kernmembran grenzen, stabilisiert, die sogenannte **Kernlamina**. Die Kernhülle trägt zahlreiche **Kernporen**, die den Kontakt zwischen Kernplasma und Cytosol herstellen und den Austausch zwischen diesen beiden Kompartimenten gestatten (Abb. 4).

Das Kernplasma ist ein heterogenes Kompartiment, in dem die Chromosomen als Chromatin mehr oder weniger spiralisiert vorliegen. Es existiert in zwei Formen:

- das **Euchromatin**, locker, dekondensiert und hell im Transmissions-Elektronenmikroskop sichtbar, besteht aus Kernfilamenten in Form einer Perlenkette, in denen das DNA-Molekül zugänglich für die Enzyme der Transkription ist. Diese Fraktion der DNA ist transkriptionsaktiv, d. h. die Gene werden exprimiert (Abb. 1).
- Im Gegensatz dazu ist das **Heterochromatin** dichter und entspricht dem Chromatingerüst der Chromosomen, deren Kernfilamente kondensiert sind und nicht transkribiert werden, weil die DNA den RNA-Polymerasen nicht zugänglich ist.

Im Kernplasma (Karyoplasma) kann man sehr deutlich eine oder mehrere dichte Zonen erkennen, den **Nucleolus** (oder mehrere Nucleoli). Diese entsprechen den Zonen, in denen rRNA synthetisiert und ribosomale Untereinheiten zusammengesetzt werden.

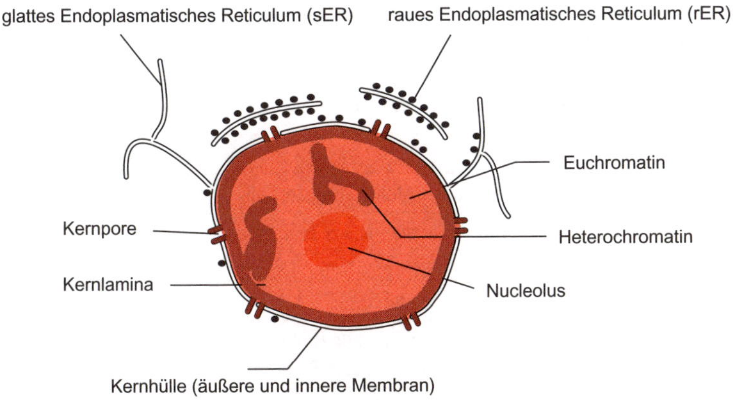

Abb. 4 Aufbau des Kerns und der Chromosomen im Chromatin

Der Kern ist ein stabiles Kompartiment in den Zellen, die sich nicht mehr teilen, z. B. differenzierte Zellen. In teilungsfähigen Zellen, wie tierischen Stammzellen oder pflanzlichen merismatischen Zellen, kann sich die Kernhülle jedoch auflösen, wenn die Kernlamina sich verändert, und in Vesikel zerfallen, die im Cytosol verstreut liegen bleiben. Diese Erscheinungen finden in der Prophase statt, und sich verdichtende Chromosomen werden freigesetzt. Nach der Telophase setzen sich die Vesikel wieder zusammen und bilden erneut eine Kernhülle um die Chromosomen.

b) Endoplasmatisches Reticulum und Golgi-Netzwerk

Sowohl das glatte und raue Endoplasmatische Reticulum (sER (von engl. *smooth*), rER) als auch die Dictyosomen des Golgi-Apparats sind Kompartimente mit Einfachmembran um ein zentrales Lumen herum. Im Lumen und auf der Membran dieser Organellen werden verschiedene Funktionen ausgeführt, die lebenswichtig für die Zelle sind (Tab. 1).

Tab. 1 Funktionen der wichtigsten Kompartimente des Endomembransystems

Organell	Funktionen
Kern	Schutz des Chromatins und Isolierung der Transkriptions- und Replikationsvorgänge
raues Endoplasmatisches Reticulum	Reifung der ins Lumen transportierten Proteine durch Glycosylierung und Einnehmen der dreidimensionalen Konfiguration
glattes Endoplasmatisches Reticulum	Synthese der Membranlipide und der Steroidhormone
Dictyosom	Proteinreifung durch Glycosylierung, Sulfatierung und Phosphorylierung sowie Weiterleitung und Abschnürung der fertigen Produkte in Vesikeln

c) Vesikel des Endomembransystems

Zum Endomembransystem gehören ebenfalls die Vesikel, die sich durch Abschnürung an der Oberfläche der Kompartimente ablösen (Tab. 2). Diese Vesikel bilden sich am rER und stellen die Fortsetzung des Dictyosoms dar; sie heißen deshalb **Transportvesikel**. Im *trans*-Golgi-Netzwerk trennt die *trans*-Seite Vesikel durch Abschnürung ab, die **Exocytose-Vesikel** genannt werden. Diese verschmelzen mit der Plasmamembran, indem sie die Gesamtoberfläche der Cytoplasmamembran vergrößern und ihren Inhalt nach außen abgeben. Im Gegensatz zu diesem Vorgang werden Vesikel, die durch Endocytose gebildet werden, **Endosomen** genannt.

Das Cytosol enthält ebenfalls Vesikel, die Enzyme isolieren, die für die Zelle schädlich sind, dazu gehören die **Lysosomen** und **Peroxisomen**.

Tab. 2 Funktionen der wichtigsten tierischen und pflanzlichen Zellvesikel

Organelle	Funktionen
Exocytose-Vesikel	Kompartiment der Speicherung und des Molekültransfers aus dem Dictyosom
Endocytose-Vesikel	Kompartiment der exogenen Molekülaufnahme ins Zellinnere und Transfer zu den Lysosomen
Lysosom	Kompartiment der intrazellulären Verdauung
Peroxisom	Kompartiment der Entgiftung und des chemischen Umbaus von Lipiden in Kohlenhydrate, was bei der Photorespiration („Lichtatmung") eine Rolle spielt
Vakuole	Kompartiment der Speicherung von organischen Lösungen des Primär- und Sekundärstoffwechsels und mineralischen Lösungen; Stabilisierung durch Turgeszenz (Hydroskelett)

Das Endomembransystem ist in ständigem Austausch; unter Einsatz von Transport-, Endocytose- und Exocytose-Vesikeln, die einen **Membranfluss** darstellen. Dieser Fluss sichert den Austausch der Kompartimentinhalte und die Regulierung der Zusammensetzung der Lipide und Proteine der Zellmembranen (Abb. 5).

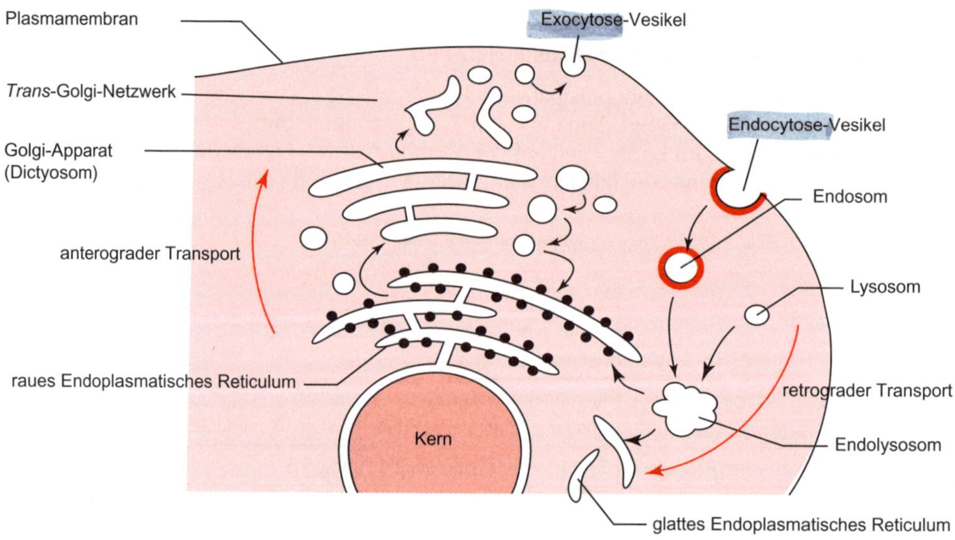

Abb. 5 Membranfluss des Endomembransystems

d) Ursprung der Kompartimente des Endomembransystems

Die Kompartimente des Endomembransystems sind das Ergebnis einer Einstülpung der Plasmamembran einer primitiven Zelle, deren genetisches Material und Polyribosomen mit der Membran assoziiert waren (Endosymbiontentheorie). Diese Einstülpung bildet dabei die Kernhülle, deren externe Membran sich im rauen Endoplasmatischen Reticulum und den Dictyosomen fortsetzt (Abb. 6).

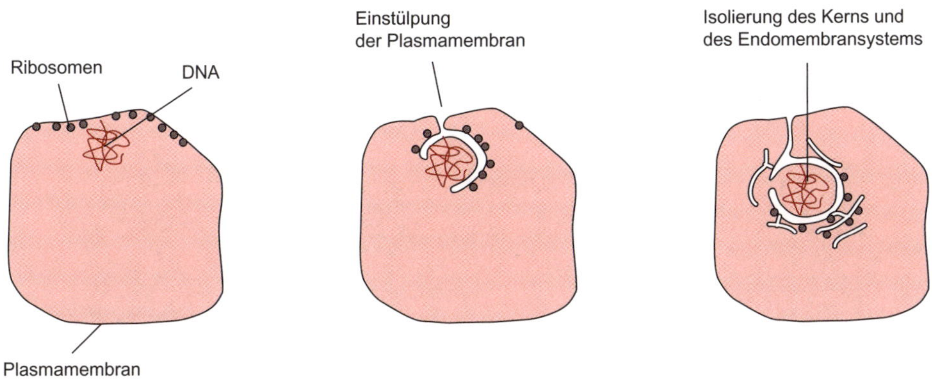

Abb. 6 Hypothese zur Bildung des Endomembransystems

3. Kompartimente mit Doppelmembran

Der Aufbau der intrazellulären Kompartimente mit Doppelmembran hängt von der Spezialisierung der Zelle ab und äußert sich im Allgemeinen in einer Überentwicklung der aktivsten Organellen der lebenden Zelle. Außerdem ist der Aufbau der Organellen mit Doppelmembran anders als der der Organellen mit Einfachmembran.

a) Struktur der Kompartimente mit Doppelmembran

Die Kompartimente mit Doppelmembran werden durch zwei nicht miteinander verbundene Membranen begrenzt: Eine äußere, wenig selektive und eine innere, sehr selektive bilden eine Diffusionsbarriere für Stoffwechselprodukte, die die Membran durchqueren. Dies ist der Fall bei **Mitochondrien** und **Plastiden**.

Mitochondrien kommen sowohl in tierischen, als auch in pflanzlichen Zellen vor (100 bis 1000 pro Zelle); sie sind wichtig für den oxidativen Stoffwechsel unter Einsatz von Enzymen des Citratzyklus, der β-Oxidation und der oxidativen Phosphorylierung in der Atmungskette. Zwischenprodukte dieser Reaktionen sind Ausgangsstoffe der Aminosäurebiosynthese und einige Aminosäuren werden auch direkt in den Mitochondrien gebildet (Abb. 7).

Es handelt sich bei ihnen um Organellen unterschiedlicher Form und Größe, aber meistens mit einem Durchmesser von 1 μm und einer Länge von mehreren μm. Die innere Membran bildet Einstülpungen oder *cristae*, in denen die Enzymkomplexe der Atmungskette liegen. Diese wird mit den Reduktionsäquivalenten (NADH, $FADH_2$) versorgt, die aus den Oxidationsreaktionen in der Matrix und aus der Glycolyse im Cytosol stammen. Dabei gewinnen sie die universale Energiewährung der Zelle, ATP, die dann *in situ* verbraucht oder in andere Zellkompartimente transportiert werden kann. Mitochondrien bewegen sich frei im Cytosol und sind oft dort konzentriert anzufinden, wo die Nachfrage an ATP besonders groß ist.

Chloroplasten kommen nur in pflanzlichen Zellen vor (10 bis 100 pro Zelle). Diese Organellen enthalten Pigmente (z. B. Chlorophyll), wodurch den grünen Teilen der Pflanze ihre Farbe verliehen wird. Sie sind der Ursprung ihrer Kohlenstoff-Autotrophie. Chloroplasten sind der Ort der Reduktion von CO_2 zu Triosephosphaten, der Dunkelreaktion der Photosynthese (Calvin-Zyklus). Diese kann nur ablaufen, wenn vorher in der Lichtreaktion die Energieüberträger ATP und NADPH, H^+ gebildet wurden (Abb. 7), sodass die Photosynthese insgesamt lichtabhängig ist.

Chloroplasten sind erheblich größer als Mitochondrien, linsenförmig, mit einem Durchmesser von ungefähr 5 μm und einer Länge von 20 μm. Das **Stroma** ist mit ihrerseits membranumschlossenen Kompartimenten (**Thylakoiden**) gefüllt, die sich zu **Grana** stapeln können, aber auch einzeln vorkommen. Das Stroma umfasst auch verschiedene andere Strukturen, wie z. B.

Stärkekörner. Die Beweglichkeit der Chloroplasten erlaubt es ihnen, eine optimale Stellung zur Lichtenergiequelle, rechtwinklig zum Strahleneinfall, einzunehmen, oder sich durch parallele Einstellung zur Strahlungsachse vor erhöhter Sonneneinstrahlung zu schützen.

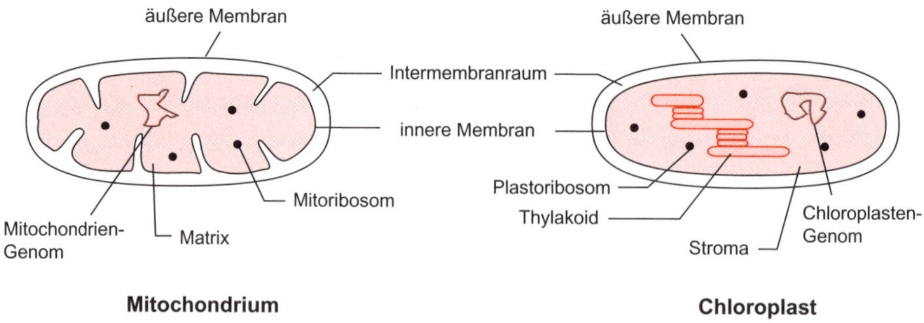

Abb. 7 Schematischer Aufbau eines Mitochondriums und eines Chloroplasten

Plastiden stammen von Proplastiden der meristematischen Zellen ab. Bei ihrer Differenzierung entwickeln sie sich zu verschiedenen Arten, die sich durch ihren Aufbau und ihre Funktion unterscheiden (Tab. 3).

Tab. 3 Aufbau und Funktion der Mitochondrien und Plastiden

Chloroplast	Chromoplast	Leukoplast
Gut entwickelte Thylakoide für die Lichtreaktion der Photosynthese, während im Stroma die Dunkelreaktion stattfindet	Weniger komplexe Struktur der Thylakoide, aber erhöhte Anhäufung von Carotinoiden, die der Organelle ihre Farbe verleihen	Plastid zur Speicherung organischer Reservemoleküle, Stärke wird in Amyloplasten gelagert, Lipide in Elaioplasten und Proteine in Proteinoplasten.
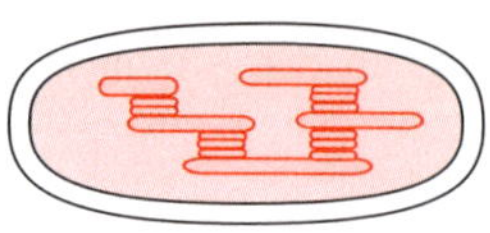	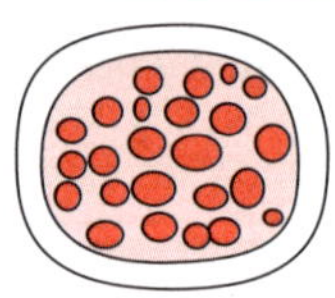	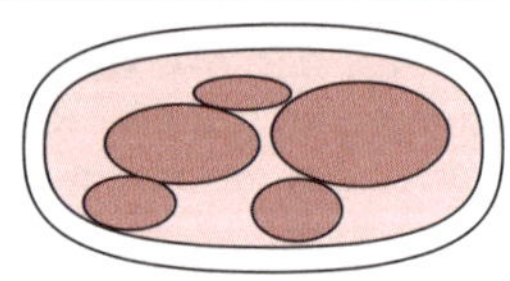

b) Ursprung der Kompartimente mit Doppelmembran

Mitochondrien und Chloroplasten besitzen ein Genom, d. h. genetisches Material in Form eines kurzen, kreisförmigen, doppelsträngigen DNA-Moleküls, außerdem Mitoribosomen und Plastoribosomen (prokaryotische 70S-Ribosomen), die ihnen Semiautonomie für die Biosynthese von Proteinen verleihen.

Nach der Endosymbiontentheorie entstanden die Organellen mit Doppelmembran aus der Verschmelzung zwischen einem prokaryotischen Symbionten und einer eukaryotischen Wirtszelle, die unter anaeroben Bedingungen Gärung betrieb.

Mitochondrien stammen demnach von α-Proteobakterien ab, die organische Stoffe aerob oxidieren können, während Plastiden von Cyanobakterien abstammen. Die erste Symbiose fand vor 2 bis 3 Milliarden Jahren statt, die zweite vor 1,2 bis 2 Milliarden Jahren.

Von dieser Symbiose profitieren gleichzeitig der Prokaryot, der im Cytosol günstige Bedingungen für seine Entwicklung findet (Stabilität, Stoffwechselprodukte, etc.), und die Wirtszelle, die mit den Produkten der Photosynthese und ATP versorgt und vor der Toxizität durch O_2 geschützt wird (Abb. 8).

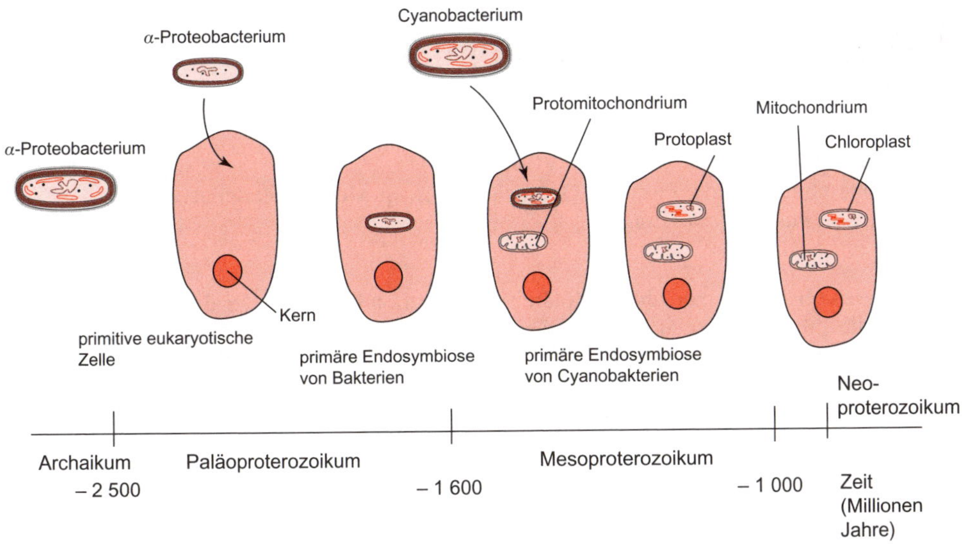

Abb. 8 Endosymbiontentheorie

4. Folgen der Kompartimentierung

Die Kompartimentierung geht mit zahlreichen funktionellen Folgeerscheinungen einher:

- Sie ermöglicht die Vergrößerung der Zelle und damit der Oberfläche des Membransystems und seiner Bestandteile, insbesondere der Rezeptoren und Enzyme.
- Sie optimiert die Parameter, sodass sie für die Enzymkinetik eines Stoffwechselweges günstig sind, indem Enzyme und Substrate unter konstanter Ionenkonzentration und konstantem pH-Wert zusammengeführt werden.
- Sie ermöglicht antagonistische Reaktionen wie die Oxidation von organischen Stoffen im Cytosol und in der mitochondrialen Matrix und die Reduktion von CO_2 im Stroma der Chloroplasten.
- Die Funktionen sind unter den Kompartimenten aufgeteilt.
- Die Anordnung in Reaktionsräume setzt einen Austausch zwischen den Kompartimenten bei der funktionellen Zusammenarbeit voraus. Die Austauschmodalitäten erfordern den Einsatz von:
  - Membrantransportern und Poren: Kanäle, Permeasen, Porter (Uni-, Sym-, Antiporter)
  - Mehr oder weniger komplexen Carrier-Molekülen
  - Transport-, Exocytose- und Endocytose-Vesikeln.

8 Gewebe und extrazelluläre Matrix

Worum es geht:
Plasmamembran, Lipide, Proteine, Organellen, Flüssig-Mosaik-Modell, Exocytose, Endocytose, Fusion, Sprossung

Gewebe entstehen aus einer suprazellulären Organisation heraus, in der differenzierte Zellen funktionelle Zusammenarbeit leisten. Die Zellen sind untereinander mehr oder weniger eng durch Zell-Zell-Verbindungen und mit der Matrix durch Zell-Matrix-Verbindungen assoziiert. Zell-Zell-Verbindungen können entweder der Adhäsion oder der Kommunikation der verbundenen Zellen dienen. So bilden die Zellen eine physiologische und metabolische Einheit, innerhalb welcher Interaktionen und Zusammenarbeit ablaufen.

1. Vielfalt der tierischen und pflanzlichen Gewebe

Höhere Tiere und Pflanzen sind mehrzellige Organismen, die aus mehreren Zellkategorien bestehen, die verschiedene Funktionen ausüben.

a) Tierische Gewebe

Tierische Gewebe werden in vier Kategorien eingeteilt:

- **Epithelgewebe**: Oberflächen- und Drüsenepithelien
- **Binde- und Stützgewebe:** Fettgewebe und Skelett
- **Muskelgewebe**: quergestreifte, glatte und Herzmuskulatur
- **Nervengewebe**: zentrales und peripheres Nervensystem.

Außerdem gibt es noch die **freien Blutzellen** (Erythrocyten, Leukocyten, Granulocyten, Thrombocyten, etc.) und die **Gonaden** (Ovocyten, Spermatocyten, etc). Alle diese Gewebe gewährleisten verschiedene Funktionen innerhalb des Organismus wie Schutz, Halt, Speicherung, Vermehrung, etc. (Tab. 1).

Tab. 1 Wichtigste tierische Gewebearten und ihre Hauptfunktionen

Epithelgewebe, Deckgewebe	Funktion der Gewebe
– Epidermis – Epithel des Verdauungstrakts, Lungenepithel, – Pleuralepithel, Endothel	– äußere Begrenzung der Haut – Durchlässigkeit und Austausch an Oberflächen, Atmung und Nährstoffaufnahme – äußere Hülle der Organe und innere der Gefäße
Drüsengewebe	
– calciumführende Zellen des Dünndarms und der Lunge – Verdauungsdrüsen (Speichel, Pankreas) – Langerhans-Inseln, Schilddrüse, Hypophyse	– Schleimproduktion – Produktion von Verdauungsenzymen – Hormon- und Neurohormonproduktion
Bindegewebe	
– Erythrocyten, Leukocyten, Thrombocyten	– Transport der Atemgase, löslicher Stoffe im Plasma und der Zellen des Immunsystems

Tab. 1 Fortsetzung

Bindegewebe	
– Bindegewebe, Knochenund Knorpel	– Endoskelett zum Halt und Schutz der Organe (Organkapseln)
– Osteoblasten, Osteocyten, Osteoklasten, Chondrocyten (Knorpelzellen)	– Aufbau und Erhaltung von Knochen und Knorpel
Fettgewebe	
– Fettzellen (Adipocyten)	– Speicherung von Triglyceriden; mechanischer und thermischer Schutz
quergestreiftes Muskelgewebe	
– am Skelett ansetzende Muskeln – Muskeln der Organe (Zunge, Augapfel) – Herzmuskel	– Bewegung der Glieder – Bewegung der mobilen Organe – Kreislauf
glattes Muskelgewebe	
– Blutgefäßmuskulatur – Gastrointestinaltrakt, Uterus, Blase, etc.	– Aufrechterhaltung des Blutdrucks – unwillkürliche Kontraktion
Nervengewebe	
– Neuronen (Interneuronen, Motoneuronen, sensorische Neuronen, etc.) – Gliazellen	– Reizwahrnehmung und -weiterleitung – stützende und unterstützende Funktion
Gewebe der Keimzellen	
– Keimepithel der Hoden und Eierstöcke – Oocyten und Spermatocyten, Samen und Eizellen	– Stammzellen der Gameten, Keimzellen

b) Pflanzliche Gewebe

Pflanzliche Gewebe werden im Allgemeinen nach ihrer Funktion innerhalb der Organe eingeteilt (Tab. 2). So kann man **Abschlussgewebe** (Epidermis, Suberin), **Stützgewebe** (Fasern, Collenchym, Sklerenchym), **Leitungsgewebe** (Xylem, Phloem) und **parenchymatisches Gewebe** (chlorophyll-, stärkehaltig, etc.) unterscheiden.

Die Monocotyledonen der Angiospermen stellen ein primäres Bildungsgewebe (**Meristem**) bereit, das sich aus dem Primärmeristem des Embryos bildet. Aus diesem Meristem gehen alle Gewebe der vorwiegend krautigen Arten hervor.

Die Dikotyledonen der Angiospermen besitzen nicht nur primäre, sondern auch sekundäre Gewebe, die aus einer sekundären Meristemschicht (Lateralmeristem) hervorgehen: das **Kambium**, und die Korkrinde oder **Phellogen**.

Tab. 2 Wichtigste pflanzliche Gewebearten und ihre Hauptfunktionen

Abschlussgewebe	
– Epidermis	– primäres Abschlussgewebe zum Schutz der oberirdischen Organe und Austausch über Stomata
– Rhizodermis	– primäres Abschlussgewebe zum Schutz der Wurzeln und Stoffaustausch über Wurzelhaare
– Kork	– sekundäres Gewebe von wachsenden ober- und unterirdischen Organen

Tab. 2 Fortsetzung

Festigungsgewebe	
– Collenchym – Sklerenchym – Holzfasern	– elastisches primäres Festigungsgewebe der oberirdischen Organe – starres primäres Festigungsgewebe der oberirdischen Organe – sekundäres Festigungsgewebe der Sprossachse
Leitgewebe	
– primäres Xylem – primäres Phloem – Bast (Siebröhrenzellen) – Holz (Tracheen und Tracheiden)	– primäres Gewebe zur Leitung von Wasser und anorganischen Salzen – primäres Gewebe zur Leitung der Assimilate (Saccharose und Aminosäuren) – sekundäres Gewebe zur Leitung der Assimilate und sekundärer Pflanzenstoffe – sekundäres Gewebe zur Leitung von Wasser und Mineralsalzen
Grundgewebe (Parenchym)	
– Chlorenchym (Assimilationsparenchym) – Speicherparenchym – Hydrenchym (wasserspeicherndes Parenchym) – Holz- und Baststrahlen	– primäres Gewebe oberirdischer, chlorophyllhaltiger Organe zur Photosynthese – primäres Gewebe zur Stärkespeicherung – primäres Gewebe zur Wasserspeicherung – sekundäres Gewebe zur radialen Leitung von Wasser und Nährstoffen

2. Vielfalt der tierischen und pflanzlichen extrazellulären Matrix

Die **extrazelluläre Matrix** (**EZM**) besteht aus der Interzellularsubstanz, die die Zellen umgibt und wichtige Funktionen im Gewebe gewährleistet. Es findet ein reger Austausch zwischen der EZM und den Zellen statt, die die Eigenschaften des Gewebes bestimmen.

a) Pflanzliche Matrix

Die pflanzliche extrazelluläre Matrix (Interzellularraum) besteht aus der Zellwand der Protoplasten. Sie wird von den Zellen selbst synthetisiert, die sich so „einhüllen".

Die Hauptbestandteile der Wand sind Polysaccharide, die als Mikrofibrillen organisiert sind, wie die Cellulose, und ein loses Netzwerk von Pektinen und Hemicellulose, die eine interfibrilläre Grundsubstanz bilden.

- Cellulose ist eine Mikrofibrille aus 50 bis 70 Glucose-Polymeren. Die Monomere der unverzweigten Kette bilden Cellobiose-Einheiten, die aus zwei β-1,4-glucosidisch verknüpften und durch eine Wasserstoffbrücke stabilisierten Glucose-Molekülen bestehen. Dadurch wird dem ganzen Molekül eine gestreckte, bandförmige Konfiguration verliehen. Einzelne Ketten sind wiederum untereinander durch zahlreiche und regelmäßige Wasserstoffbrücken verbunden und stabilisiert (Abb. 1).
- Pektine und Hemicellulose sind Polysaccharide. Erstere bestehen aus Galacturonsäure und teilweise Rhamnose, die durch Calcium-Ionen vernetzt sind.
- Hemicellulosen sind Polymere verschiedener Zucker und deren Derivate, die geradlinige Ketten bilden.

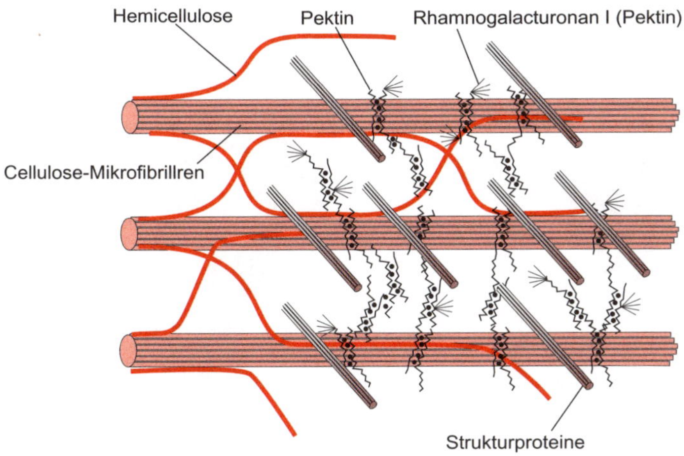

Abb. 1 Bestandteile und Anordnung der Zellwand

Die Zellwand enthält auch Proteine, aber nur in sehr geringer Menge verglichen mit den Polysacchariden, die daher hauptsächlich die Eigenschaften der Zellwand bestimmen. Sie sind sehr hydrophil und besitzen eine gewisse Widerstandsfähigkeit und Elastizität.

In einer differenzierten Zelle ist die Zellwand in drei Schichten aufgeteilt:

- eine mit den Nachbarzellen gemeinsame Mittellamelle
- eine dünne Primärwand aus Cellulose-Mikrofibrillen, die in eine Matrix aus Pektin und Hemicellulose eingebettet sind
- eine mehr oder weniger dicke Sekundärwand, die insbesondere aus Cellulose-Mikrofibrillen besteht, die in mehrere Schichten (S) übereinander gelagert sind.

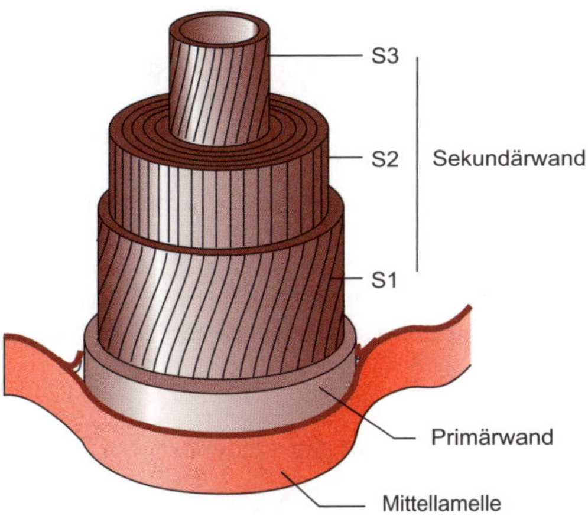

Abb. 2 Aufbau der pflanzlichen Zellwand (Holzfaser)

Die Zellwand kann modifiziert werden und dadurch neue Eigenschaften erhalten (Abb. 3):

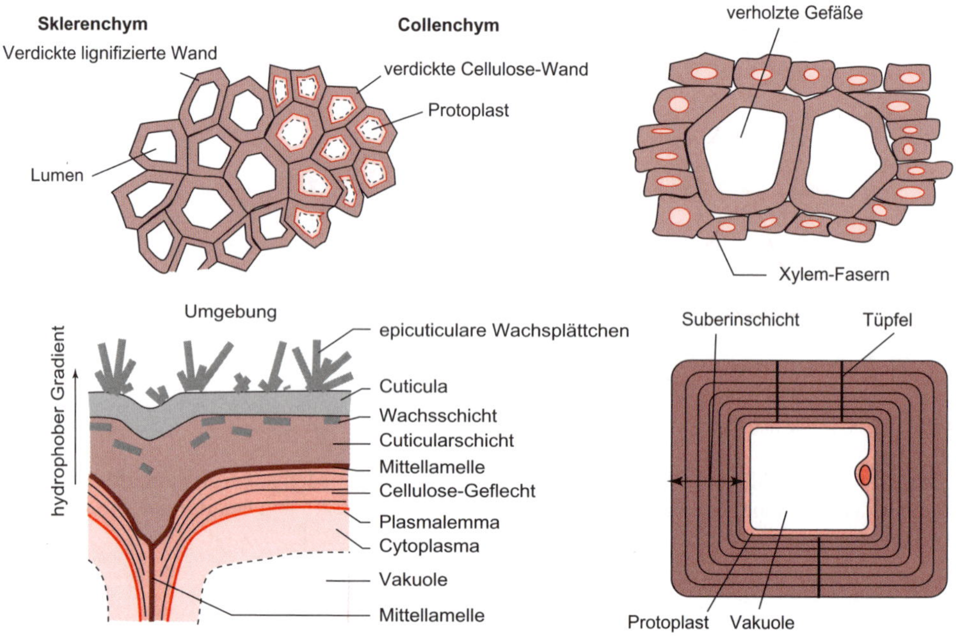

Abb. 3 Beispiel verdickter, verholzter, wachsbeschichteter und verkorkter Zellwände

- Die Verdickung der Zellwand in Verbindung mit einer deutlich markierten Entwicklung der Sekundärwand erhöht die Festigkeit des Gewebes, z. B. im Falle des Collenchyms und des Sklerenchyms.
- Die Imprägnierung der Zellwand durch Lignin (einem Phenol-Polymer) führt zur Verholzung, die den Fasern des Holzes (Xylem-Fasern) Festigkeit und den Wänden der Leitgefäße des Xylem (verholzte Gefäße) Undurchlässigkeit verleiht.
- Die Auflage von zusätzlichen Schichten gibt der Pflanze eine Isolierung gegenüber ihrer Umwelt:
  - Die Cuticula aus Cutin und Wachs auf der Oberfläche der Zellwand von Epidermiszellen schützt die Pflanze vor Wasserverlust an der Grenze zwischen ihrem wasserhaltigem Gewebe und der austrocknenden Atmosphäre.
  - Die Suberinschicht auf der Innenseite der Zellwand dichtet die Zellen ebenfalls ab, die Zellen sterben dabei ab und hinterlassen eine undurchlässige Gewebeschicht, den Kork.

b) Tierische Matrix

Die tierische EZM besteht ebenfalls aus einer Grundsubstanz mit darin eingebetteten Fasern. Bei Tieren enthält sie sehr viel mehr Proteine als bei Pflanzen.

So besteht z. B. die Bindegewebsmatrix aus (Abb. 4):

- fibrillären Bestandteilen, vertreten durch ein fibrilläres Strukturprotein, dem Collagen (Typ I, II und III). Diese Fibrillen sind untereinander vernetzt und verleihen dem Gewebe dadurch Widerstandsfähigkeit gegen Verformungen.
- einer Matrix, die Glycosaminglycane und Proteoglycane enthält,
- verschiedenen kleineren Proteinen (Adhäsionsproteinen), die z. B. an der Interaktion von Zelle und Matrix beteiligt sind, wie Fibronectin und Laminin.

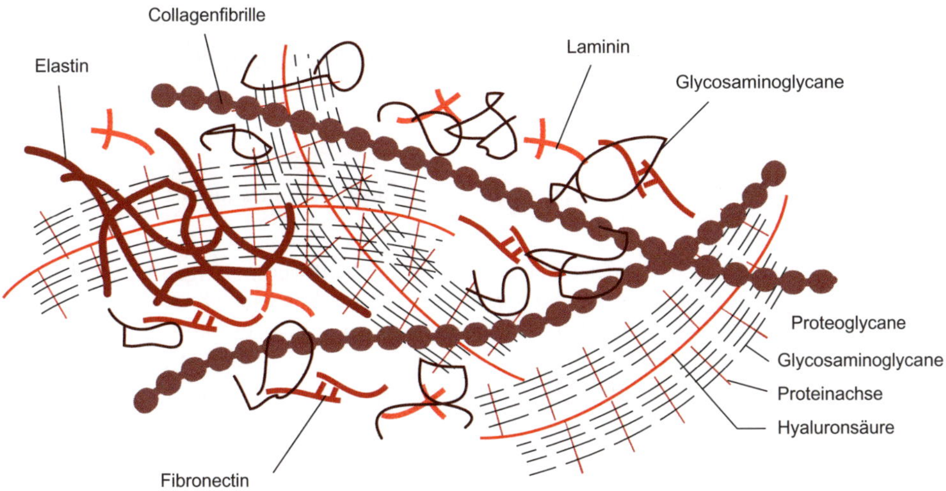

Abb. 4 Moleküle, die an der Zusammensetzung der Matrix des Bindegewebes beteiligt sind

Die Moleküle der Matrix bilden ein loses Maschenwerk, innerhalb dessen lösliche Moleküle (Nährstoffe, Hormone) sich frei bewegen:

- Collagen I besteht aus Tropocollagen-Einheiten von 280 nm Länge, die drei umeinander gewundene α-Helices darstellen, deren Aminosäurezusammensetzung je nach Collagen-Typ variiert. Diese Einheiten sind miteinander durch kovalente Quervernetzungen verbunden.
- Glycosaminoglycane sind Polysaccharide und Zuckerderivate wie Hyaluronsäure, ein Polymer der Glucuronsäure und N-Acetyl-Glucosamin.
- Proteoglycane sind Proteinstrukturen, die mit Glycosaminoglycan-Ketten wie Heparan, Chondroitin und Dermatan verbunden sind.

Dieser Grundaufbau kann je nach besonderen Anforderungen der extrazellulären Matrix modifiziert sein.

Der Collagen-Typ gibt der Matrix seine Struktur; im Bindegewebe verleihen die fibrillären Moleküle des Collagen I, II und III dem Gewebe Widerstandsfähigkeit; dagegen herrscht in der Basallamina der Epithelien z. B. das Collagen IV als mehrschichtiges Molekülgeflecht vor.

Die Mineraleinlagerung im organischen Grundgerüst des Knochengewebes unter Bildung von kristallinem Hydroxylapatit $Ca_{10}(PO_4)_6(OH)_2$ verstärkt das Skelett.

Interaktions-Proteine verhelfen den Zellen zur Verankerung in der Matrix sowie der Migration von mobilen Zellen (Fibroblasten).

9 Zellverbindungen in tierischen Geweben

Worum es geht:
Plasmamembran, Adhäsion, Kommunikation, Zelladhäsion, Zellmigration

Tierische Zellen sind untereinander einerseits durch Zell-Zell-Verbindungen verbunden, die entweder der Kommunikation (z. B. *gap junctions*) oder der Adhäsion (z. B. *tight junctions*) dienen können. Andererseits gibt es Verbindungen zwischen Zellen und extrazellulärer Matrix (EZM).

Diese interzellulären oder Zell-Matrix-Verbindungen sind entweder dauerhaft oder zeitlich begrenzt und bestimmen die Zusammenarbeit der Zellen und der Gewebe.

Tierische Gewebe weisen verschiedene Typen von Zellverbindungen auf, deren Typ und Verteilung durch die Funktion der Zelle innerhalb des Gewebes bestimmt ist. Am Beispiel der Epithelzellen lässt sich diese Vielfalt besonders gut zeigen.

1. Adhäsion

a) Arten der Adhäsion

Im Tierreich kommen Zell-Matrix-Adhäsionsverbindungen sehr häufig vor, entweder in der Verankerung mobiler Zellen wie der Enterocyten im Dünndarmepithel oder in der zeitweiligen Verankerung mobiler Zellen wie der Fibroblasten im Bindegewebe. So spielen die Adhäsionen einerseits im Zusammenhalt der Gewebe eine wichtige Rolle, andererseits im dynamischen Prozess der Zellmigration, z. B. in der Embryonalentwicklung (Gastrulation, Neurogenese, etc.) oder bei Reaktionen, die Zellen des Immunsystems umfassen.

Es gibt zwei Arten von Zell-Matrix-Adhäsionsverbindungen (Abb. 1):

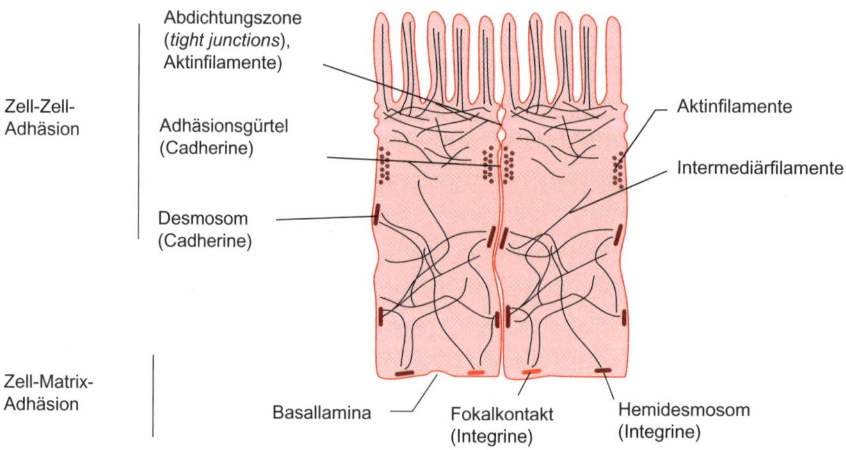

Abb. 1 Arten zellulärer Adhäsionsverbindungen

- **Junktionale Adhäsionen** sind im Elektronenmikroskop sichtbare Komplexe, da sie aus mehreren großen Untereinheiten aufgebaut sind.

- **Nicht-junktionale Adhäsionen** sind im Elektronenmikroskop nicht sichtbar, denn die daran beteiligten Adhäsionsmoleküle sind weniger strukturiert. Um sie zu identifizieren, bedarf es der Detektion durch Antikörper.

b) Junktionale Adhäsionen

Junktionale Adhäsionen können die gesamte Zelloberfläche betreffen oder nur gewisse Abschnitte der Plasmamembran. Sie vereinigen die Zellen untereinander oder mit der EZM und sind eng verbunden mit Bestandteilen des Cytoskeletts (Intermediär- und Mikrofilamente) und mit Organellen.

Die **interzellulären Adhäsionen** vereinigen Nachbarzellen untereinander und können in drei Typen aufgeteilt werden:

- Abdichtende Verbindungen (***tight junctions***) liegen nahe der apikalen Oberfläche des Epithels, wo sie einen Gürtel bilden. Die Membranen der benachbarten Zellen sind durch spezifische Proteine, Occludine und Claudine, eng aneinander gefügt (Abb. 2). Diese Verbindungen werden als so eng (*tight*) eingestuft, dass sie eine Diffusionsbarriere in den interzellulären Raum bilden.
- **Der Adhäsionsgürtel** (*adherens junctions*) besteht aus Transmembranproteinen vom Typ **Cadherin**, die die Membranen zweier benachbarter Zellen verbinden.
- **Desmosomen** liegen an der Plasmamembran in Platten angeordnet und überbrücken den Intrazellularraum durch Transmembranproteine, die **desmosomalen Cadherine**, die Membranen vorübergehend miteinander verbinden. Diese Verbindungen sind über die gesamte laterale Oberfläche der Zellen verteilt.

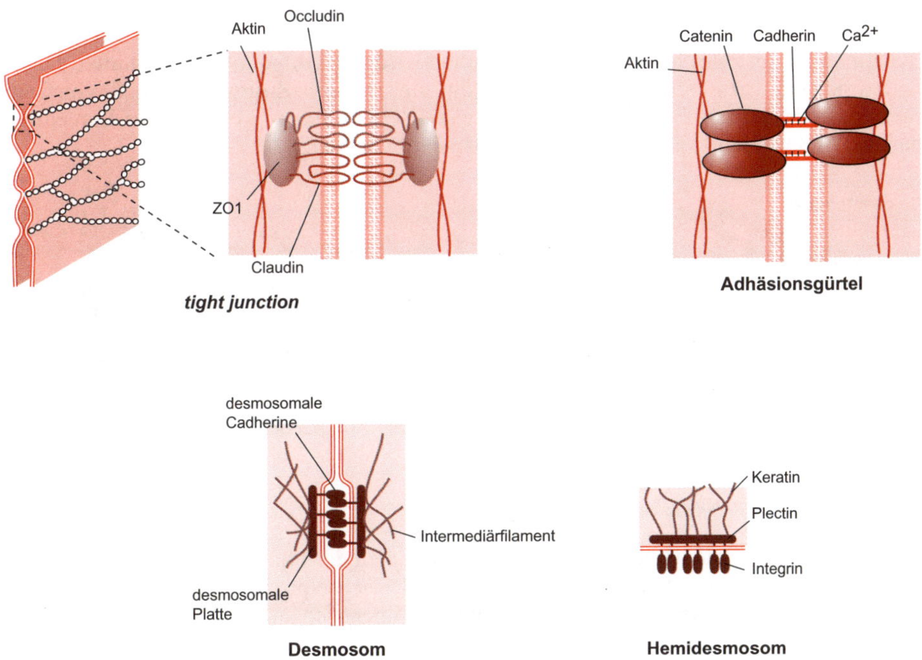

Abb. 2 Aufbau der Adhäsionsverbindungen von Epithelzellen

Die **Zell-Matrix-Adhäsionen** verankern die Zelle im extrazellulären Bereich. Man kann sie in zwei Arten unterteilen:

- **Hemidesmosomen** sind ähnlich wie Desmosomen aufgebaut, und die Proteine der hemidesmosomalen Verbindungsplatte binden an die Proteine der EZM. Hierbei handelt es sich um zeitweilige Kontakte.
- **Fokaladhäsionen** sind Zonen, in denen Adhäsionsmoleküle vom Typ Integrin verstärkt vorkommen. Diese Integrine sind Transmembranproteine, die sich an spezifische Proteine der EZM wie **Fibronectin** oder **Laminine** binden können.

c) Nicht-junktionale Verbindungen

Nicht-junktionale Verbindungen sind schwerer erkennbar als die Adhäsionsverbindungen. In ihnen kommen verschiedene Moleküle vor, von denen einige schon aus den obigen Verbindungskomplexen bekannt sind. Man unterscheidet:

- **Cadherine**, das sind mit Calcium assoziierte transmembrane Glycoproteine. Sie binden an andere Cadherine auf der Membran der Nachbarzellen.
- Die **CAM** (*cell adhesion molecules*) sind ebenfalls transmembrane Glycoproteine, die sich an andere CAM-Proteine binden.
- **Integrine** sind Glycoproteine, die sich spezifisch an eine Peptidsequenz RGD (Arginin, Glycin, Asparaginsäure) auf einem Teilabschnitt der Fibronectine der Matrix anlagern.
- Andere Glycoproteine der Membran spielen ebenfalls in der Interaktion mit verschiedenen Bestandteilen der Matrix eine Rolle.

2. Kommunikation

Die Kommunikation zwischen benachbarten Zellen wird von *gap junctions* vermittelt. Dabei handelt es sich um wassergefüllte Connexonkanäle, die sich beim Zusammenschluss von Connexinen in der Membran zwischen den betroffenen Zellen bilden (Abb. 3). Das Lumen der Connexone bildet einen Kanal, der nur kleine Moleküle passieren lässt.

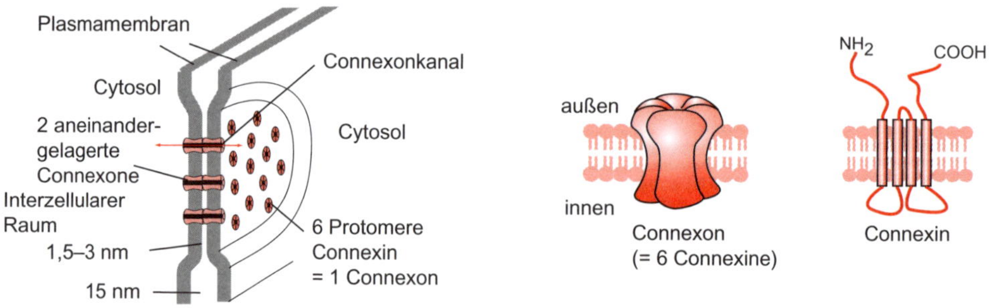

Abb. 3 Aufbau einer *gap junction*

Diese Verbindungen ermöglichen – wie die Plasmodesmen der pflanzlichen Zelle – den Austausch von Signalen (Ionen, Sekundärsignale) und Stoffwechselprodukten. Sie spielen weiterhin eine Rolle bei den elektrischen Synapsen und beteiligen sich an der Weiterleitung der Depolarisation der Membran einiger Nervenzellen.

10 Zellverbindungen in pflanzlichen Geweben

Worum es geht:
Plasmamembran, Adhäsion, Kommunikation, Gewebeadhäsion, Zellmigration

Pflanzliche Gewebe unterscheiden sich von tierischen durch die biochemische Beschaffenheit der extrazellulären Matrix und der Eigenschaften ihrer Zellbestandteile. Außerdem bleibt die Vielfalt der zellulären Interaktionen beschränkt, und die pflanzlichen Adhäsionsverbindungen haben in tierischen Zellen keine Äquivalente. Die Kommunikation zwischen Zellen wird durch Plasmodesmen innerhalb der physiologischen Synzytien (Coenoblasten) ermöglicht.

1. Verankerung

Pflanzliche Zellen sind untereinander durch die allen Nachbarzellen gemeinsame Mittellamelle, einer dünnen Pektinschicht, verbunden. Im Übrigen bilden die cytoplasmatischen Verlängerungen der Plasmodesmen ein System der Verankerung der Zelle in der Zellwand. So wird verhindert, dass die Protoplasten ihre Stellung im Rahmen der Zellwände verändern (Abb. 2).

Das Auswachsen des Pollenschlauches bei der Siphonogamie geschieht dadurch, dass die Spitze des Pollenschlauches in den Embryosack hineinwächst. Transmembranäre Integrine binden dabei mit Hilfe des Cytoskeletts der pflanzlichen Zelle an Vitronectin, im Pollenschlauchtransmissionskanal anwesende Adhäsionsproteine. Diese Adhäsionen sind zeitweilige Verankerungen, die das Eindringen des Pollenschlauches ermöglichen (Abb. 1).

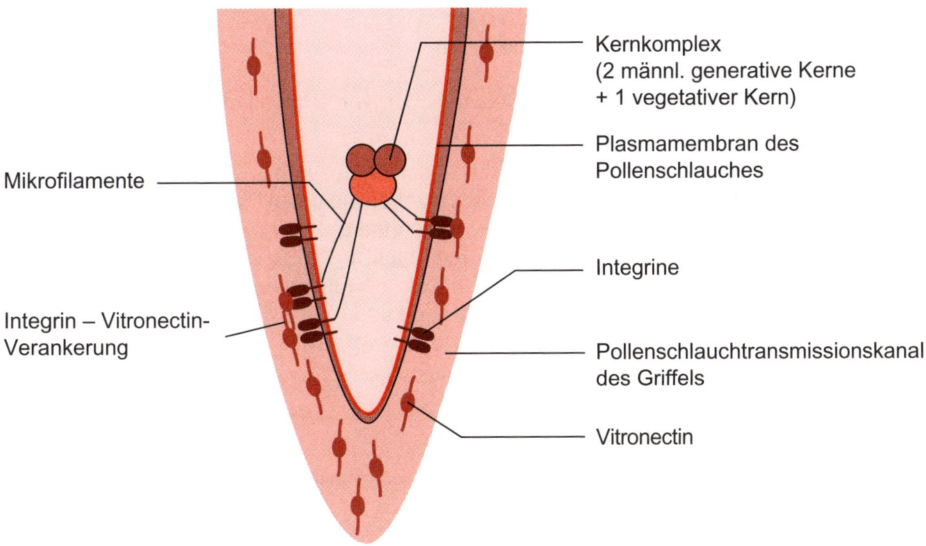

Abb. 1 Adhäsion von Integrinen und Vitronectinen beim Wachstum des Pollenschlauches

2. Kommunikation

Die Äquivalente zu den *gap junctions* der tierischen Zellen sind die Plasmodesmen der Pflanzenzellen. Es handelt sich bei ihnen um cytoplasmatische Verbindungen zwischen zwei benachbarten Protoplasten, durch die sowohl die Plasmamembranen als auch das Cytosol verbunden sind. Dieser cytosolische Kanal wird von dem sogenannten Desmotubulus durchzogen, der eine lokale Modifikation des endoplasmatischen Reticulums darstellt (Abb. 2).

Diese Verbindungen sind analog zu den *gap junctions*. Sie lassen kleine Moleküle (ATP, cAMP, Ca^{2+}, etc.) zwischen den Zellen passieren und beteiligen sich so am Austausch von Signalen und Metaboliten.

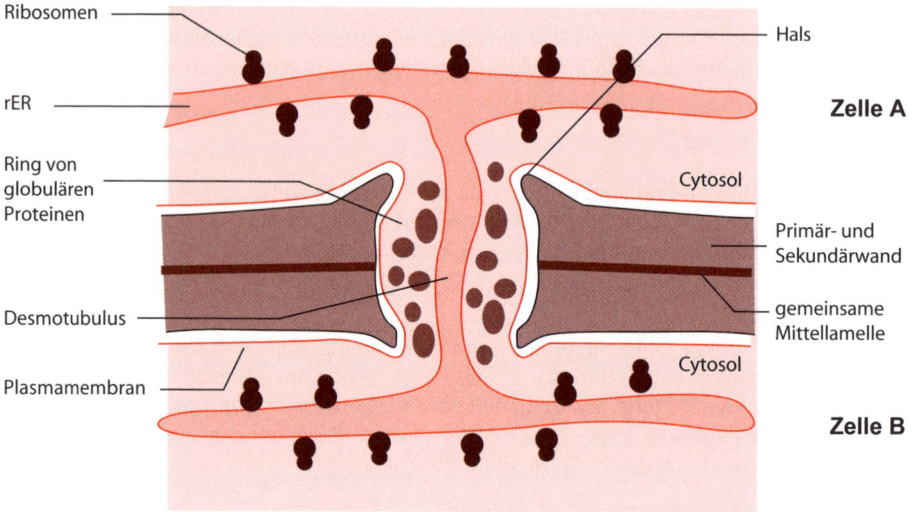

Abb. 2 Aufbau der Lückenverbindung vom Typ Plasmodesmum

Sie spielen eine Rolle beim Austausch zwischen Zellen von Blatt- und Wurzelorganen über den symplastischen Transportweg:

- Stoffwechselprodukte wie Assimilate (Produkte der Photosynthese, Saccharose und Aminosäuren) aus den chlorophyllhaltigen Parenchymzellen benutzen Plasmodesmen, um in die Blattnervatur zu gelangen und den Pflanzensaft zu bilden.
- Die von den Wurzelhaaren absorbierten Stoffe (Ionen und Wasser) streben über Plasmodesmen zu den Leitgefäßen des Zentralzylinders; besonders in den Endodermiszellen (innerste Schicht der Wurzelrinde, deren Zellwände undurchlässig sind) ist der symplastische Weg unumgänglich.

11 Zellzyklus und Mitose

Worum es geht:
Mitose, Zellzyklus

Die Zellteilung ist grundsätzlich für alle Zellen, egal ob eukaryotisch oder prokaryotisch, die Art und Weise sich zu vermehren. Bei Eukaryoten, deren Zellen sich unter anderem durch Anwesenheit eines Zellkerns auszeichnen, unterscheidet man traditionell zwei Arten von Zellteilung, die Mitose und die Meiose.

Die Mitose betrifft alle somatischen Zellen.

Sie entspricht einer gleichmäßigen Aufteilung des Erbguts und das Ergebnis sind zwei Tochterzellen, die mit der Mutterzelle identisch sind. Diesen Teilungen, die wesentliche Phasen in der Embryonalentwicklung und im weiteren Verlauf des Lebens eines Organismus darstellen, geht eine Reihe von vorbereitenden Schritten voraus. Alle diese Schritte wiederholen sich und bilden den **Zellzyklus**.

1. Phasen des Zellzyklus

Der Zellzyklus kann in zwei große Phasen eingeteilt werden, die Interphase und die Mitose (Abb. 1).

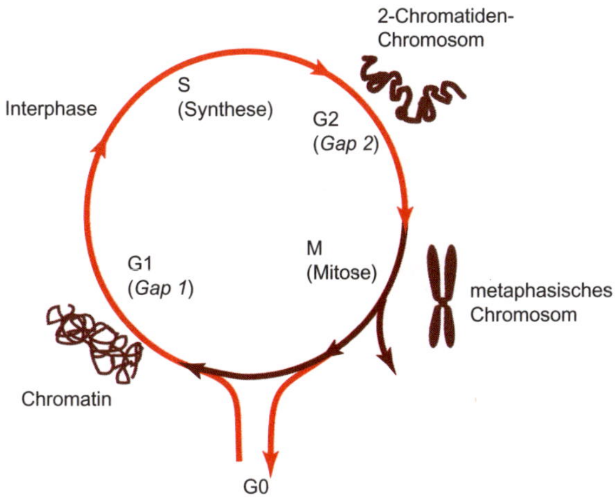

Abb. 1 Phasen des Zellzyklus

Die **Interphase** ist eine Phase des zellulären Wachstums und der Vorbereitung der Mitose. Sie ist in drei Schritte unterteilt:

- Die G1-Phase (für *gap 1*) variiert zwischen 6 und 12 Stunden. Es ist die längste Phase des Zyklus. Sie ist durch erhöhte Proteinsynthese, Vermehrung der Masse und Anzahl der Organellen und Beginn der Verdopplung der Centrosomen charakterisiert, dem Ausgangspunkt der Mikrotubuli, die die mitotische Spindel ausbilden.

- Die S-Phase (für Synthese) dauert einige Minuten bis mehrere Stunden und zeichnet sich durch die Verdopplung der DNA durch Replikation und die Vollendung der Verdopplung der Centrosomen aus.
- Die G2-Phase (für *gap 2*), deren konstante Dauer höchstens einige Stunden beträgt, zeichnet sich durch die Kontrolle der DNA-Replikation und eventuelle Fehlerkorrekturen aus. Sie ist ebenfalls der Zeitpunkt der Proteinsynthese, die die Mitose vorbereitet.

Die Mitose ist die eigentliche Zellteilung. Sie dauert ungefähr 1 bis 2 Stunden.

Dabei findet die Verteilung der Chromosomen und der Organellen auf die beiden Tochterzellen statt. Sie zeichnet sich durch die Kernteilung (Karyokinese) und die Zellteilung (Cytokinese) aus.

Am Ende der Mitose treten die Tochterzellen aus dem Zellzyklus in die G0-Phase ein, die einer Ruhephase gleichkommt.

2. Mitose

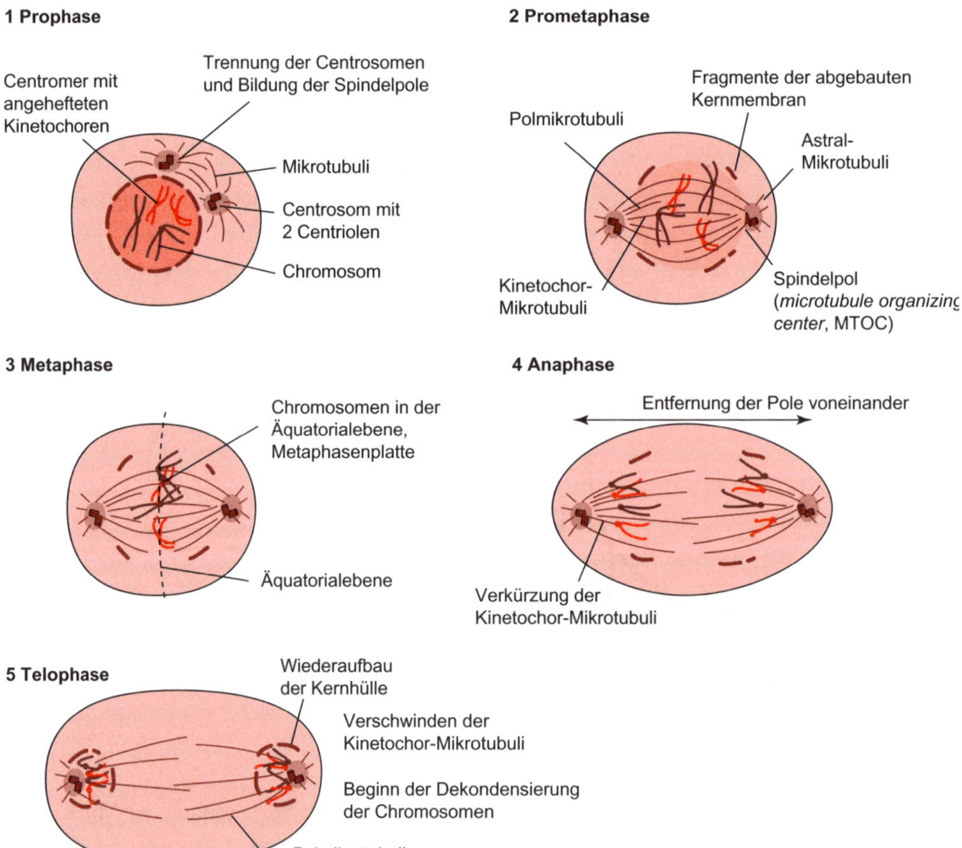

Abb. 2 Phasen der Mitose

Streng genommen entspricht die Mitose der Phase im Zellzyklus, in der die Kernteilung stattfindet. Sie wird begleitet von der Zellteilung.

Obwohl sie einen kontinuierlichen Vorgang beschreibt, wird die Mitose traditionell in fünf Phasen aufgeteilt (Abb. 2).

3. Regulation des Zellzyklus

Die Übergabe der genetischen Information einer Mutterzelle an ihre Tochterzellen muss fehlerfrei ablaufen. Dies erfordert eine genaue Kontrolle des Zellzyklus. Verschiedene Mechanismen gewährleisten einerseits den Fortlauf des Zellzyklus und andererseits die Kontrolle einiger Schlüsselpunkte in jeder Phase.

Der Fortlauf des Zellzyklus hängt von Proteinkomplexen ab, die aus einer **Proteinkinase** CDK (*cyclin dependant kinase*) assoziiert mit einem **Cyclin** bestehen. Cycline sind Proteine, deren Konzentration im Verlauf der Phasen des Zellzyklus variieren. Verbunden mit einer CDK wirken sie aktivierend auf die Kinase und die Expression der Cycline der folgenden Phase, gleichzeitig inhibieren sie die Expression der Cycline der vorhergehenden Phase, indem sie ihren Abbau bewirken.

CDK-Cyclin-Komplexe folgen aufeinander und bewirken den Übergang von einer Phase des Zyklus in die nächste.

Außer der Regulationsaktivität der CDK ist der Zellzyklus einigen **Kontrollpunkten *(checkpoints*)** zur Überwachung unterworfen, die den Übergang von einer Phase zur anderen regeln. Diese Mechanismen können Anomalien bei der Replikation und Verteilung der genetischen Information entdecken und sogar den Zyklus anhalten (Abb. 3).

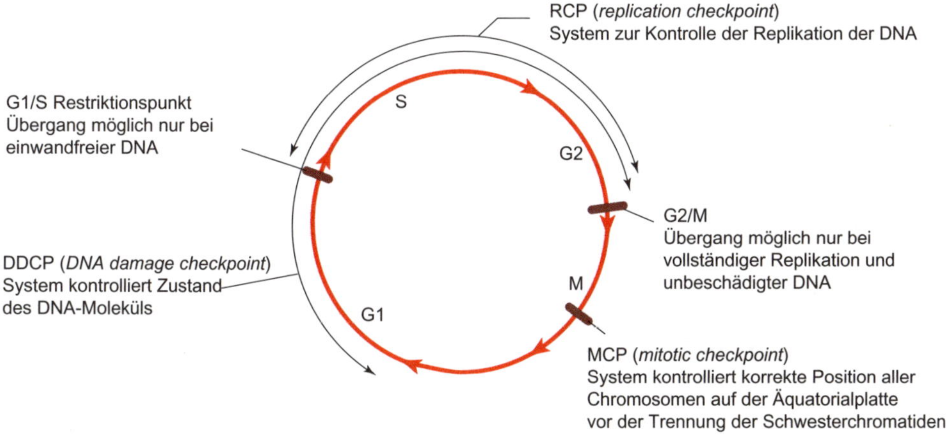

Abb. 3 Kontroll- und Restriktionspunkte des Zellzyklus

12 Meiose

Worum es geht:
Meiose, Haploidie, Diploidie, genetische Rekombination

Die Zellteilung ist grundsätzlich die Art und Weise aller Zellen, egal ob eukaryotisch oder prokaryotisch, sich zu vermehren. Bei Eukaryoten, deren Zellen sich unter anderem durch Anwesenheit eines Zellkerns auszeichnen, unterscheidet man traditionell zwei Arten von Zellteilung, die Mitose und die Meiose.

Die Meiose betrifft die Keimzellen und die vom Gametophyten freigesetzten Sporen.

Es handelt sich um einen Vorgang, der während der Keimzellenbildung (Gametogenese) und der Sporenbildung von Gametophyten stattfindet. Er ermöglicht die genetische Rekombination und das Resultat sind **haploide Tochterzellen ausgehend von diploiden Mutterzellen**.

1. Phasen der Meiose

Die Meiose umfasst eine Reihe von Vorgängen die sich in zwei aufeinanderfolgenden Zellteilungen aufschlüsseln, bei der nur der ersten die Replikation der DNA vorausgeht. Wie bei der Mitose wird jede der Teilungen in Phasen unterteilt (Abb. 1).

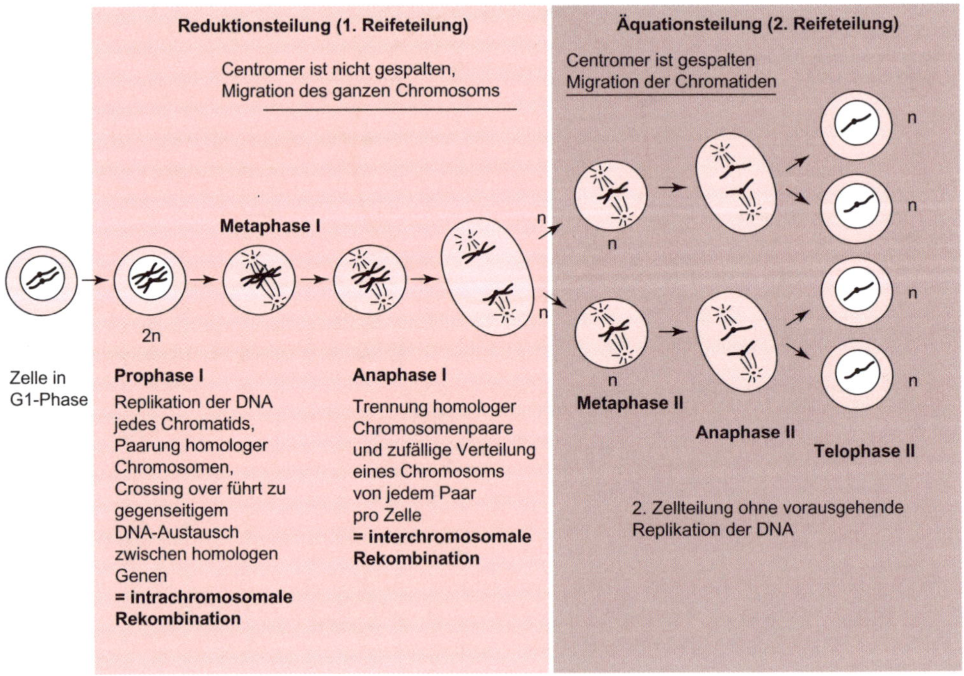

Abb. 1 Phasen der Meiose

In der ersten meiotischen Teilung, auch als Reduktionsteilung der Meiose bezeichnet, entstehen aus der diploiden Zelle (2n) zwei haploide Zellen (n).

Sie ist in vier Phasen aufgeteilt, die Prophase I, Metaphase I, Anaphase I und Telophase I. Letztere ist manchmal unvollständig. Ihr folgt sehr schnell die zweite Teilung.

Aus der zweiten meiotischen Teilung, auch als Äquationsteilung bezeichnet, gehen zwei haploide Zellen aus jeder der beiden Zellen hervor, die aus der ersten Teilung entstanden sind.

Diese zweite Teilung ist vergleichbar mit einer Mitose. Die Chromosomen sind zu zwei Chromatiden ausgebildet, es gibt keine DNA-Synthese, und die Prophase II beginnt sofort. Die Telophase und die Zellteilung ergeben vier Zellen mit n Chromosomen mit je einem Chromatid.

2. Genetische Rekombination bei der Meiose

Bei der Meiose geschehen zwei Arten **genetischer Rekombination**, die den Gameten desselben Individuums oder den Meiosporen zahllose Möglichkeiten eröffnen.

Die erste, die **interchromosomale Rekombination**, ergibt sich aus der **zufälligen Verteilung** mütterlicher und väterlicher **homologer Chromosomen** auf die Tochterzellen bei der Anaphase I (Abb. 2A).

Die zweite, die **intrachromosomale Rekombination**, leitet sich aus dem **Crossing over**, der Überkreuzung von zwei Chromatiden ab, die sich während der Prophase I abspielt (Abb. 2B). Diese Rekombination hat **reziproken Austausch** von homologen Chromosomensegmenten zur Folge.

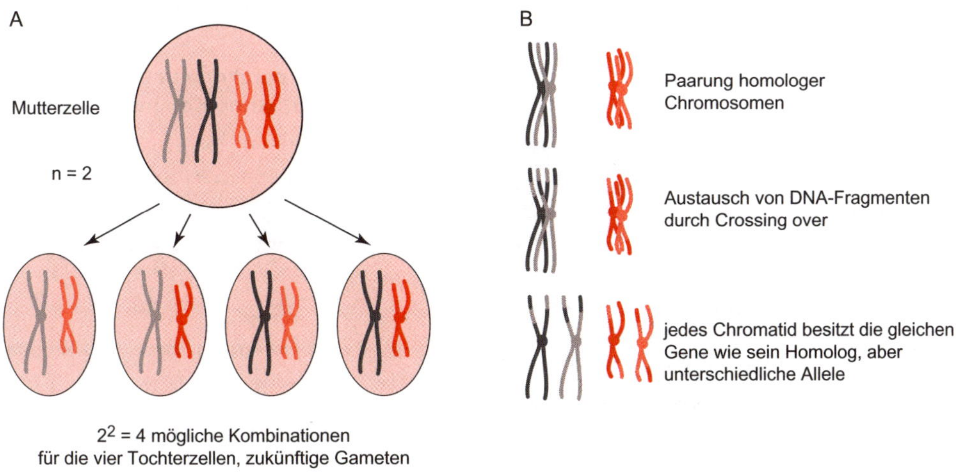

Abb. 2 Genetische Rekombinationbei der Meiose
A: Interchromosomale Rekombination, **B:** Intrachromosomale Rekombination

13 Interzelluläre Kommunikation

Worum es geht:
Kommunikation, Zellen, Informationen

Das Funktionieren eines mehrzelligen Organismus erfordert die Zusammenarbeit der beteiligten Zellen. Diese Koordination wird durch drei Systeme der interzellulären Kommunikation gewährleistet: das **parakrine System**, das **endokrine System** und das **Nervensystem** (letzteres nur bei Tieren) (Abb. 1).

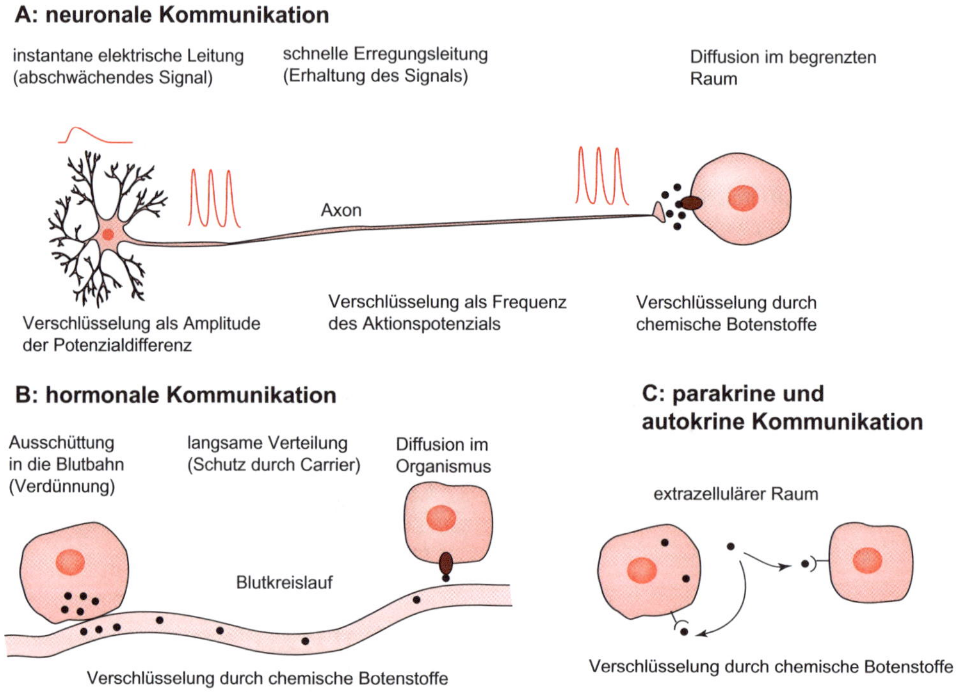

Abb. 1 Drei Systeme der interzellulären Kommunikation
A: Neuronale Kommunikation durch Änderung des Membranpotenzials, dann Übergang in Aktionspotenziale und Freisetzung von Neurotransmitter;
B: Hormonale Kommunikation durch Freisetzung von chemischen Substanzen in die Blutbahn;
C: Parakrine und autokrine Kommunikation durch Freisetzung von chemischen Substanzen in den interzellulären Raum

1. Parakrine Kommunikation

In phylogenetischer Hinsicht stellt die **parakrine Kommunikation** den ältesten interzellulären Kommunikationsmodus dar.

Hierbei sendet die Zelle ein Signal aus und setzt somit eine Substanz im extrazellulären Raum frei. Die Substanz diffundiert passiv in die Umgebung und wirkt auf die benachbarten Empfängerzellen. Wenn die sendende und empfangende Zelle ein und dieselbe ist, spricht man von **autokriner Kommunikation**.

Bei dieser Kommunikation entsteht ein abnehmender Gradient abhängig von der Entfernung der aussendenden Zelle. Diese Art von Kommunikation kommt z. B. bei der Freisetzung von Wachstumsfaktoren im Lauf der Entwicklung vor.

2. Endokrine Kommunikation

Bei der **endokrinen Kommunikation** wird von einer sezernierenden Zelle ein Hormon in geringer Menge in die Blutbahn abgegeben, das auf entfernt liegende Zellen wirken kann.

a) Hormone

Hormone werden nach ihrem Aufbau in drei große Gruppen unterteilt, Peptide oder Proteine, Steroide und Tyrosin-Derivate (Abb. 2).

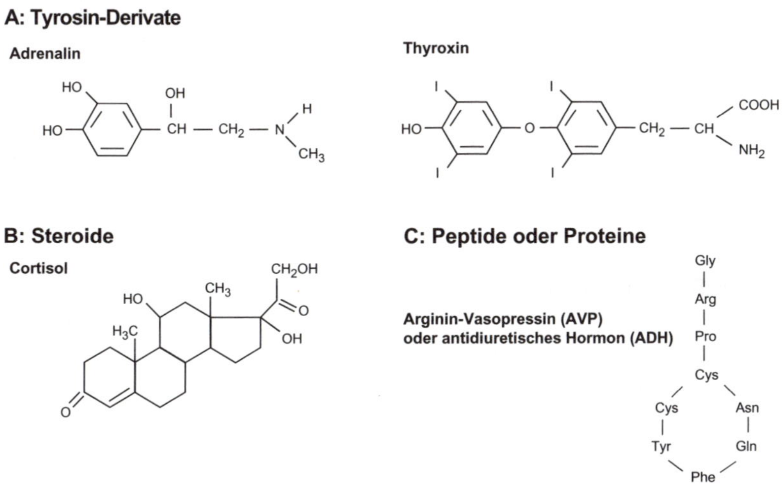

Abb. 2 Beispiele und molekularer Aufbau von Hormonen

- Peptidhormone werden oft als Vorstufen in Form von Prä-Pro-Hormonen synthetisiert und, in Speichergranula verpackt, im Cytoplasma gelagert (Abb. 3).
- Steroidhormone werden aus Cholesterin gebildet.
- Tyrosin-Derivate haben sehr unterschiedliche Synthesewege, je nachdem, ob man die Catecholamine oder die Schilddrüsenhormone betrachtet. Die Catecholamine werden im Cytosol und Granula chromaffiner Zellen synthetisiert und in Sekretionsgranula gespeichert. Im Gegensatz dazu folgt die Synthese der Schilddrüsenhormone einem komplizierten Vorgang, der auf der Iodierung von Tyrosylresten beim Transfer in den kolloidalen, extrazellulären Raum der Schilddrüsenfollikel beruht. Die endgültigen Hormone erscheinen erst bei hormonaler Ausscheidung nach Endocytose des Kolloid.

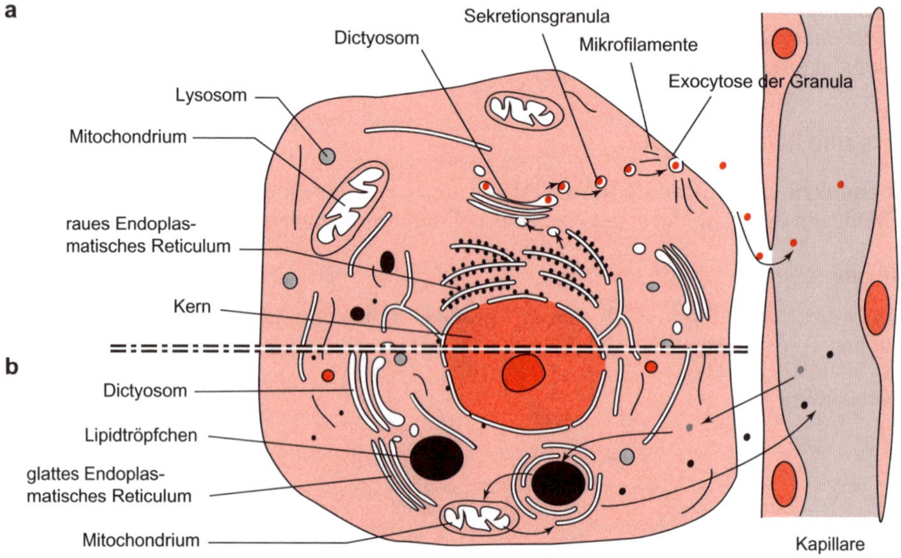

Abb. 3 Histologische Eigenschaften einer Proteinhormon synthetisierenden Zelle (**a**) und einer Steroidhormon-sezernierenden Zelle (**b**)

b) Hormonsekretion ins Blut und Transport

Der Vorgang der **Hormonsekretion** variiert je nach chemischer Beschaffenheit und Löslichkeit des betreffenden Hormons. Fettlösliche Hormone wie die Steroide werden nach ihrer Synthese durch einfache Diffusion sekretiert. Peptidhormone und Catecholamine werden in Sekretionsgranula gespeichert und durch Exocytose sekretiert.

Hydrophile Hormone (Catecholamine und Peptide) können frei im Blut zirkulieren, während fettlösliche Hormone an wasserlösliche Transportmoleküle gebunden sind. Diese Transportmoleküle sind mehr oder weniger spezifische Plasmaproteine.

Pflanzenhormone zirkulieren sowohl apoplastisch (außerhalb der Zellen) als auch symplastisch (innerhalb des Cytoplasmas).

c) Bindung Hormon-Rezeptor und Inaktivierung

Hormone binden auf den Zielzellen an **spezifische Rezeptoren** und lösen so eine angepasste physiologische Reaktion aus. Die Rezeptoren der hydrophilen Hormone liegen in der Membran, während fettlösliche Hormone an **intrazelluläre Rezeptoren** binden.

Hormone werden im Allgemeinen schnell durch verschiedene Abbauwege degradiert: Proteolyse, Deiodierung, Hydroxylierung, Konjugation und Internalisierung.

3. Neuronale Kommunikation

Neuronen benutzen mehrere Systeme der Signalumwandlung und -übertragung, die an verschiedene Regionen der Membran gebunden sind.

a) Aktionspotenzial und Frequenzumwandlung

- **Was ist ein Aktionspotenzial?**

Wie in jeder lebenden Zelle herrscht zwischen der Innen- und der Außenseite der Neuronenmembran ständig eine **Potenzialdifferenz (PD)**, das **Membranpotenzial** oder **Ruhepotenzi-**

al, von ungefähr 60 mV. Die rasche Depolarisation der Axonmembran induziert eine Veränderung des Membranpotenzials von konstanter Intensität (Amplitude) und Dauer, und wird als **Aktionspotenzial** bezeichnet (Abb. 4A).

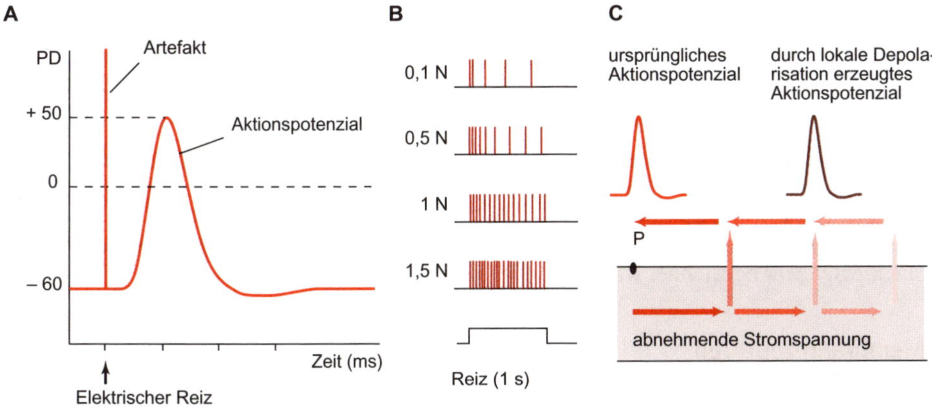

Abb. 4 Aktionspotenzial und Umwandlung in Frequenz; **A:** Aktionspotenzial durch Depolarisation der Membran; **B:** Frequenz der Aktionspotenziale eines Mechanorezeptors der Haut in Abhängigkeit von der Reizintensität (in Newton); **C:** Bildung von Stromspannungslinien, erzeugt durch das Aktionspotenzial an einem Ort der Membran

Der **Code**, den das Neuron in diesem Fall verwendet, ist **binär** (Alles-oder-Nichts-Gesetz). Die in dieser Botschaft enthaltene Information wird durch Anzahl der Aktionspotenziale in einer bestimmten Zeitspanne, d. h. durch ihre **Frequenz**, dargestellt (Abb. 4B).

- **Erregungsleitung des Aktionspotenzials**

Sobald in einem Punkt P der Axonmembran ein Aktionspotenzial auftritt, durchquert ein induzierter Stromfluss die unmittelbare Umgebung. Er ruft am benachbarten Membranabschnitt ein neues Aktionspotenzial hervor (Abb. 4C). Das Aktionspotenzial breitet sich auf diese Art langsam die Membran entlang aus und erweckt den Eindruck eines Stromflusses.

b) Freisetzung von Neurotransmittern, eine Signalumwandlung

Ein Axon endet in einer besonders differenzierten Struktur, der **Synapse**, die einen (oder mehrere) **Neurotransmitter** aus ihren Speicherorten, den synaptischen Vesikeln, ausschüttet. Diese Ausschüttung geschieht, wenn Aktionspotenziale die Synapse erreichen (Abb. 5).

Wieviel Neurotransmitter in den synaptischen Spalt ausgeschüttet wird, ist abhängig von der Frequenz der Aktionspotenziale. Es findet hier also eine Umwandlung der Informationsübertragung vom elektrischen Signal (Frequenz der Aktionspotenziale) in ein chemisches Signal (Neurotransmitter) statt.

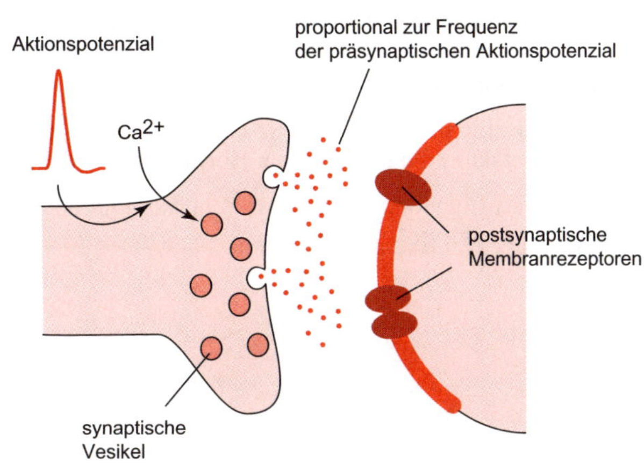

Abb. 5 Ausschüttung von Neurotransmitter durch präsynaptische Endigung

14 Intrazelluläre chemische Botenstoffe

Worum es geht:
Kommunikation, Zellen, sekundäre Botenstoffe (*second messengers*)

Primäre Botenstoffe (Neurotransmitter, Hormone und parakrine Substanzen) wirken auf Rezeptoren, die entweder in der Plasmamembran oder in interzellulären Kompartimenten liegen. Das Binden des Informationsmoleküls (Ligand) an seinen Rezeptor löst eine Kaskadenreaktion aus, an der oft intrazelluläre Moleküle beteiligt sind, die als intrazelluläre Botenstoffe oder *second messengers* bezeichnet werden.

1. Membranrezeptoren

Primäre Botenstoffe können durch Membranrezeptoren entweder direkt (über Ionenkanäle, 1-Helix-Rezeptoren) oder über *second messengers* (Rezeptoren mit 7-Helix-Bündelstruktur) den Metabolismus der Zielzelle beeinflussen.

a) Membranrezeptoren als Kanal

Die Anheftung eines Neurotransmitters an seinen Rezeptor ruft dessen Strukturänderung hervor, die ihn für gewisse Ionen durchlässig macht. Der wichtigste Effekt dabei ist eine Änderung des Membranpotenzials (Abb. 1).

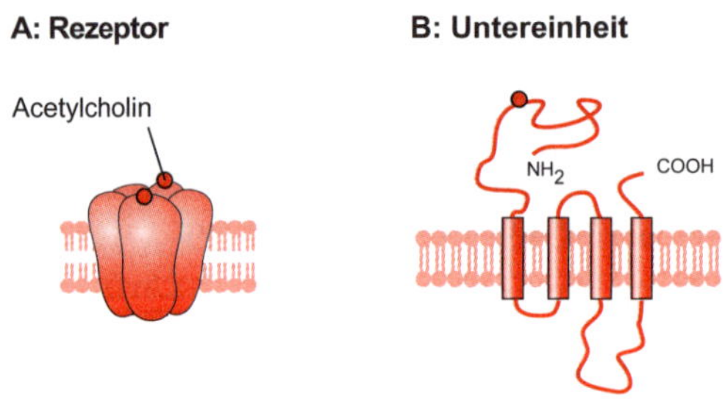

Abb. 1 Acetylcholinrezeptor
A: Transmembranrezeptor **B:** Strukturaufbau einer der fünf Domänen

b) Ein-Helix-Rezeptoren

Rezeptoren, die eine transmembrane α-Helix enthalten, werden im Allgemeinen von Cytokinen, Wachstumsfaktoren oder gewissen Hormonen wie dem Insulin aktiviert.

Das Binden eines Liganden an den Rezeptor kann, je nach Zielzelle, mehrere intrazelluläre Stoffwechselwege aktivieren (Abb. 2).

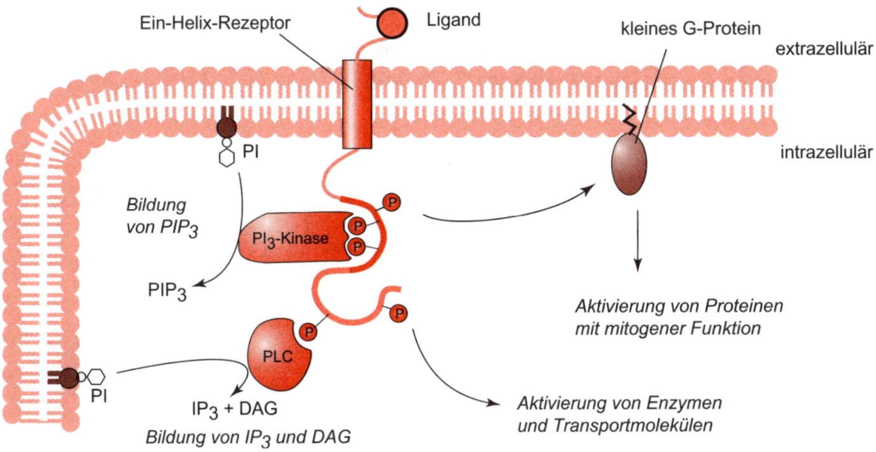

Abb. 2 Signalkaskaden nach Aktivierung von 1-α-Helix-Rezeptoren

c) Sieben-Helix-Rezeptoren

7-α-Helix-Rezeptoren sind monomerische Glycoproteine mit 7 α-helikalen Transmembrandomänen (Abb. 3). Diese Rezeptoren aktivieren **G-Proteine**, die ihrerseits entweder einen Ionenkanal oder ein Membranenzym aktivieren und so die Kopplung mit den sekundären Botenstoffen herstellen.

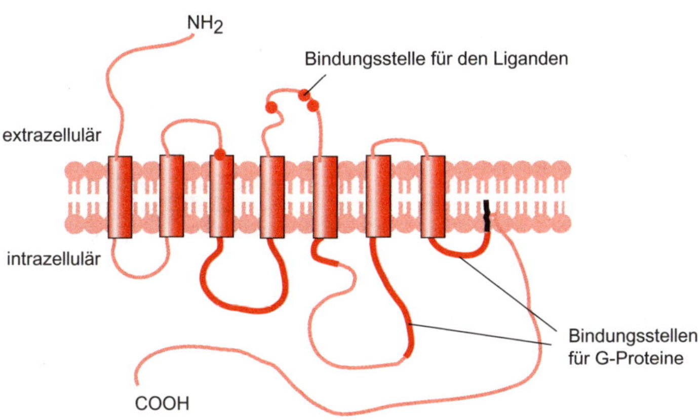

Abb. 3 Strukturaufbau der 7-α-Helix-Rezeptoren

2. Sekundäre Botenstoffe (*second messengers*)

Es gibt relativ wenige **intrazelluläre *second messengers***, aber sie ziehen je nach Wirkungsweise der Zielzelle unterschiedliche Signalkaskaden nach sich.

a) cAMP

Nach Aktivierung durch ein an ein GTP gebundenes G-Protein wandelt Adenylylcyclase ATP in zyklisches Adenosinmonophosphat (**cAMP**) um (Abb. 4).

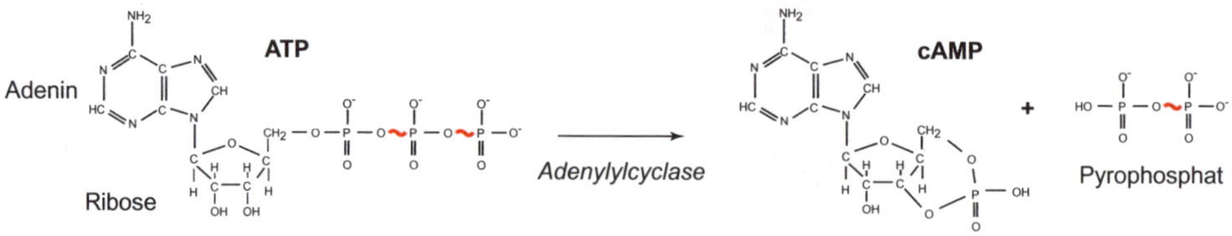

Abb. 4 Bildung von cAMP aus ATP durch Adenylylcyclase

Das gebildete cAMP aktiviert eine cAMP-abhängige Proteinkinase, die für die Phosphorylierung gewisser Proteine sorgt.

b) Das IP_3-DAG-System

Das Binden des primären Botenstoffes an seinen Rezeptor aktiviert über ein G-Protein die Phospholipase C, die das membrangebundene Phosphatidyl-Inositol (PI) in zwei *second messengers* spaltet: **Inositoltriphosphat (IP_3)** und **Diacylglycerol (DAG)** (Abb. 5B).

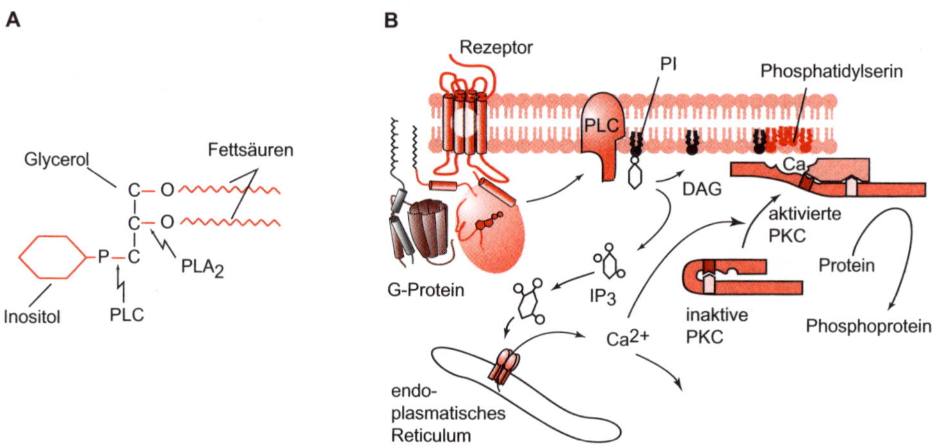

Abb. 5 **A:** Phosphatidyl-Inositol und Angriffspunkte der Phospholipasen C (PLC) und A_2(PLA_2); **B:** Reaktionsmechanismen von IP_3 und DAG.

Das gebildete IP_3 ist löslich und diffundiert ins cytoplasmatische Kompartiment. Es bindet an die Rezeptoren auf der Oberfläche des ER oder der Mitochondrien und induziert die **Ca^{2+}-Ausschüttung** aus diesen Organellen.

Das gebildete DAG ist hydrophob und verbleibt in der Membran. Es aktiviert Proteinkinase C (PKC), die ihrerseits die Phosphorylierung diverser Proteine katalysiert.

c) Weitere *second messengers*

Auch andere Moleküle können die Funktion eines *second messengers* übernehmen wie z. B. Arachidonsäure, Ca^{2+}, cGMP, cADP-Ribose und gewisse Membranlipide wie die Ceramide.

3. Cytoplasmatische Rezeptoren

Gewisse *second messengers* wirken durch Bindung an **spezifische intrazelluläre Rezeptoren**.

a) Rezeptor für Inositoltriphosphat (IP_3)

Inositoltriphosphat (IP_3) bindet an einen spezifischen Rezeptor, der an einen Calciumkanal gekoppelt ist und auf der **Membran des Reticulums oder auf der der Mitochondrien** liegt, die beide Calcium speichern.

Der IP_3-Rezeptor ist ein Protein aus vier Untereinheiten, dessen Aktivität ATP-abhängig ist (Abb. 6A).

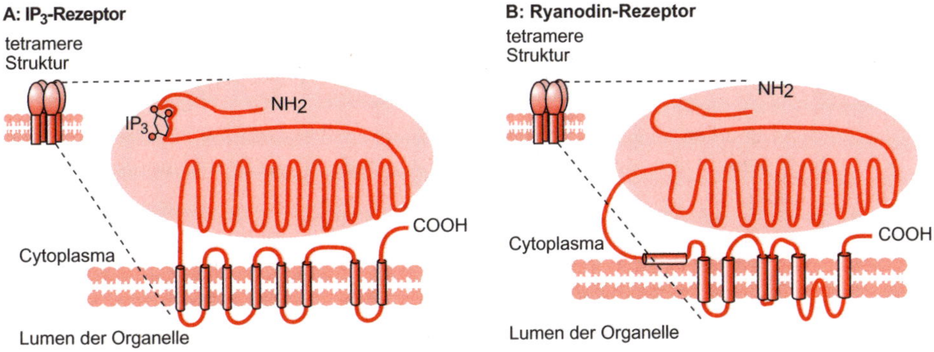

Abb. 6 Struktur der Rezeptoren von IP_3 (A) und Ryanodin (B)

Wenn IP_3 an seinen Rezeptor bindet, induziert es eine Konformationsänderung, die die Ausschüttung von gespeichertem Calcium über den Rezeptor bewirkt, der somit einen Calcium-Kanal bildet. Das freigesetzte Calcium induziert die Öffnung derselben kanalförmigen Rezeptoren und erhöht damit die Calcium-Ausschüttung (Positive Rückkopplung, *calcium induced calcium release*).

b) Ryanodinrezeptor

Der Ryanodinrezeptor (RyR) ist an der Kopplung Erregung-Kontraktion der quergestreiften Herzmuskelfasern beteiligt. Das RyR ist ein tetrameres Molekül mit großen Domänen im cytoplasmatischen Bereich, ähnlich dem IP_3 -Rezeptor (Abb. 6B).

Diese Rezeptoren werden entweder durch Calcium oder durch Dihydropyridin-Rezeptoren aktiviert, die entlang der Transversaltubuli der quergestreiften Muskelfaser liegen.

4. Kernrezeptoren

Zahlreiche Botenstoffe wie **Steroidhormone**, **Calcitriol**, **Schilddrüsenhormone** und **Retinoide** sowie verschiedene Lipidmoleküle können die Plasmamembran mühelos passieren. Sie wirken dann direkt auf die Kernrezeptoren (nucleäre Rezeptoren) und verändern die Genexpression insbesondere der Fortpflanzung und Entwicklung.

Kernrezeptoren bilden eine Superfamilie von Rezeptoren, die in zwei Gruppen eingeteilt wird (Abb. 7).

- **Rezeptoren vom Typ I** werden durch den spezifischen Liganden aktiviert und binden an die DNA-Regionen, die die Hormonantwort transkribieren. Dieser Typ liegt bei den Rezeptoren für Steroidhormone vor.

- **Rezeptoren vom Typ II** sind im Allgemeinen in der Zielzelle vorhanden, unabhängig von der Gegenwart des Liganden. Zu dieser Familie gehören die Rezeptoren für Schilddrüsenhormone, Retinoidsäure und Calcitriol.

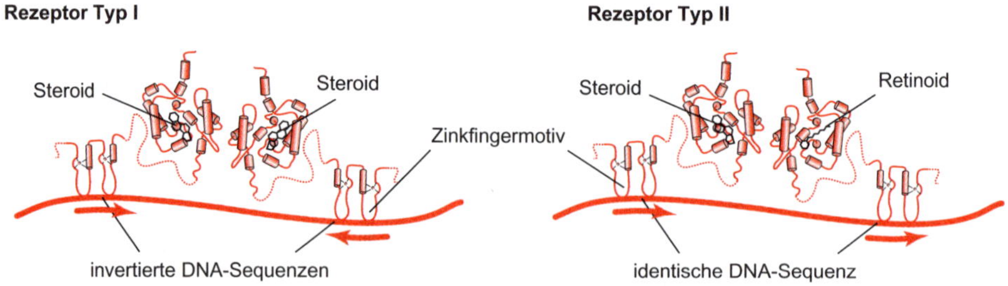

Abb. 7 Aufbau der Kernrezeptoren vom Typ I in Homodimeren und der Rezeptoren vom Typ II in Heterodimeren

Die Bindung des Liganden an seinen Kernrezeptor führt zur Dissoziation der Corepressoren und zu Strukturveränderungen der Nucleosomen, die für die DNA-Transkription notwendig sind.

15 Modalitäten der Fortpflanzung

Worum es geht:
Geschlechtliche (sexuelle) Fortpflanzung, ungeschlechtliche (asexuelle) Fortpflanzung, Gameten, Parthenogenese

Die Erhaltung der Organismen und Arten zeichnet sich durch die Fähigkeit der Lebewesen sich fortzupflanzen aus. Die ungeschlechtliche (asexuelle) Fortpflanzung oder Vermehrung oder auch die Vermehrung durch Sporen (Agameten) geschieht ausgehend von einem Organismus, der aus einer somatischen Zelle Tochterzellen bildet, die untereinander und mit der Mutterzelle identisch sind.

Bei der geschlechtlichen (sexuellen) Fortpflanzung entwickelt sich ein neuer Organismus aus einer Zelle, die im Allgemeinen aus der Vereinigung einer männlichen und einer weiblichen Keimzelle (Gameten) entstanden ist, die meist von zwei verschiedenen Organismen unterschiedlicher Polarität oder unterschiedlichen Geschlechts stammen. Diese Fortpflanzung ergibt neue Organismen, die genetisch nicht identisch mit ihren Elternorganismen sind.

1. Ungeschlechtliche Fortpflanzung

Die ungeschlechtliche Fortpflanzung geht meist von regenerativen Zellen aus, die wie embryonale Stammzellen totipotent sind; der daraus entstehende Organismus ist identisch mit dem Elternorganismus.

Es gibt verschiedene Modalitäten der ungeschlechtlichen Fortpflanzung (Tab. 1).

Tab. 1 Modalitäten der ungeschlechtlichen Fortpflanzung

Modalität	Vorgang	Beispiel
Zellteilung	ein Organismus teilt sich in zwei	Protisten, Anneliden
Verjüngung, Sprossung	ein Organismus schnürt Sprösslinge ab	Hydra, Wasserlinse
Knospung, Sprossung	Entwicklung undifferenzierter Zellen, den Gemmulae, aus den Archäocyten	Schwämme (Porifera)

Es können sich auch besondere Fortpflanzungsstrukturen bilden (Tab. 2).

Tab. 2 Besondere Strukturen der ungeschlechtlichen Fortpflanzung

Struktur	Beschreibung	Beispiel
Ausläufer	oberirdischer Spross, internodial zu Ausläufern gestreckt, der bei Bodenkontakt neue Wurzeln schlägt und Pflanzen bildet	Erdbeere
Wurzeltrieb	Steckling entwickelt Wurzeln aus dem Meristem	Olivenbaum
Sporenbildung	Differenzierung von spezialisierten Fortpflanzungszellen	Moose, Farne
Brutbecher	Brutkörper aus mehreren Zellschichten, zwei seitlichen Vegetationspunkten und den Anlagen späterer Rhizoide	Lebermoos
Zwiebeln	Speicherorgane zur vegetativen Vermehrung	Küchenzwiebel, Scharbockskraut

Die ungeschlechtliche Fortpflanzung, die ohne große genetische Variabilität unter den Organismen einer Population geschieht, ermöglicht die rasche Besiedlung eines Biotops, in dem gute Lebensbedingungen herrschen (r-Strategie).

2. Geschlechtliche Fortpflanzung

Bei der geschlechtlichen Fortpflanzung entwickelt sich ein neuer Organismus aus einer von einem männlichen Gameten befruchteten Eizelle. Die Gameten sind durch Meiose entstanden und genetisch unterschiedlich. Die Befruchtung findet durch zufälliges Zusammentreffen der Gameten statt.

Dies erhöht die genetische Vielfalt (Meiose mit genetischer Rekombination zwischen und innerhalb der Arten und zufälliger Befruchtung) und ermöglicht eine Individualisierung der Nachkommen der gleichen Art, die dazu fähig sind, sich an veränderte Lebensbedingungen anzupassen.

Die Befruchtung ist entweder extern, oder aber intern in den Geschlechtswegen des Weibchens. Sie kann durch morphologisch identische Gameten stattfinden, sog. **Isogamie**, z. B. bei den Heliozoa. Sind die Gameten begeißelt, aber unterschiedlich, mit einem männlichen Mikrogameten und einem weiblichen Makrogameten, liegt **Anisogamie** vor, z. B. bei *Chlamydomonas*. **Oogamie** ist die Verschmelzung von unterschiedlichen Gameten, von denen nur die männlichen, kleinen begeißelt sind, z. B. bei den Metazoa.

Bei zweihäusigen (**diözischen**) Arten trägt ein Organismus entweder ausschließlich weibliche oder ausschließlich männliche Geschlechtsorgane, bei der Dattelpalme z. B., während sich bei einhäusigen (**monözischen**) Arten männliche und weibliche Fortpflanzungsorgane auf dem gleichen Organismen befinden, z. B. bei Mais.

Organismen, die morphologisch beides, männlich und weiblich, entweder alternativ oder gleichzeitig sind, werden als **hermaphroditisch** bezeichnet, z. B. die Schnecke. Im Pflanzenreich liegt Hermaphroditismus bei Blütenpflanzen vor, die gleichzeitig männliche und weibliche Blüten tragen.

3. Parthenogese

Unter **Parthenogenese** versteht man die Entwicklung eines neuen Organismus aus einer Eizelle ohne Beteiligung einer männlichen Samenzelle. Sie ähnelt der ungeschlechtlichen Fortpflanzung, weil keine Befruchtung stattfindet. Allerdings ist sie auch mit der geschlechtlichen Fortpflanzung vergleichbar, da der neue Organismus aus einer differenzierten Keimzelle, der Eizelle, entsteht, und sich in ähnlicher Weise wie ein Ei entwickelt. Aus diesem Grund wird die Parthenogenese als eine Sonderform der geschlechtlichen Fortpflanzung angesehen. Diese Fortpflanzungsmodalität ist bei Wirbellosen (Invertebraten) sehr verbreitet, aber auch bei einigen Wirbeltieren (Vertebraten).

Man unterscheidet mehrere Arten von Parthenogenese (Tab. 3).

- automiktische Parthenogenese: Die Nachkommen sind entweder Weibchen (Thelytokie) oder zweigeschlechtliche Populationen (Deuterotokie). Man findet sie bei Insekten, Milben (Spinnentieren) und einigen Stachelhäutern (Echinodermata).
- Arrhenotokie: Die Eizellen entwickeln sich zu Männchen, deren Keimzellen haploid sind und die zur geschlechtlichen Fortpflanzung fähig sind. Man trifft sie bei Hymenopteren (Bienen), Marienkäfern und Milben an.
- Die zyklische Parthenogenese entspricht dem Wechsel zwischen Parthenogenese und geschlechtlicher Fortpflanzung. Man findet sie bei zahlreichen Insekten (Blattläusen), Cladocera (Krallenschwänzen) und Rotifera (Rädertierchen).
- Obligatorische Parthenogenese ist immer Thelytokie, die Männchen sind sehr selten (bei gewissen Insekten, Phasmiden) oder unbekannt (bei den Rotifera).

Tab. 3 Parameter der verschiedenen Fortpflanzungsmodalitäten

	Erzeuger	Gameten	Befruchtung
ungeschlechtlich	1	abwesend	abwesend
geschlechtlich	2	anwesend	anwesend
Parthenogenese	1	anwesend	abwesend

16 Physiologie der Fortpflanzungsorgane beim Menschen

Worum es geht:
Fortpflanzungsorgane, Gameten

Die Fortpflanzung ist der biologische Prozess, wie Nachkommen einer Art aus bereits bestehenden Organismen erzeugt werden und sich vermehren. Die geschlechtliche (sexuelle) Fortpflanzung findet in mehreren Entwicklungsschritten statt, von denen die Bildung der Gameten direkt mit der Funktion der Fortpflanzungsorgane in Verbindung steht (Abb. 1).

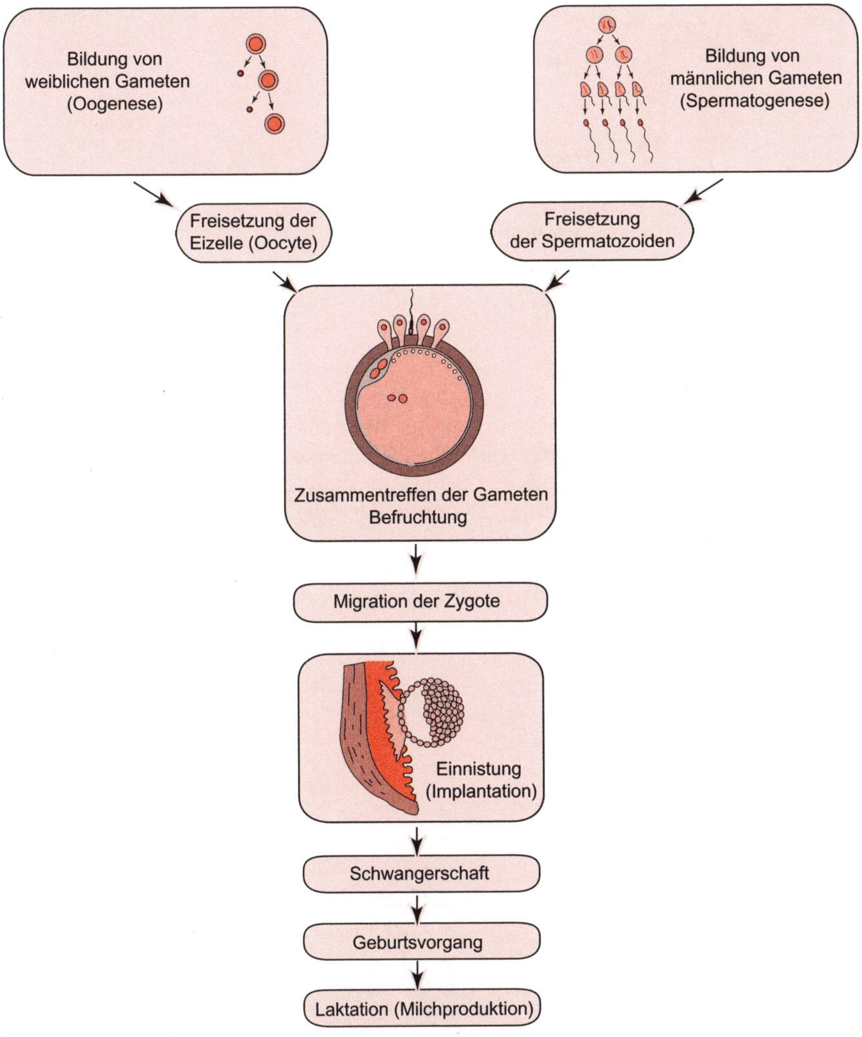

Abb. 1 Entwicklungsschritte der menschlichen Fortpflanzung

1. Die Fortpflanzungsorgane des Menschen

Die Fortpflanzungsorgane (Abb. 2) sind die Organe, in denen sich Gameten differenzieren und wandern. Sie bestehen aus den **Gonaden** (Hoden oder Eierstöcken), den Geschlechtswegen (Samenleiter und Harnleiter oder Gebärmutter) und den Sexualorganen (Genitalien: Penis oder Vagina). Während der Schwangerschaft nistet sich das Ei im **Uterus** (Gebärmutter) ein, und hier entwickelt sich der Embryo.

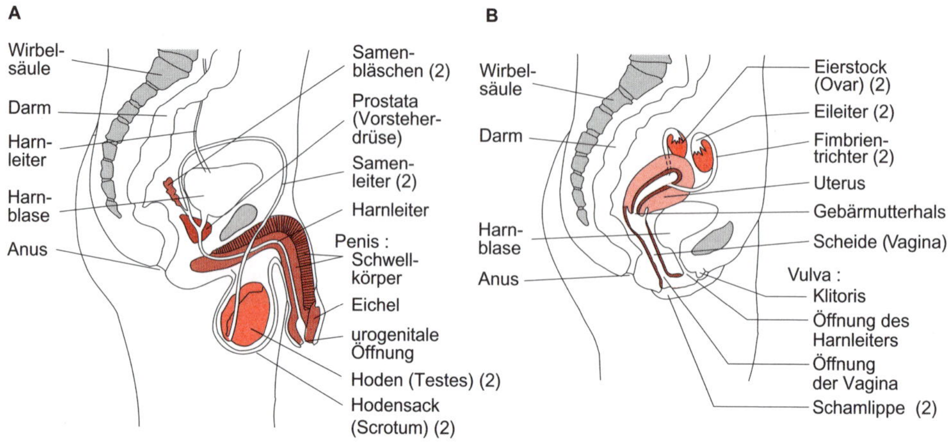

Abb. 2 Menschliche Fortpflanzungsorgane, **A** – des Mannes, **B** – der Frau

2. Gametenbildung

a) Etappen der Gametenbildung

Die sexuelle Fortpflanzung basiert auf der Produktion von haploiden Keimzellen, dem Aufeinandertreffen einer männlichen und einer weiblichen Keimzelle und ihrem Verschmelzen zu einer diploiden Zygote, aus der sich ein neuer Organismus entwickelt. Man unterscheidet bei der Bildung der Gameten (**Gametogenese**) zwischen der **Oogenese** im weiblichen Organismus und der **Spermatogenese** im männlichen Organismus. Sie besteht aus einer mitotischen Zellvermehrung und einer meiotischen Chromosomenreduktion. Die gebildeten Gameten heißen **Oocyten** (Eizellen) und **Spermatozoide** (Samenzellen) (Abb. 3).

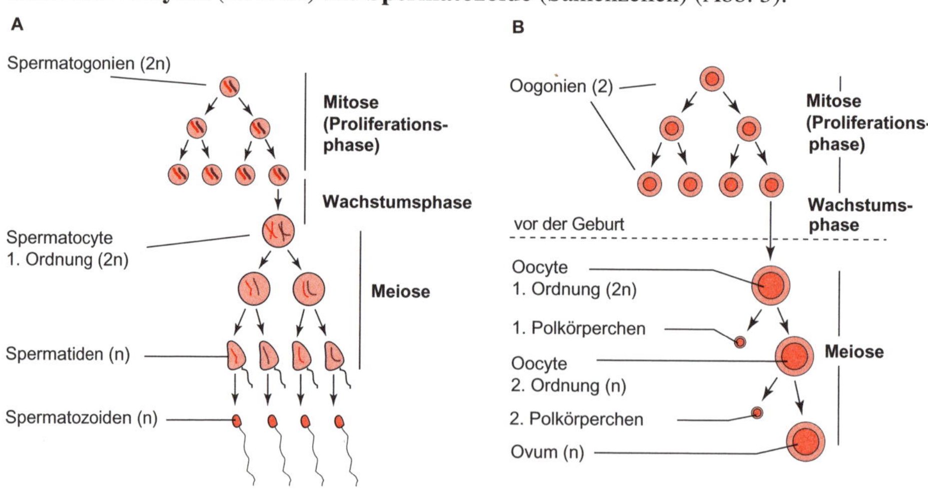

Abb. 3 Etappen der Gametogenese, A: Spermatogenese, B: Oogenese

Die weiblichen Gameten, in den Eierstöcken gebildete Oocyten, sind große, runde Zellen, die einen Reifeprozess im Follikel durchmachen. Die in eine Proteinschicht, die Zona pellucida, eingehüllte Oocyte 2. Ordnung wird beim Eisprung aus dem Eierstock ausgetrieben und durch die Flimmerbewegung im Eileiter in Richtung Uterus weiterbefördert (Abb. 4A).

Die männlichen Gameten, Spermatozoiden, sind kleine, durch Geißeln bewegliche Zellen. Sie bestehen aus einem Kopf, in dem sich der Kern befindet, einem Mittelstück und einer Geißel (Abb. 4B).

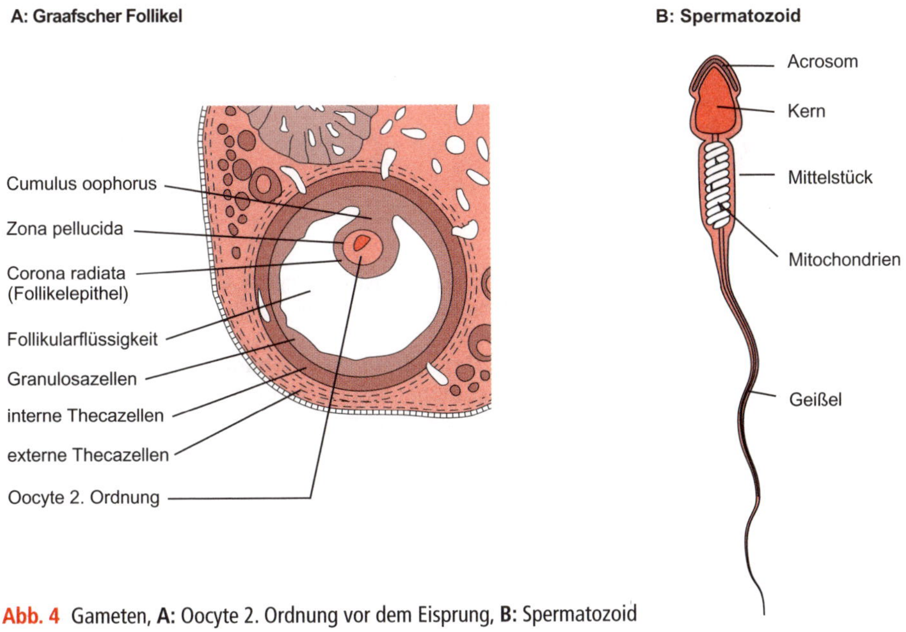

Abb. 4 Gameten, **A:** Oocyte 2. Ordnung vor dem Eisprung, **B:** Spermatozoid

b) Steuerung der Gametenproduktion

▶ Phasen des Ovarialzyklus

Bei der Frau dauert der Ovarialzyklus ungefähr 28 Tage, der Eisprung (Ovulation) findet in der Mitte, am 14. Tag, statt. In der ersten Phase, der Follikelphase, wächst und reift ein Primordialfollikel über den Primär-, Sekundär- zum Tertiärfollikel (Graafschen Follikel) heran. In der zweiten Phase nach der Ovulation (oder Follikelsprung), der Lutealphase, verwandelt sich der ehemalige Follikel in den Gelbkörper und wird, wenn keine Befruchtung eintritt, wieder abgebaut.

Alle Phasen werden hormonal gesteuert (Abb. 5C und 5D); Östradiol herrscht in der Follikelphase vor, während in der Lutealphase Progesteron dominiert. Die Hormonsekretion, besonders von Östrogenen, synchronisiert den Ab- und Aufbau der Uterusschleimhaut (Abb. 5B) und beeinflusst den Sekretionszyklus von Hypothalamus und Hypophyse.

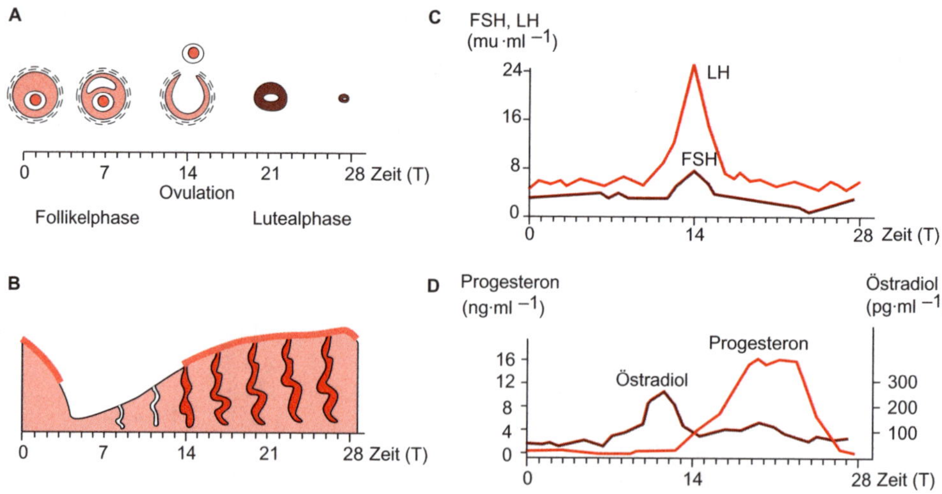

Abb. 5 **A:** Phasen des Ovarialzyklus; **B:** Zyklische Veränderung der Uterusschleimhaut; **C:** Konzentration der Hypophysenhormone; **D:** Konzentration der weiblichen Geschlechtshormone

Interaktionen zwischen Hypothalamus, Hypophyse und Gonaden

Die Hypophysensekretion von **FSH** (Follikelstimulierendem Hormon) und **LH** (Luteinisierendem Hormon) werden von der Sekretion von **GnRH** (*gonadotropin releasing hormone*) des Hypothalamus gesteuert. In der Follikelphase wirken FSH und LH auf die Ovarien und stimulieren die Follikelreife. Die Rückkopplung der Östrogene, zunächst negativ, wird positiv, wenn genügend Östrogene vorliegen. Sie bewirken einen starken Anstieg an FSH und LH und lösen die Ovulation aus. Nach der Ovulation fördert das LH weiterhin die Bildung des Gelbkörpers (Abb. 6B).

Beim Mann sind die Interaktionen zwischen Hypothalamus, Hypophyse und Gonaden zeitunabhängig, es gibt daher keine Zyklen (Abb. 6A).

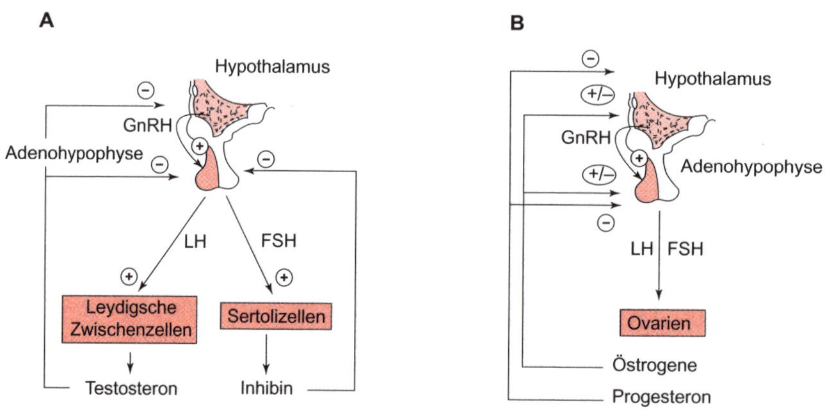

Abb. 6 Hormonale Steuerung der Keimdrüsen, **A:** beim Mann, **B:** bei der Frau

17 Von der Befruchtung bis zur Laktation beim Menschen

Worum es geht:
Befruchtung, Einnistung, Schwangerschaft, Laktation

Die Fortpflanzung ist der biologische Prozess, wie Nachkommen einer Art aus bereits bestehenden Organismen erzeugt werden und sich vermehren. Die geschlechtliche Fortpflanzung umfasst mehrere Stufen ausgehend von der Verschmelzung der Gameten über die Befruchtung bis zur Entwicklung des befruchteten Eis. Bei den Säugetieren und besonders beim Menschen folgen nach der Befruchtung die Migration und die Einnistung des Eis, die Schwangerschaft, der Geburtsvorgang oder Niederkunft und die Laktation.

1. Befruchtung

Die Befruchtung ist das zufällige Zusammentreffen zweier Gameten, männlich und weiblich, und deren Verschmelzung zu einer Zygote.

Die **Spermatozoiden** machen in den weiblichen Geschlechtswegen biochemische Veränderungen ihrer Membran durch, die sog. **Kapazitation**. Das Aufeinandertreffen der Gameten geschieht im oberen Teil des Eileiters, dem Fimbrientrichter und besteht aus mehreren Schritten (Abb. 1): bei Kontakt des Spermatozoids mit der Zona pellucida der Eizelle verschmelzen die äußeren Membranen in der **Akrosomreaktion**, dann dringt das Spermatozoid in die Zona pellucida ein und erreicht die Eizelle. Die Vereinigung der Gameten führt einerseits zur **Kortikalreaktion**, die jetzt die Zona pellucida für andere Spermatozoide undurchdringlich macht, und andererseits zur Vollendung der Meiose der Oocyte 2. Ordnung. Die Verschmelzung der Kerne (Karyogamie) endet mit der Bildung eines diploiden Kerns der Zygote.

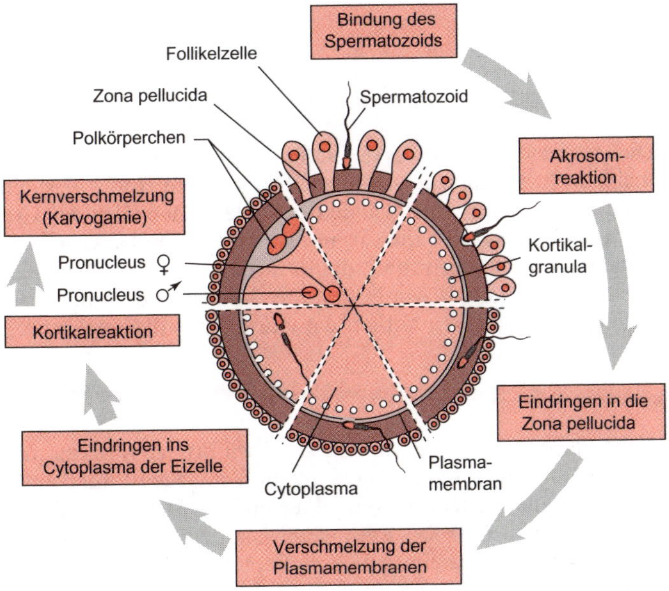

Abb. 1 Phasen der Befruchtung

2. Schwangerschaft

a) Einnistung

Nach der Befruchtung wandert die Zygote im Eileiter in Richtung Uterus. Sie durchläuft einige mitotische Teilungen, die 2, dann 4, 8, 16 und schließlich 32 Zellen (Morula) ergeben. Von diesem Stadium an nimmt das Ei nach weiteren Zellteilungen durch Furchung die Form einer Hohlkugel an, deren äußere Schicht der **Trophoblast** ist, und erreicht das Stadium der **Blastocyste** (Abb. 2). Sie verliert dann die Zona pellucida und beginnt ihre **Einnistung** (Implantation) im Epithel des Uterus.

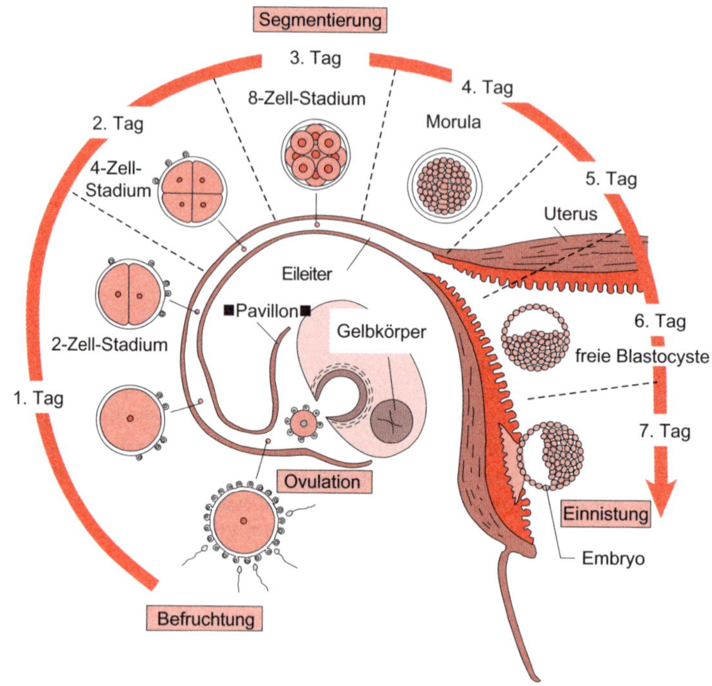

Abb. 2 Phasen der Migration, Differenzierung der Zygote und Implantation in die **Placenta**

Beim Menschen wandert die Blastocyste in die Gebärmutterschleimhaut (Endometrium) und wird schließlich von ihr gänzlich umschlossen. Der gesamte Trophoblast bildet zahlreiche Falten, die **Chorionzotten** (Villi). Die Wände der Schleimhautzellen des Uterus werden aufgelöst, und der Trophoblast wächst invasiv in das mütterliche Gewebe, was zur Bildung von vernetzten, blutgefüllten Lakunen führt, die in Kontakt mit den Chorionzotten stehen. Diese Nähe ermöglicht den Austausch von Nährstoffen zwischen dem mütterlichen Blut und den Trophoblastenzellen. Im weiteren Verlauf entwickeln sich die wachsenden Zottenbäume zur **Placenta**.

b) Placenta

Die menschliche Placenta hat am Ende eine scheibenförmige Struktur mit einem Durchmesser von etwa 20 cm und einer Stärke von ungefähr 3 cm. Sie ist mit dem Fötus durch die Nabelschnur verbunden, die die fetalen Blutgefäße enthält. Die Placenta ist eine Mischung aus fetalem und mütterlichem Gewebe, entstanden aus dem Endometrium, das in intervillöse Kammern (Kotyledonen), aufgeteilt und durch Septen getrennt ist, und dem fetalen Chorion, aus dem Zotten in die blutgefüllten Kammern wachsen (Abb. 3).

Die durch die Zotten gebildete Oberfläche erreicht am Ende 14 m^2 und die Dicke der Placentaschranke beträgt 5 μm. Diese beiden Parameter, Oberfläche und Dicke, erleichtern den Austausch durch Diffusion. Die Placenta bildet das wichtigste Austauschorgan zwischen dem Fötus und seiner Umgebung und eine Barriere gegen die meisten Krankheitskeime. Sie ist ebenfalls eine endokrine Drüse, die zahlreiche Hormone sekretiert, z. B. das **hCG (humanes Choriongonadotropin)**, das am Anfang der Schwangerschaft das Funktionieren des Gelbkörpers zur Erhaltung des Fötus aufrecht hält.

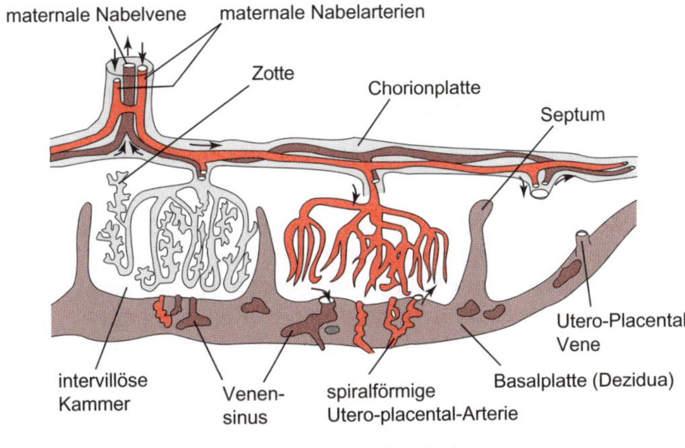

Abb. 3 Menschliche Placenta und ihr Blutkreislauf

3. Geburtsvorgang

Am Ende der Schwangerschaft bewirkt ein **Absinken des Progesteronspiegels** unmittelbar eine erhöhte Kontraktionsfähigkeit des Uterus, der Sensibilität des Gebärmutterhalses und eine erhöhte Frequenz der Wehen. Die **Wehen des Myometriums** drücken den Fötus in Richtung Gebärmutterhals, was einen neuroendokrinen Reflex auslöst. Die Stimulierung des Halses wird von Mechanorezeptoren aufgenommen; diese Reizsignale gelangen zur **Neurohypophyse**, die ihrerseits ein Hormon ausschüttet, das **Oxytocin**, das weitere Wehen des Myometriums auslöst (Abb. 4). Diese positive Rückkopplung ermöglicht eine Verstärkung der Uteruskontraktionen, die zusammen mit der Erweiterung des Gebärmutterhalses zur Austreibung des Fötus führen.

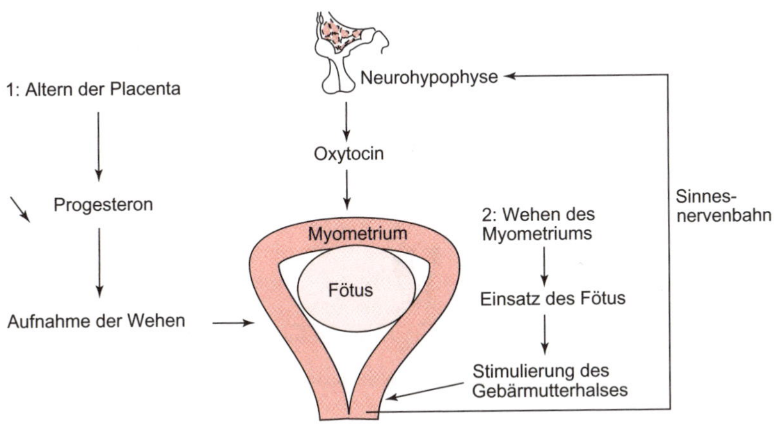

Abb. 4 Symptome, die zum Auslösen des Geburtsvorganges führen

4. Laktation

Der neugeborene Mensch ist physiologisch unreif und bei der Nahrungssuche völlig abhängig. Im ersten Abschnitt seines Lebens nimmt er als Nahrung nur Milch auf. Die Milch ist eine organische Flüssigkeit, die vom Mutterleib synthetisiert und sekretiert wird.

Beim Menschen liegen die Brustdrüsen als isoliertes Paar vor. Diese exokrinen Drüsen haben eine sekretierende Epithelschicht, die in *Acini* (beerenförmige Endstücke) oder Alveolen gegliedert und in Läppchen eingeteilt ist, die wiederum zu Lappen zusammengefasst werden (Abb. 5).

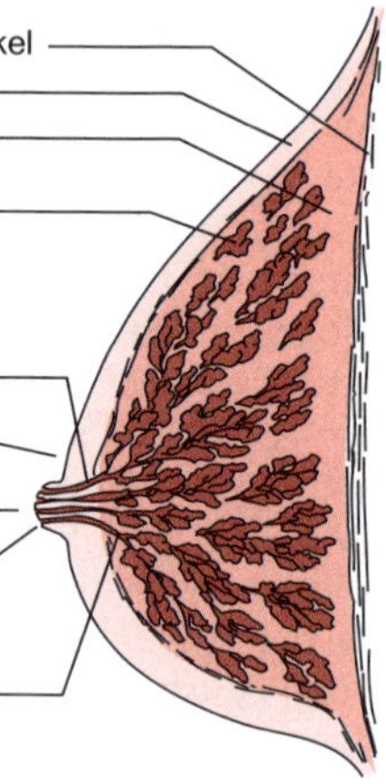

Abb. 5 Brustdrüse der Frau

In der Schwangerschaft durchläuft die Drüse eine Reihe von Veränderungen, die als **Mammogenese** bezeichnet wird. Die Milchgänge wachsen und vermehren sich, ebenso wie die von Epithelzellen umgebenen Alveolen. Das System ist zur Zeit des Geburtsvorganges voll entwickelt. Es bleibt bis zum Abstillen funktionell und degeneriert danach fast völlig.

Die **Milchausschüttung** hängt von mehreren Hormonen der **Adenohypophyse** ab, von denen das wichtigste das **Prolactin** ist. Dieses Hormon wirkt durch die Epithelzellen auf die Milchproduktion (**Lactogenese**) (Abb. 6A). Andere Hormone wirken indirekt, indem sie den Stoffwechsel im Allgemeinen anregen (Thyreotropin, TSH, Wachstumshormon, GH, und Adrenocorticotropes Hormon, ACTH). Ein Hormon der Neurohypophyse, das Oxytocin, wirkt seinerseits auf die Myoepithelzellen (Korbzellen) der Brust, stimuliert ihre Kontraktion und fördert so den Milchfluss. Alle Hormonfunktionen zusammengefasst bilden einen **neuroendokrinen doppelten Regelkreis**, der gleichzeitig den Milchfluss und die Milchbildung fördern (Abb. 6B).

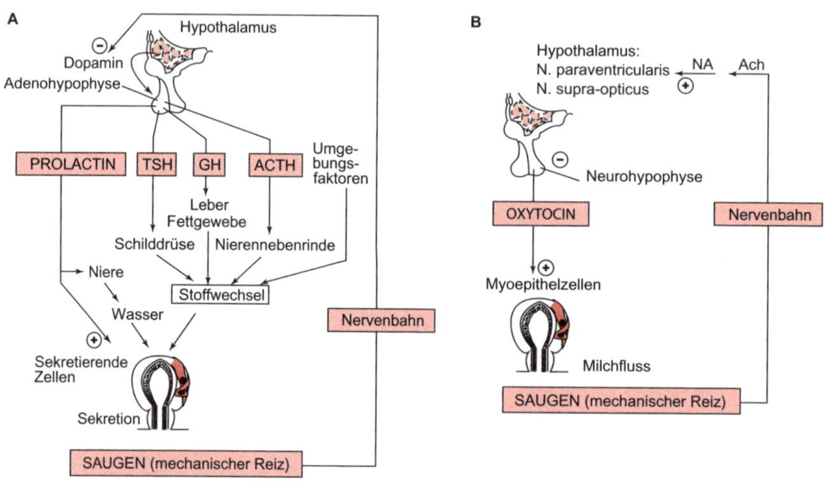

Abb. 6 Regelkreise der Laktation (**A**) und des Milchflusses (**B**)

18 Die Sinnessysteme

Worum es geht:
Aktionspotenzial, Sensibilität, sensorische Umwandlung, Signaltransduktion, Nervensystem

Die Wahrnehmung fasst alle dem Organismus zur Verfügung stehenden Funktionen zusammen, mit denen er die verschiedenen Parameter seiner Umgebung analysieren kann, um auf Reize angemessen zu reagieren. Obwohl auch Pflanzen fähig sind, auf gewisse Parameter ihrer Umgebung zu reagieren (gerichtetes Wachstum, Winterruhe, etc.), sind diese Funktionen bei Tieren weitaus stärker ausgeprägt.

Die Sinnesfunktionen stimmen mit den verschiedenen Analysesystemen der physikalisch-chemischen Parameter der Umwelt und ihrer Integration überein.

1. Sinnesmodalitäten und Umwelt

Im Tierreich haben sich verschiedene Sinnessysteme entwickelt und der Umwelt angepasst. Diese Sinnessysteme geben dem Organismus Auskunft über gewisse physikalisch-chemische Parameter seiner Umgebung oder seinem Inneren (Tab. 1).

Tab. 1 Die wichtigsten Sinnesmodalitäten

Sinnesmodalität	Energieform	Sinnesorgan
Elektrische, elektromagnetische und thermische Energie		
Gesichtssinn	elektromagnetisch (Photonen)	Auge (Retina)
Infrarot-Sensibilität	elektromagnetisch	Nasalia bei gewissen Schlangen
Temperatur	Temperatur	Haut, Hypothalamus
elektrische Sensibilität	Elektrizität	Laterallinie
Mechanische Energie und Kraft		
Tastsinn, Druck	mechanisch	Haut und Tiefengewebe
Blutdruck	mechanisch	Blutgefäße
Muskellänge	mechanisch	Neuromuskuläre Spindel
Kontraktionskraft	mechanisch	Sehnenorgan
Gelenkstellung	mechanisch	Bindegewebskapsel, Bänder
lineare und Winkelbeschleunigung	mechanisch	Gleichgewichtsorgan
Gehör	mechanisch	Cochlea (Schnecke)
Chemische Substanzen		
allgemeine chemische Sensibilität	Moleküle	Verschiedenes
arterieller Sauerstoff	Sauerstoffpartialdruck	Glomuszellen
osmotischer Druck	osmotischer Druck	Hypothalamus
Glucose	Glucose	Hypothalamus
pH (Gehirnwasser)	H^+-Ionen	Verlängertes Rückenmark
Geschmack	Ionen und Moleküle	Zunge
Geruch	Moleküle	Nasenschleimhaut

Welche Sinnesfunktionen bei den verschiedenen Arten am stärksten entwickelt sind, hängt von deren Lebensbedingungen ab. So ist zum Beispiel der Gesichtssinn bei tagaktiven Tieren besonders entwickelt, während Nachttiere eher ein gut entwickeltes Gehör haben. Ein anderes Beispiel: Die elektrische Kommunikation ist spezifisch für gewisse Fische, die in trübem Wasser leben, wo ihnen der Gesichtssinn wenig hilfreich wäre.

2. Funktionsprinzipien der Sinnessysteme

Trotz der Vielfalt der Sinnessysteme funktionieren sie nach dem gleichen Prinzip: ein Element von außen (Reiz) erregt eine Sinnes- oder Rezeptorzelle, die spezifisch für diesen Reiz empfänglich ist. Dieser Sinnesrezeptor wandelt gewisse Raum-Zeit-Parameter des Reizes in Spannungsänderung um. Diese Phase ist die Signaltransduktion. Dann wird die Botschaft ins Zentralnervensystem weitergeleitet, wo sie analysiert (Sinnesempfindung) und interpretiert (Wahrnehmung) wird.

a) Signaltransduktion

Ein leichtes Dehnen des Muskels z. B. induziert im Rezeptor zur Muskelstreckung des Flusskrebses eine Änderung des Membranpotenzials, eine Potenzialdifferenz (PD) an der Membran entsteht, die einer geringfügigen Depolarisation der Membran entspricht (Abb. 1). Diese Potenzialänderung wird als Rezeptorpotenzial bezeichnet und stellt die erste Etappe der Reizumwandlung oder Transduktion dar.

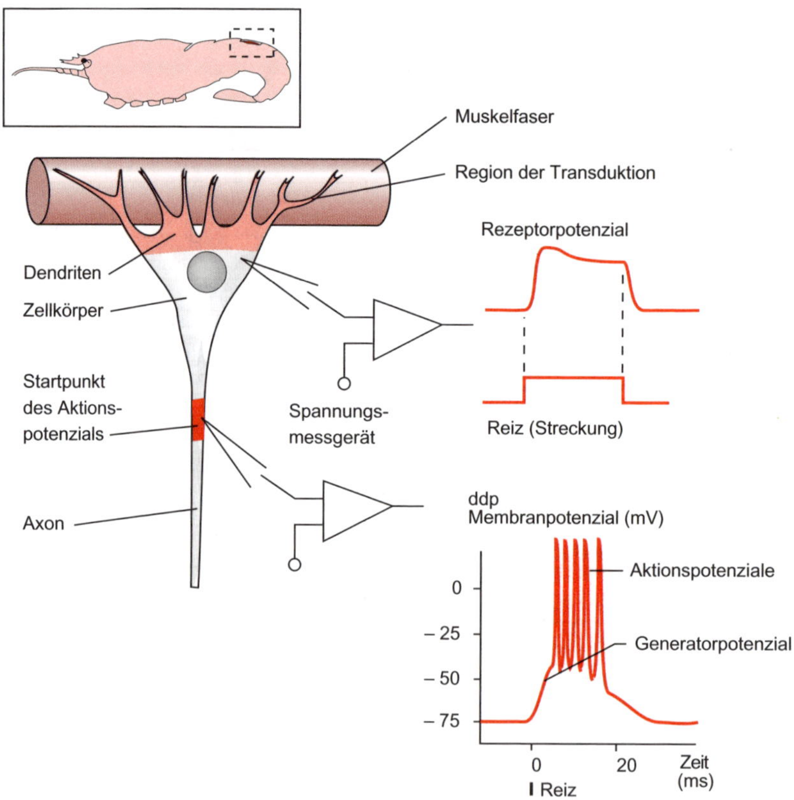

Abb. 1 Signalumwandlung im Rezeptor zur Streckung des Schwanzhebemuskels beim Flusskrebs
1. Aufzeichnung des Rezeptorpotenzials im Zellkörper und **2.** Aufzeichnung des Generatorpotenzials und der Aktionspotenziale am Startpunkt

Wenn der Reiz einen Schwellenwert überschreitet, erscheinen Aktionspotenziale auf der Sinnesfaser, d. h. die Zelle feuert. Das Signal, das vorher im Zellkörper in Form einer Amplitudenänderung des Membranpotenzials umgewandelt wurde, wird nunmehr entlang des Axons in Form einer Frequenzänderung der Aktionspotenziale weitergeleitet. Der genaue Ausgangspunkt der Aktionspotenziale heißt Generator, und die Potenzialänderung an dieser Stelle ist das Generatorpotenzial.

b) Zentrale Informationsbearbeitung

Die Nervenfaserstränge, die aus den Sinnesorganen herausführen, werden zusammengefasst und bilden die afferenten Sinnesnerven, die die Erregungsleitung ans Zentralnervensystem weitergeben. Hier werden die Sinneseindrücke analysiert. Die Größe der Gehirnstrukturen und ihre Lage hängen vom Evolutionszustand der entsprechenden Art sowie von ihrer Umgebung ab (Abb. 2).

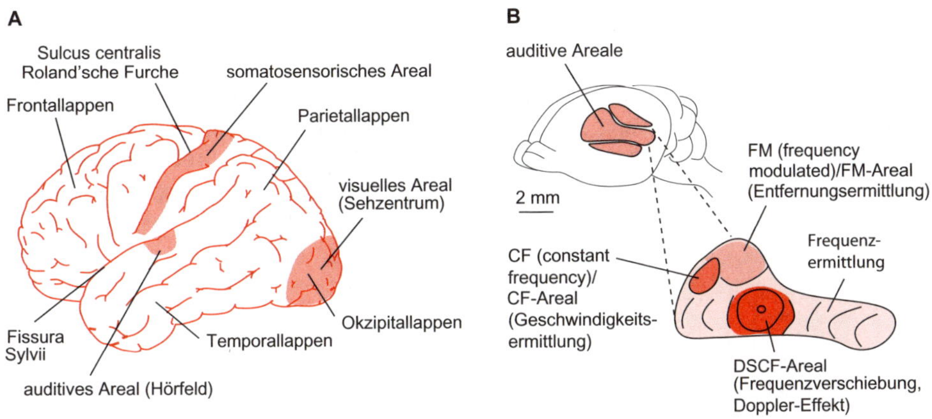

Abb. 2 **A:** Lage der primären Sinnesareale auf der Oberfläche der menschlichen Großhirnrinde, **B:** Auditive Rindenareale der Fledermaus

19 Der Gesichtssinn, ein Beispiel für die Sinnesorgane

Worum es geht:
Sensibilität, Rezeptor, sensorielle Umwandlung, Transduktion, Retina, Zapfen, Stäbchen, Nervensystem

Der **Gesichtssinn** ist eine der am stärksten entwickelten Sinnesfunktionen im Tierreich. Er entspricht einer Sensibilität für elektromagnetische Wellen gewisser Längen und ermöglicht ein Erkennen „auf Abstand" von bestimmten Parametern der Umgebung.

1. Sinnesorgane und ihre Erregung

Das Sehvermögen ist mit der Anwesenheit von Augen verknüpft, in denen Zellen, die **lichtempfindliche Pigmente** enthalten, auf gewisse elektromagnetische Wellen reagieren; bei den meisten Arten zwischen 400 und 700 nm. Subjektiv werden die verschiedenen Wellenlängen vom Menschen als Regenbogenfarben zwischen violett (400 nm) und rot (700 nm) wahrgenommen (Abb. 1A).

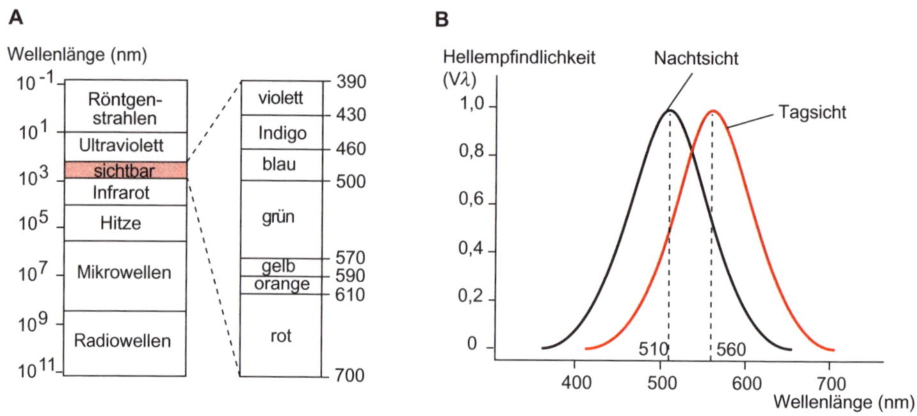

Abb. 1 Wellenlänge des sichtbaren Spektrums (**A**) und Spektrum der visuellen Empfindlichkeit unter photopischen (Tageslicht) und scotopischen (Dämmerung) Bedingungen beim Menschen (**B**)

Die Wahrnehmung des visuellen Systems variiert im sichtbaren Spektrum zwischen 400 und 700 nm je nach Wellenlänge des Reizes. Außerdem unterscheidet sich die Helligkeitsempfindlichkeit beim Menschen je nach umgebendem Licht. Bei Tageslicht (photopisch) liegt das Maximum bei 510 nm, während es bei Dämmerlicht (scotopisch) bei 560 nm liegt (Abb. 1B). Dieser Unterschied entspricht den zwei Arten von Photorezeptoren, den **Zapfen** und den **Stäbchen**.

Bei Wirbeltieren ist das Auge ein nahezu kugelförmiges Organ, dessen vorderer Bereich durchsichtig ist (Glaskörper) und die Projektion von Bildern auf der **Retina** (Netzhaut) ermöglicht (Abb. 2A). Die Retina, die aus dem Zwischenhirn (Diencephalon) stammt, besteht aus zwei Wänden (Blättern). Das innere Blatt enthält das Nervengewebe, das für die Umwandlung visueller Signale zuständig ist, sowie für die erste visuelle Signalverarbeitung. Bei Wirbeltieren besteht dieses Blatt aus mehreren Lagen von Nervenzellen, die so angeordnet sind, dass die

Lichtstrahlen zuerst die Integrationsneuronen durchqueren müssen, bevor sie auf die Rezeptoren treffen. Man spricht in diesem Fall von einer **invertierten Retina** (Abb. 2B).

Das äußere Wand der Retina differenziert sich in das Pigmentblatt, das reich an **Melaninpigmenten** ist.

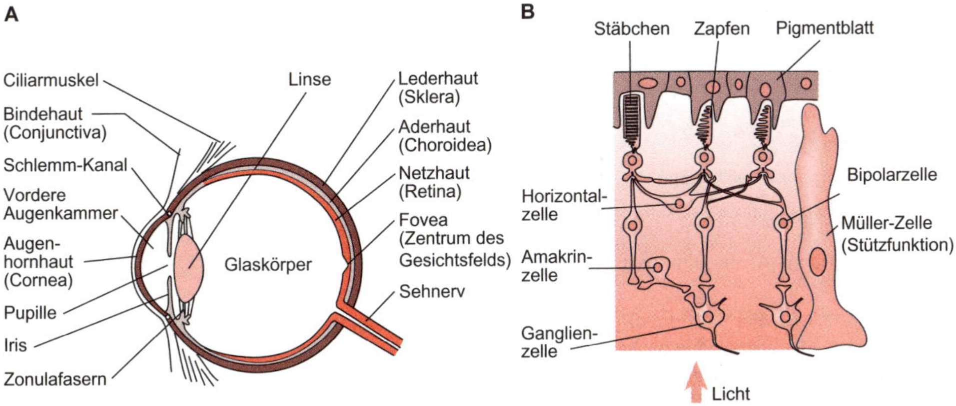

Abb. 2 Schematischer Querschnitt durch das Auge (**A**) und die Retina bei Vertebraten (**B**)

2. Signaltransduktion

Anatomisch sind die Rezeptorzellen der Retina in zwei Segmente aufgeteilt, das Innenglied, das alle zum Stoffwechsel notwendigen Organellen der Zelle enthält, und das Außenglied, das aus einer Anhäufung von Membranfalten oder Vesikeln besteht, die jeweils als gestapelte Scheiben (Disks) vorliegen. In diesen Disks ist ein lichtempfindliches Molekül, das **Rhodopsin** (Sehpurpur) eingelagert.

Die Rezeptorzellen der Retina haben bei Dunkelheit ein schwaches Membranpotenzial von ungefähr 40 mV. Bei Erregung durch Belichtung hyperpolarisiert die Zelle, das Membranpotenzial erreicht dann einen Wert von 70–80 mV (Abb. 3). Das **Rezeptorpotenzial** wird also in den Rezeptorzellen durch **Hyperpolarisation** aufgebaut und nicht, wie sonst, durch Depolarisation.

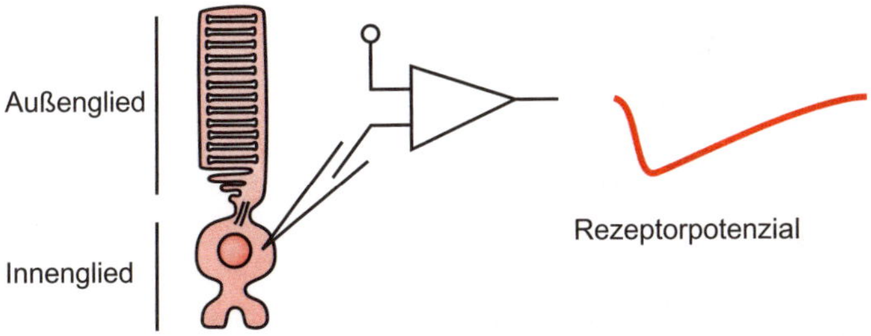

Abb. 3 Rezeptorpotenzial der Retinazelle

Bei Dunkelheit liegt ein Stromkreis zwischen dem Außen- und Innenglied vor, weil Na^+-Ionen durch Kanäle in der Membran des Außenglieds einströmen können (Abb. 4A). Dieser Strom heißt daher „Dunkelstrom". Er besteht so lange, wie die Na^+-Kanäle offen sind, was wiederum mit der Ausschüttung von cGMP verbunden ist (Abb. 4B).

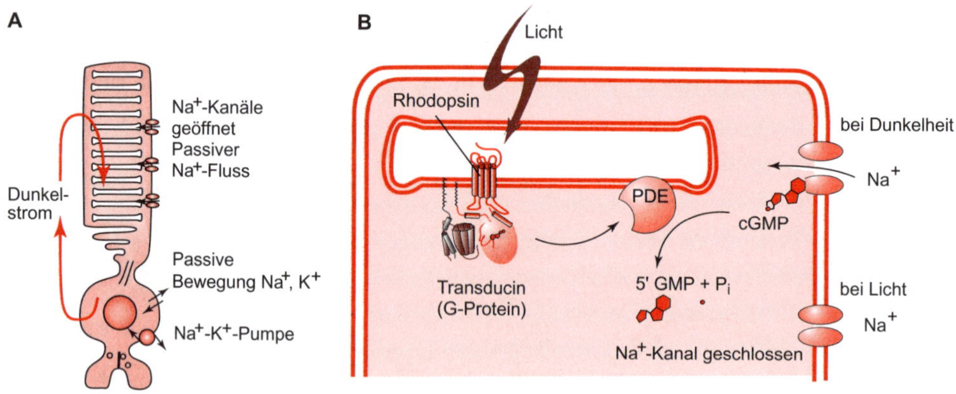

Abb. 4 Dunkelstrom (**A**) und Öffnung der Na^+-Kanäle durch cGMP (**B**)

Ein Lichtreiz löst die Aktivierung des Rhodopsins aus, das ein anderes Membranprotein, das **Transducin**, aktiviert. Dieses Molekül ist ein G-Protein, dessen Aktivierung eine **Phosphodiesterase** (**PDE**) induziert, die cGMP in GMP umwandelt. Die sinkende cGMP-Konzentration hat zur Folge, dass die Na^+-Kanäle sich schließen, was zum Stillstand des Dunkelstroms und einer Hyperpolarisation der Membran führt (Abb. 4B).

a) Informationsverarbeitung

Die erste Informationsverarbeitung geschieht auf der Retina. Dadurch, dass Bipolarzellen gehemmt werden, die sich entfernt vom Ort der Erregung befinden, tritt eine laterale Hemmung auf, die zur Kontrastverschärfung führt.

Anschließend werden die Signale aus der Retina an das **Sehzentrum** weitergeleitet. Hier wird die Empfindung von Form, Farbe, räumlicher Tiefe oder Bewegung erarbeitet. Die gesamte Sinneswahrnehmung von Glanz, Farbe, Größe, Form, Bewegung oder auch Reiztiefe findet in den assoziativen Arealen der Temporal- und Parietallappen statt (Abb. 5).

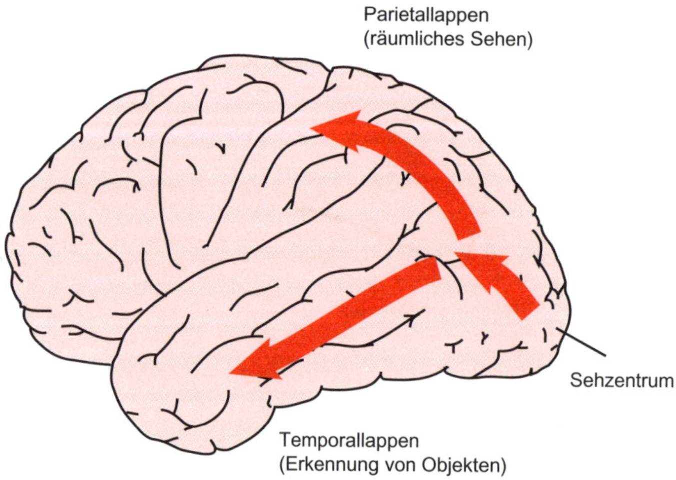

Abb. 5 Visuelle Informationsverarbeitung durch die Großhirnrinde

20 Quergestreifte Muskelfaser

Worum es geht:
Muskelfaser, Muskel, Sarcomer, Sarcoplasma, Myosin, Actin

Die meisten Tiere verdanken ihre Bewegungsfähigkeit besonderen Zellen, den Muskelfasern, die sich verkürzen oder Kraft ausüben können.

Bei Wirbeltieren sind die Fasern, aus denen die Muskeln bestehen, die die Beweglichkeit des Skeletts gewährleisten, so regelmäßig angeordnet, dass der Muskel gestreift erscheint. Man spricht daher von quergestreiften Muskelfasern.

1. Quergestreifte Skelettmuskelfaser

Jede quergestreifte Muskelfaser entsteht durch Verschmelzen von mehreren Zellen mit gemeinsamem Cytoplasma und Kernen (Syncytium) und kann eine beträchtliche Länge von bis zu 50 cm erreichen.

Die Fasern bestehen aus Myofibrillen, die wiederum aus dünnen (Aktinfilamenten) und dicken Myofilamenten (hauptsächlich aus Myosin) aufgebaut sind. In Längsrichtung sind sie in sich wiederholenden Einheiten, den Sarcomeren, angeordnet. Jedes Sarcomer wird an beiden Enden von Z-Scheiben begrenzt, in der Mitte liegt eine A-Bande (für anisotrop) und dazwischen zwei Hälften von I-Banden (für isotrop) (Abb. 1A). Jede A-Bande weist zentral eine dunklere Zone auf, die M-Linie.

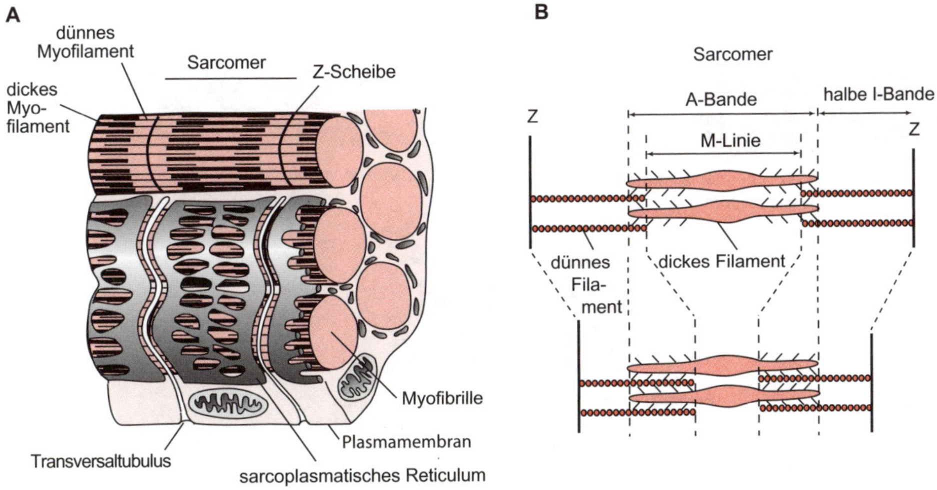

Abb. 1 **A:** Schema einer quergestreiften Muskelfaser, **B:** Filamentgleittheorie

Die dünnen Filamente sind aus drei verschiedenen Proteinen aufgebaut (Abb. 2A). Das Gerüst besteht aus zwei Molekülen fibrillären Aktins (F-Aktin), die zu einer Doppelhelix verdrillt sind. Diese F-Aktin-Doppelhelix wiederum ist mit einer Doppelhelix aus einem anderen fibrillären Protein, dem Tropomyosin, verdrillt. Im Ruhezustand bindet ein globuläres Protein, das Troponin, das auch für die Bindung von Calcium verantwortlich ist, gleichzeitig an F-Aktin und Tropomyosin.

Die dicken Filamente bestehen aus Myosinmolekülen. Jedes Molekül hat zwei runde (schwere) Köpfchen, die als ATPase wirken können, und eine (leichte) fibrilläre Struktur, die den Zusammenschluss mehrerer Moleküle ermöglicht.

Die Plasmamembran (in der Muskelfaser Sarcolemma genannt) weist rechtwinklig zur Längsachse der Zelle schlauchartige Einstülpungen auf, die Transversal- oder T-Tubuli (Abb. 1A). Das sarcoplasmatische Reticulum dagegen ist parallel zu den Myofibrillen ausgerichtet, und es bildet durch Endanschwellungen (Terminalzisternen) mit einem T-Tubulus zusammen eine Triade.

2. Muskelkontraktion

Bei der Muskelkontraktion gleiten die dünnen Aktinfilamente an den dicken Myosinfilamenten entlang (Abb. 1B). Nach Ausschüttung von Ca^{+}-Ionen ins Sarcoplasma bindet das Myosin der dicken Filamente dabei durch eine Kippbewegung der Köpfchen an Aktin. Dies geschieht, wenn die Muskelfaser durch die motorische Nervenfaser erregt worden ist (Abb. 2).

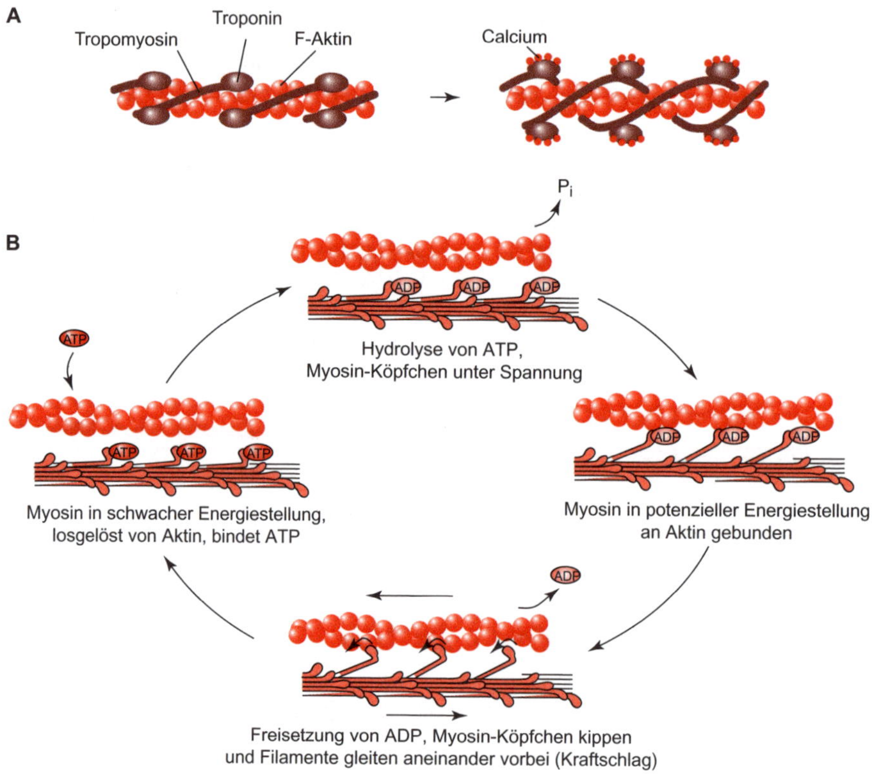

Abb. 2 Molekularer Prozess der Kontraktion
A: Verdrillung der 3 Proteine, Verdrängung der Tropomyosin-Filamente bei Calcium-Bindung an Troponin
B: Kontraktionszyklus

Ca^{2+} bindet an das Troponin der dünnen Filamente (Abb. 2A). Dadurch ändert sich die Konformation des Tropomyosin, sodass die Bindungsstellen des Aktins an das Myosinmolekül frei werden, und so können die Myosin-Köpfchen an das Aktin binden. Gleichzeitig wird die Inhibition der ATPase-Aktivität des Aktin-Myosin-Komplexes aufgehoben.

Die Energie der **ATP**-Hydrolyse verändert den Winkel zwischen Köpfchen und Schwanz des Myosins. Diese elementare Grundbewegung verursacht das aneinander Vorbeigleiten der dünnen und dicken Filamente, um eine Länge von der Größenordnung eines globulären Aktin-Moleküls (G-Aktin).

Solange Calcium im Cytoplasma vorrätig ist, wiederholt sich dieser Mechanismus der Verkürzung, was eine mehr oder weniger starke Muskelkontraktion zur Folge hat.

3. Elektromechanische Kopplung der Erregung und Kontraktion

Bei den Wirbeltieren liegen die Motoneuronen im Vorderhorn des Rückenmarks. Jedes Motoneuron innerviert mehrere Muskelfasern, aber jede Muskelfaser wird nur von einem einzigen Motoneuron innerviert. Ein Motoneuron und alle Muskelfasern, die es innerviert, bilden eine **motorische Einheit**.

Die Synapse zwischen der motorischen Nervenfaser und der Muskelfaser heißt **neuromuskuläre Verbindung** oder **motorische Endplatte** und besitzt die Eigenart, Signale „eins nach dem anderen" zu übertragen. Ein Aktionspotenzial auf der Nervenfaser zieht ein Aktionspotenzial auf der Muskelfaser nach sich.

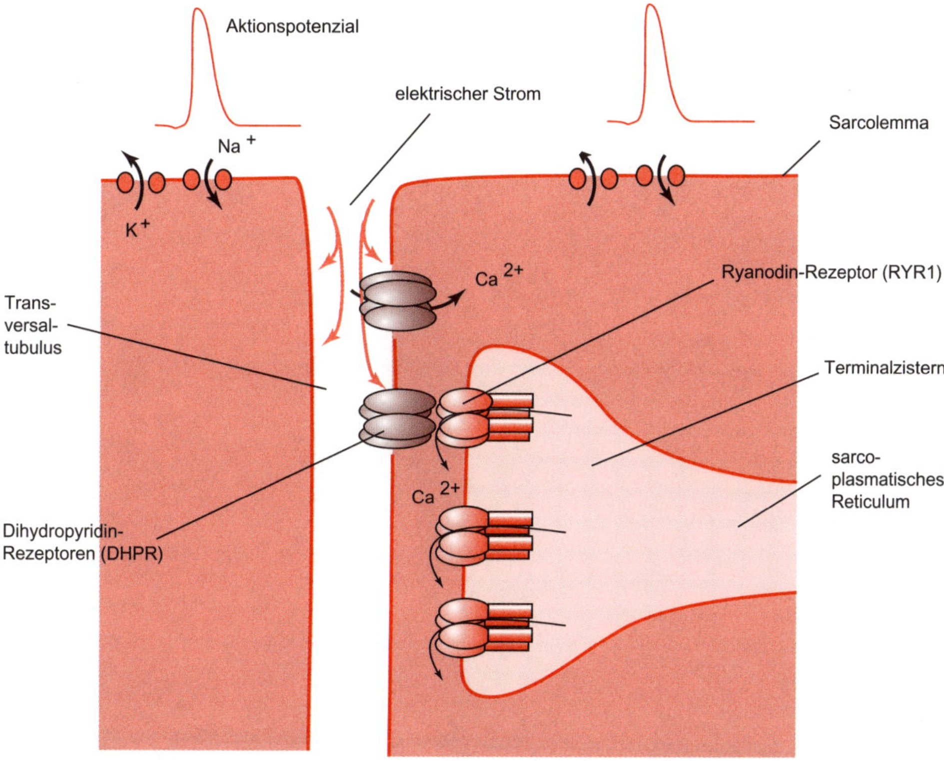

Abb. 3 Molekulare Freisetzungsmechanismen von Calcium aus dem sarcoplasmatischen Reticulum

Im Ruhezustand wird Calcium hauptsächlich im sarcoplasmatischen Reticulum gespeichert. Das Aktionspotenzial, das sich regenerativ entlang der Membran verbreitet, bewirkt die Ausbildung eines elektrischen Stroms entlang der Transversaltubuli (Abb. 3).

Zunächst bewirkt die Depolarisation der Transversaltubuli-Membran die Öffnungvon spannungsempfindlichen Calcium-Kanälen (Dihydropyrin-Rezeptoren). Dies bewirkt einerseits einen Calciumfluss durch die Membran (im Skelettmuskel vernachlässigbar) und andererseits die Aktivierung der Ryanodin-Rezeptoren, die in der Membran des sarcoplasmatischen Reticulums liegen, was zur Ausschüttung von Calcium aus dem Reticulum ins Cytoplasma führt. Im Herzmuskel wird dieser Vorgang durch ins Cytoplasma einströmende Calcium stimuliert (*calcium induced calcium release*). Die erhöhte Ca^{2+}-Konzentration ermöglicht in beiden Fällen eine Folge von molekularen Muskelkontraktionsvorgängen.

21 Reflexe und kontrollierte Bewegung

Worum es geht:
Muskel, Motorik, Nervensystem

Die motorische Bewegung benötigt Effektoren, die Skelettmuskeln, und das Nervensystem, das wiederum die Effektoren kontrolliert.

Diese Bewegungskontrolle durch das Nervensystem kann vom einfachen Reflex bis zur Feinkontrolle der Bewegung verschiedenste Formen annehmen.

1. Medulläre Reflexe

Gewisse Sinnesreize können bei den meisten Tieren eine stereotype, beliebig wiederholbare, motorische Reaktion auslösen, die als **Reflex** bezeichnet wird. Bei Wirbeltieren werden dabei ein oder mehrere sensorische Rezeptoren angesprochen, die den Reiz über afferente Bahnen an ein Nervenzentrum (das Rückenmark) weiterleiten. Dort wird ein Impuls über efferente motorische Bahnen an den Effektor (Muskel) weitergeleitet, der eine entsprechende Bewegung ausführt (Abb. 1A).

Im Fall des Beugereflexes sind die sensorischen Rezeptoren Hautrezeptoren, das Nervenzentrum ist das Rückenmark, und die effektorische Bahn besteht aus den Beugemuskeln des entsprechenden Gliedmaßes.

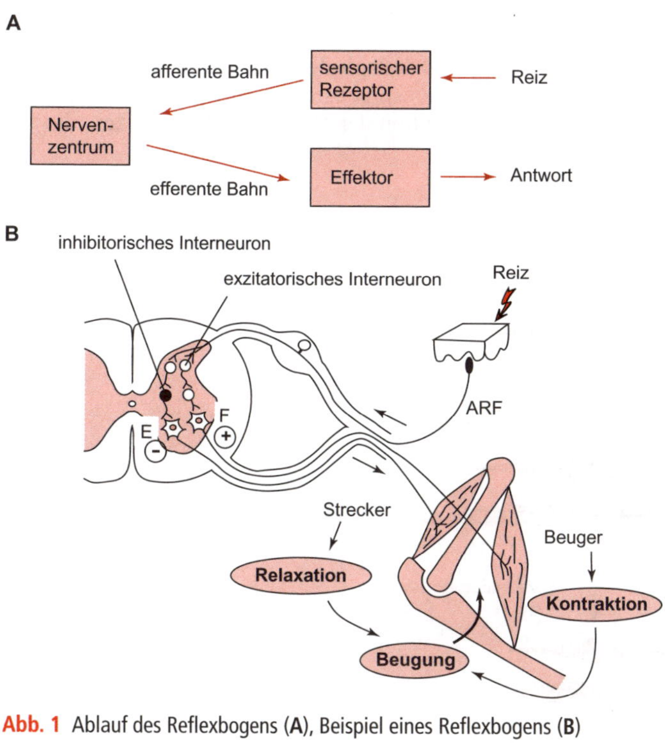

Abb. 1 Ablauf des Reflexbogens (A), Beispiel eines Reflexbogens (B)

Die Sinnesfasern sind dünne Fasern in der Haut, aber auch in Muskeln und Gelenken. Diese Fasern werden als afferente Reflexfasern (**ARF**) bezeichnet. Sie enden im Vorderhorn des Rückenmarks, wo sie synaptische Verbindungen mit einem Netz von Interneuronen knüpfen, die dann Impulse an Motoneuronen weiterleiten (Abb. 1B).

Tiere mit einem festen Skelett können im Allgemeinen die beiden Schenkel des Gelenks schließen (Beugung) oder den Gelenkwinkel öffnen (Streckung). Diese Bewegungen werden durch antagonistische, nämlich beugende und streckende, Muskelgruppen ermöglicht.

So kann ein Gliedmaß nur durch die Hemmung des antagonistischen Streckmuskels des gleichen Gliedmaßes gebeugt werden. Beim Reflexbogen stimulieren die prämotorischen Interneuronen die Motoneuronen der Beugemuskeln und hemmen die Motoneuronen der Streckmuskeln.

2. Körperhaltung

Die **Körperhaltung** ist eine besonders stabile Position des Körpers im Raum ohne bewusste Kontrolle. Sie ist dennoch ein aktives Phänomen, das eine Stützmotorik unter Kontrolle des Nervensystems erfordert. Diese Motorik hilft, die Schwerkraftwirkung zu überwinden, den Körper im Gleichgewicht zu halten und dieses Gleichgewicht noch mit willkürlichen Bewegungen zu koordinieren.

In der Haltung ist einer der eingesetzten Kontrollmechanismen dem **Dehnungsreflex** (myotatischen Reflex) unterworfen, der einem Regelkreis der Muskellänge entspricht. Die intrafusalen Fasern in der Muskelspindel, die Dehnungsrezeptoren des Muskels, besitzen eine differenzierte zentrale Region, die gedehnt wird, während die polaren Regionen ihre motorische Innervierung an den Muskelspindelendungen beibehalten. Diese Innervierung wird durch dünne motorische Fasern, den sog. γ-Nervenfasern gewährleistet. Die Erregung der γ-Fasern bleibt zunächst ohne direkte Wirkung auf den gesamten Muskel, da ihre Anzahl zu geringfügig gegenüber der Muskelmasse ist. Jedoch erzeugt die Erregung eine indirekte Muskelkontraktion, eine Dehnung der zentralen Zone der **Muskelspindel** und das Abfeuern von Aktionspotenzialen, die der Ausdehnung des Muskels entsprechen. Die **Ia-Fasern** leiten die Erregung an **α-Motoneuronen** weiter, die die Kontraktion der Muskelfasern bewirken, die zur Muskelspindel gehören (Abb. 2).

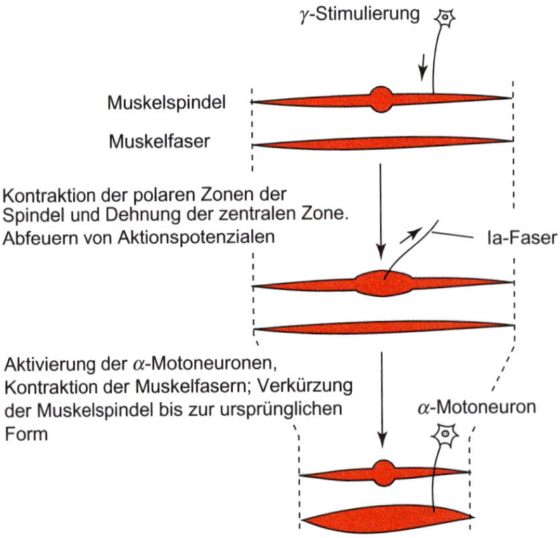

Abb. 2 Regelkreis der Ia-Fasern und α-Motoneuronen

Dieses Regelsystem des Dehnungsreflexes tritt in zwei physiologischen Situationen in Kraft:

- Es kontrolliert die Körperhaltung per „Fernbedienung“. Über die γ-Motoneuronen reguliert das Zentralnervensystem die Muskellänge, die die Neuronen des Rückenmarks über den Dehnungsreflex aufrecht erhalten.
- Bei willkürlicher Bewegung arbeiten α- und γ-Systeme zusammen und regeln die reibungslose Reizleitung einerseits aus den Nervenzentren und andererseits aus den Muskelspindeln.

3. Willkürliche Bewegung

Die willkürliche Bewegung ist ein bewusster, mehr oder weniger zielgerichteter, motorischer Vorgang (einen Gegenstand greifen, schreiben, ein Werkzeug handhaben). Bei Säugetieren wird die Bewegung durch mehrere Großhirnregionen gesteuert, die sie an α- und γ-Motoneuronen des Rückenmarks weiterleiten.

Der **Motorcortex**, von dem aus die motorischen Befehle ins Rückenmark geleitet werden, ist das primär motorische Areal. Es liegt direkt vor der Rolandschen Furche. Jeder Punkt dieser Rindenregion ist für die Kontraktion eines bestimmten Muskels der kontralateralen Körperseite verantwortlich. Die somatotopische Gliederung entspricht jener des somatosensorischen Areals, die hier die gesamte Muskulatur darstellt („Homunculus“) (Abb. 3).

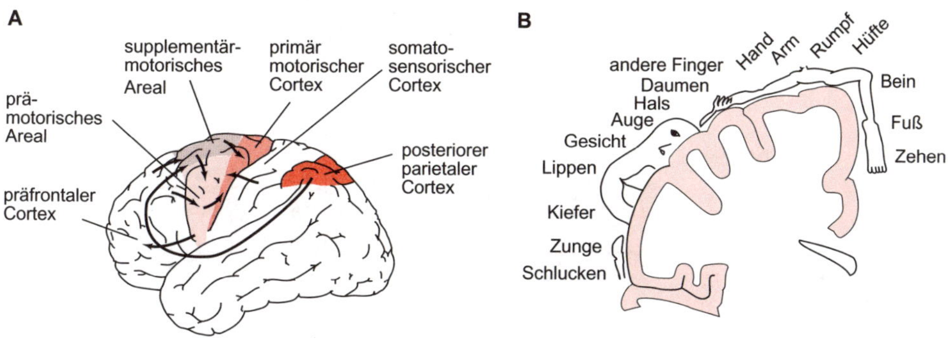

Abb. 3 Motorische Großhirnrindenareale (**A**) und somatotopischer Aufbau der primärmotorischen Areale im Transversalschnitt (**B**)

Vor dem primär motorischen Cortex liegen zwei andere Hirnrindenareale, die an der Bewegungsausführung beteiligt sind, das **prämotorische Areal** in lateraler Position und das **supplementär-motorische Areal** in zentraler Position, beide haben ebenfalls eine somatotopische Gliederung (Homunculus).

Bevor die willentliche Bewegung ausgeführt werden kann, wird sie im Zentralnervensystem in den **Basalganglien** vorprogrammiert. Im Verlauf der Bewegung werden präzise Veränderungen der Muskelspannung zur Feinkontrolle von anderen Hirnstrukturen, besonders durch das **Kleinhirn**, geregelt.

22 Kreislaufsysteme der Tiere

Worum es geht:
Sekundäre Leibeshöhle, Blut, Herz, Gefäße, offenes und geschlossenes System

Der Stofftransport bei einfachen mehrzelligen (diploblastischen) oder aus wenigen Zellen bestehenden Organismen geschieht wie bei Einzellern durch einfache Diffusion zwischen der Umwelt und den Zellen.

Dagegen genügt die Diffusion bei großen Tieren nicht mehr zum Stoffaustausch mit der Umwelt. Bei Tieren ist der extrazelluläre Raum daher in ein mehr oder weniger stark durchblutetes Kreislaufsystem aufgegliedert.

1. Bewegung des Innenraumes

a) Durch einfaches Durchmischen

In den einfachsten Fällen (triploblastische Acoelomata) gewährleisten die Körperbewegungen des Tieres eine Durchmischung und einen begrenzten Kreislauf der interstitiellen Flüssigkeit (Abb. 1A). Mit dem Auftreten eines Kreislaufsystems beschränkt sich die Bewegung auf einen Teil der Körperflüssigkeiten.

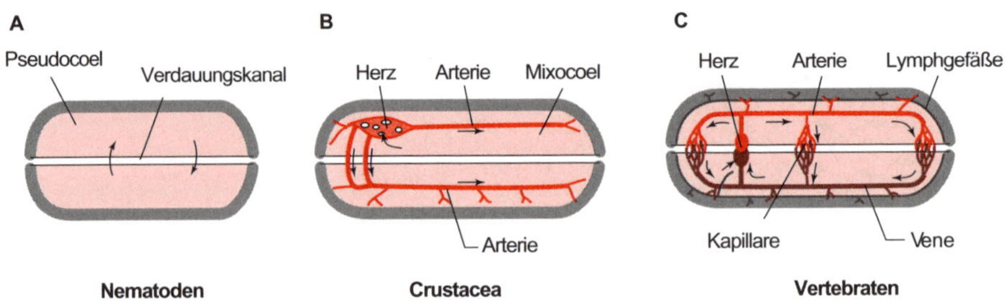

Abb. 1 Schematischer Aufbau der Kreislaufsysteme von Körperflüssigkeiten
A: einfaches Durchmischen bei Nematoden; **B**: offenes Kreislaufsystem bei Crustaceen; **C**: geschlossenes Kreislaufsystem bei Vertebraten

b) Offenes Kreislaufsystem

Die meisten Arthropoden und Mollusken haben ein Kreislaufsystem, in dem das Blut in Gefäßen kreist, die in der Leibeshöhle offen enden (Abb. 1B). Ostien im interstitiellen Raum leiten die Hämolymphe zurück zum Herzen. Offene Kreislaufsysteme sind ohne Antriebsorgan nicht sehr effektiv. Das Herz als Pumpe bedeutet eine Erhöhung der Wirksamkeit, aber durch die Offenheit des Systems sind sowohl der Druck als auch die Geschwindigkeit des Kreislaufes begrenzt, und damit auch die Nahrungszufuhr.

c) Geschlossenes Kreislaufsystem

In einem geschlossenen Kreislaufsystem wird das Blut durch ein Herz (oder zwei Herzhälften) in Bewegung gehalten. Es kreist in einem Gefäßsystem ständig unter Druck und verlässt das Herz in anderen Gefäßen als denen, in denen es zurückkehrt. Der Gasaustausch findet in Gefäßen mit dünnen Wänden, den Kapillaren, statt.

Die völlige Eingrenzung der zirkulierenden Körperflüssigkeiten tritt bereits in den primitiven Tierreichen, z. B. den Anneliden oder den zu den Mollusken gehörenden Cephalopoden auf, aber hauptsächlich bei den Vertebraten (Abb. 1C).

Durch ein solches System kann das Blut schnell und mit hohem Blutdruck kreisen, und andererseits kann der lokale Zustrom rasch durch Erweiterung oder Verengung der Gefäße feingeregelt werden.

2. Das Herz, Organ der Durchblutung

In einem geschlossenen Kreislaufsystem wird das Blut entweder durch die Körperbewegung (bei Anneliden), durch die Kontraktion bestimmter Gefäßsegmente oder durch die rhythmische Bewegung eines Herzens (bei Vertebraten) in Umlauf gebracht. Von letzterem gibt es zahlreiche Varianten, aber der wichtigste Evolutionsschritt war die Einteilung in Kammern. Der Grad der Trennung der Kammern steht im Zusammenhang mit der Evolution des Atemsystems und der Entwicklung der Lunge.

a) Nicht getrennter Kreislauf

Nicht durch Scheidewände unterteilte Herzen bestehen aus einer unterschiedlichen Anzahl von Kammern (eine bis vier), die in Serie geschaltet sind. Bei den echten Knochenfischen (Teleostei) z. B. gibt es einen der Vorkammer vorgeschalteten nicht-kontraktilen Venensinus und einen Bulbus arteriosus, oder bei den Plattenkiemern (Elasmobranchii) einen dem Ventrikel nachgeschalteten Arterienkegel (Abb. 2B). Der Blutkreislauf wird durch aufeinanderfolgende Kontraktionen der Vorkammer, der Kammer und schließlich des Bulbus arteriosus angetrieben.

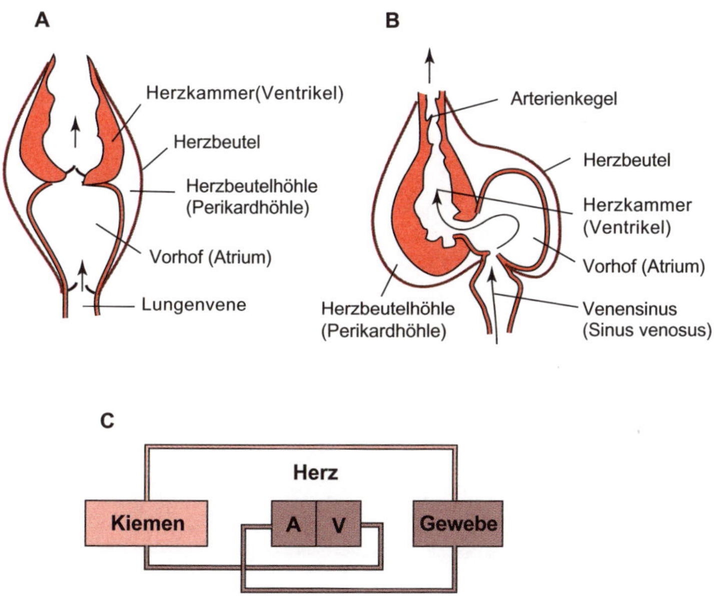

Abb. 2 Nicht unterteilte Herzen
A: Zweikammriges Herz (Mollusken); **B:** Vierkammriges Herz (Teleostei); **C:** Platz des Herzens in diesem Kreislaufsystem

b) Getrennter Kreislauf

Bei Krokodilen, Vögeln und Säugetieren ist die Unterteilung der Herzen durch Scheidewände vollständig; es gibt zwei Vorhöfe und zwei Herzkammern (Abb. 3A). In Aufbau und Funktion gibt es zwei getrennte, in Serie geschaltete Herzhälften und zwei Blutkreisläufe ohne Vermischung des sauerstoffreichen und -armen Blutes, den Lungenkreislauf und den Körperkreislauf. Das gesamte Blut fließt nacheinander durch beide Herzhälften, jeweils über den Vorhof und die Herzkammer.

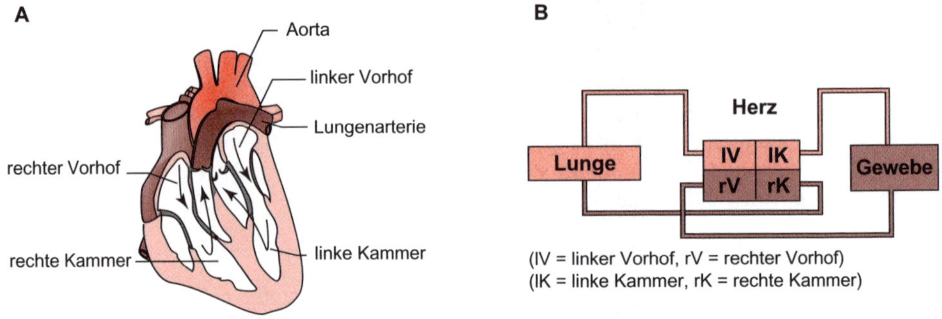

Abb. 3 Unterteiltes Herz, **A:** Säugetierherz, **B:** Platz des Herzens in diesem Kreislaufsystem

23 Kreislaufsystem des Menschen

Worum es geht:
Herz, Arterie, Vene, Kapillare, Blutdruck, Herzkreislauf, Systole, Diastole

Bei mehrzelligen Organismen genügt die einfache Diffusion der Moleküle innerhalb des interstitiellen Raumes nicht, um die Stoffwechselbedürfnisse der Zellen zu befriedigen. Der Kreislauf der Körperflüssigkeiten beschleunigt den Transport der Moleküle zwischen den Austauschoberflächen und den Organen. Herz und Gefäße sind die zentralen Elemente des Blutkreislaufs.

1. Allgemeiner Aufbau des menschlichen Kreislaufs

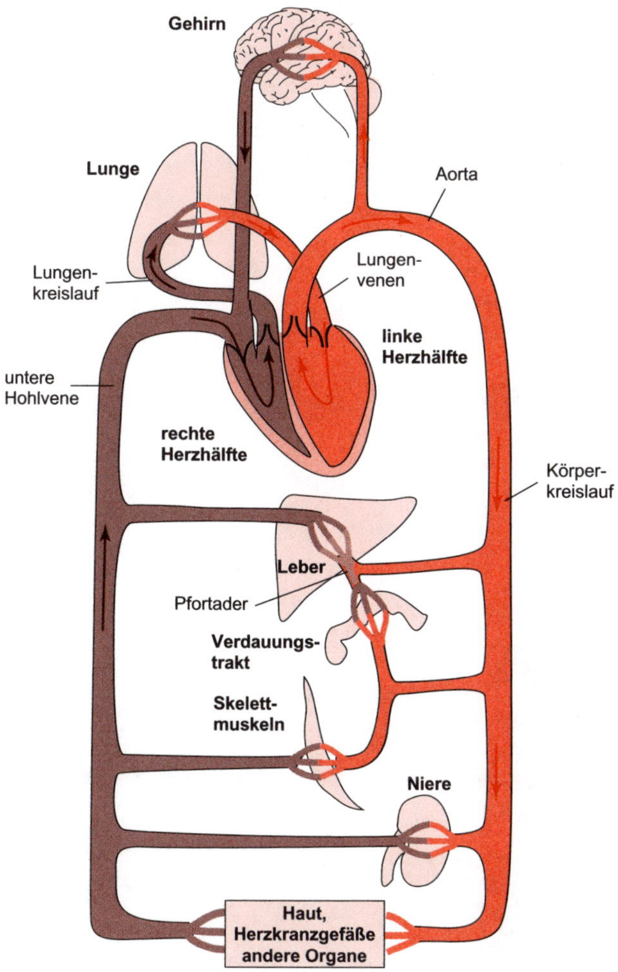

Abb. 1 Schema des kardiovaskulären Systems

Im geschlossenen Kreislauf gewährleistet das kardiovaskuläre System die Verbindung zwischen den einzelnen Organen. Das Blut wird mit Hilfe einer Pumpe (Herz) in Umlauf gebracht. Ein dichtes Netz von Gefäßen verteilt das Blut im gesamten Organismus; Arterien, in denen das Blut das Herz verlässt, Venen, die das Blut zum Herzen zurückbringen, und Kapillaren, die intermediär zwischen Arterien und Venen den Austausch mit anderen Körperflüssigkeiten fördern (Abb. 1). Bei Säugetieren (z. B. Menschen) ist das Herz in Kammern unterteilt, die zwei funktionelle Herzhälften bilden, die linke und rechte Herzhälfte. Diese Aufteilung hat zur Folge, dass zwei Kreisläufe in Serie geschaltet sind, der Körperkreislauf, der von der linken Herzhälfte ausgeht, und der Lungenkreislauf von der rechten Herzhälfte ausgehend.

2. Das Herz, Motor des Blutkreislaufs

Das Herz ist ein Hohlmuskel und Ausgangsorgan der Blutbewegung im Gefäßkreislauf. Es ist in zwei voneinander unabhängige Pumpen aufgeteilt, linke und rechte Herzhälfte, die beide aus zwei Hohlräumen bestehen, einem **Vorhof (Atrium)** und einer **Herzkammer (Ventrikel),** die untereinander durch eine **Atrioventricularklappe (Segelklappe)** verbunden sind.

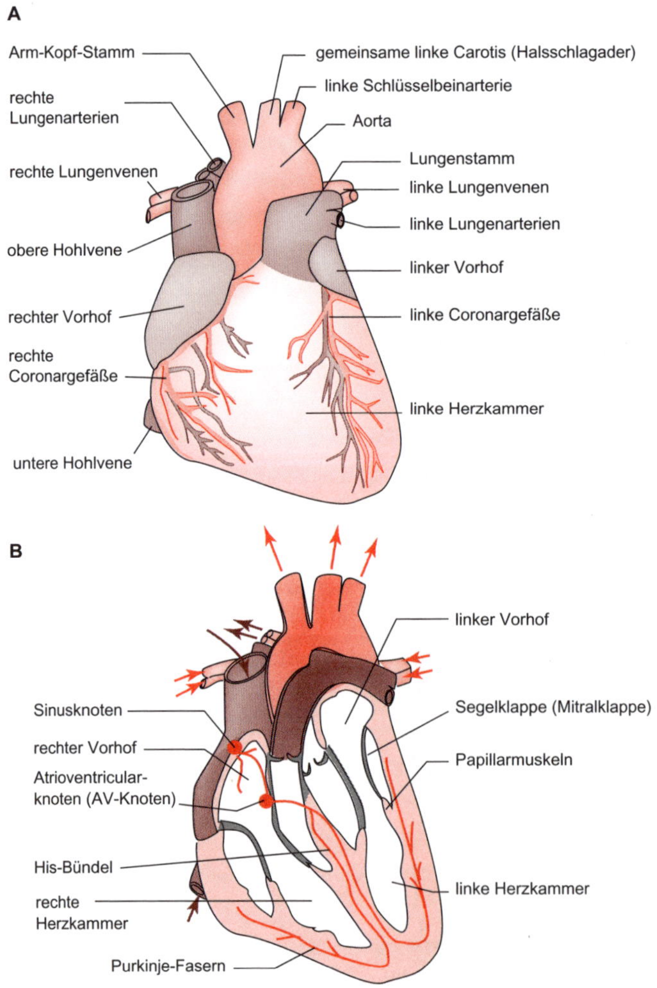

Abb. 2 **A:** Vorderansicht des Herzens, **B:** Längsschnitt, Stellung der Vorhöfe, Kammern und Knotengewebe

Das Blut fließt aufgrund des örtlichen Blutdruckunterschieds in die Hohlräume. Die rechte Herzhälfte empfängt das Körperblut der Hohlvenen im Vorhof. Das Blut strömt dann durch die **Trikuspidalklappe** in die rechte Herzkammer und wird durch die **Pulmonalklappe** in die Lungenstrombahn gepumpt. Die linke Herzhälfte empfängt mit Sauerstoff angereichertes Blut durch die Lungenvenen. Das Blut fließt durch die **Mitralklappe** in die Herzkammer und wird durch die **Aortenklappe** zur Aorta gepumpt (Abb. 2).

In einem Herzzyklus muss das Herz sowohl für den Blutausstrom bei der Kontraktion (Systole) als auch für das Auffüllen in der Entspannungsphase (Diastole) sorgen. Der Herzrhythmus lässt sich in vier Phasen aufteilen (Abb. 3):

- Auffüllen der Herzkammern
- Druckphase in den Kammern
- Blutausstrom
- Erschlaffungsphase der Herzkammern

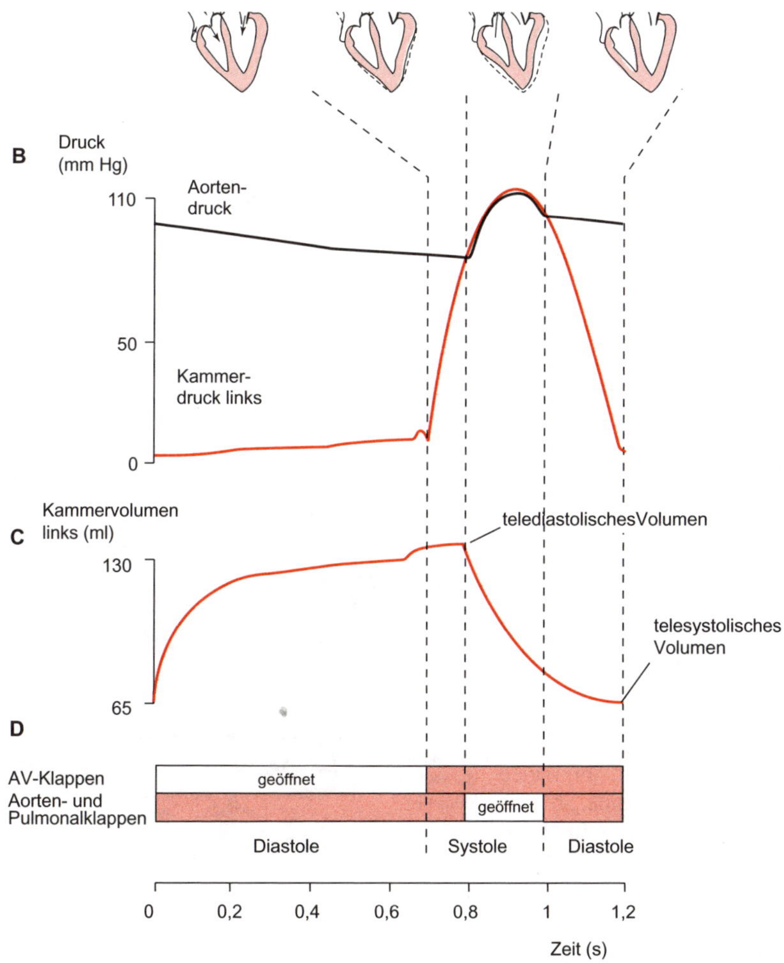

Abb. 3 Herzkreislauf beim Menschen
A: Phasen des Zyklus, **B:** Aorten- und linker Herzkammerdruck, **C:** Kammervolumen links, **D:** Stellung der Klappen

Bei jeder Kontraktion wirft eine Kammer eine bestimmte Menge Blut aus, das sog. systolische Auswurfvolumen. Es stellt die Differenz zwischen dem Volumen des Auffüllens (telediastolisch) und dem Restvolumen nach Auswurf (telesystolisch) dar, und beträgt beim Menschen 70 bis 85 ml (Abb. 3). Das **Herzzeitvolumen** ist die Menge des Blutes, das in einer Zeiteinheit ausgeworfen wird und beträgt ungefähr 5 Liter pro Minute, kann aber durch neuronale oder hormonale Einwirkung variieren.

3. Gefäße

a) Drei Gefäßtypen

Das Blut fließt bei der Ventrikelsystole (Kammersystole) aus dem Herzen und kreist dann in einer Reihe von verzweigten Gefäßen (Adern), bevor es zum Herzen zurückkommt. Man unterscheidet drei große Typen von Gefäßen: Arterien, Venen und Kapillaren. Die Wand der Gefäße besteht aus mehreren Schichten (Tunica), deren Stärke je nach Gefäßtyp variiert (Abb. 4).

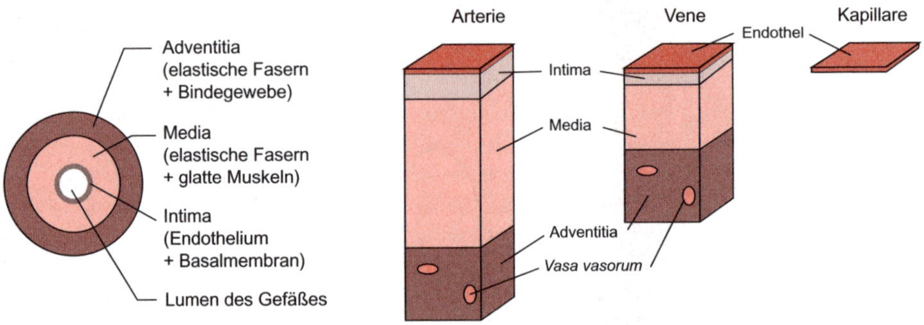

Abb. 4 Allgemeiner Aufbau eines Blutgefäßes und Besonderheiten der Arterien, Venen und Kapillaren

b) Leitungs- und Austauschsystem

Alle Gefäße ermöglichen den Blutkreislauf, aber jeder Gefäßtyp hat eine spezifische Funktion aufgrund seiner besonderen Struktur.

Die Aorta und die großen Körperarterien enthalten wenige glatte Muskeln, aber viel Kollagen und elastische Fasern, die ihr Elastizität und Compliance verleihen, d. h. das Volumen kann unter Druckänderung variieren. Dank dieser hohen Aorten-Compliance kann die Aorta in der Systole eine größere Menge Blut aufnehmen, um es anschließend in der Diastole wieder abzugeben (Abb. 5).

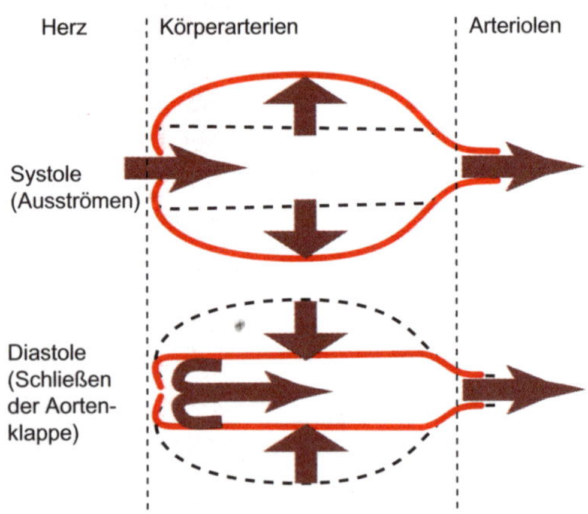

Abb. 5 Veränderungen der Aorta und der großen Arterien bei Systole und Diastole

- Die Wände der **Arteriolen** weisen glatte Muskelfasern auf, die ihnen vasomotorische Eigenschaften verleihen. Diese Vasokonstriktion (Gefäßverengung) beeinflusst den Gefäßdurchmesser und den Strömungswiderstand. Durch die Arteriolen kann der davor liegende hohe arterielle Blutdruck aufrecht erhalten werden (Abb. 6C). Dieser Druckvorrat wird durch ein geringeres Blutvolumen ermöglicht und regelt wirksam den Blutstrom im nachgeschalteten Austauschbereich (Kapillaren).

- Die einzelnen **Kapillaren** sind sehr kleine Gefäße. Sie sind jedoch netzförmig organisiert und bilden die globalen Austauschbereiche des Blutes (Abb. 6A). Beim Übergang in das kapillare Segment fließt das Blut sehr langsam. Außerdem ist die kapillare Zellwand mit nur einer Zellschicht sehr dünn, was die Diffusion erleichtert. Diese beiden Eigenschaften ermöglichen den Austausch zwischen dem Blut und der interstitiellen Körperflüssigkeit (Abb. 6B).
- **Venen** haben eine hohe Compliance, d. h. sie können ihr Volumen in großem Maße den Druckveränderungen anpassen. Dadurch können sie eine große Menge Blut speichern, während die anderen starren, unnachgiebigen Gefäße anteilmäßig weniger Blut enthalten (Abb. 6D). Mehr als zwei Drittel des Blutes befinden sich im venösen Abschnitt des Kreislaufs.

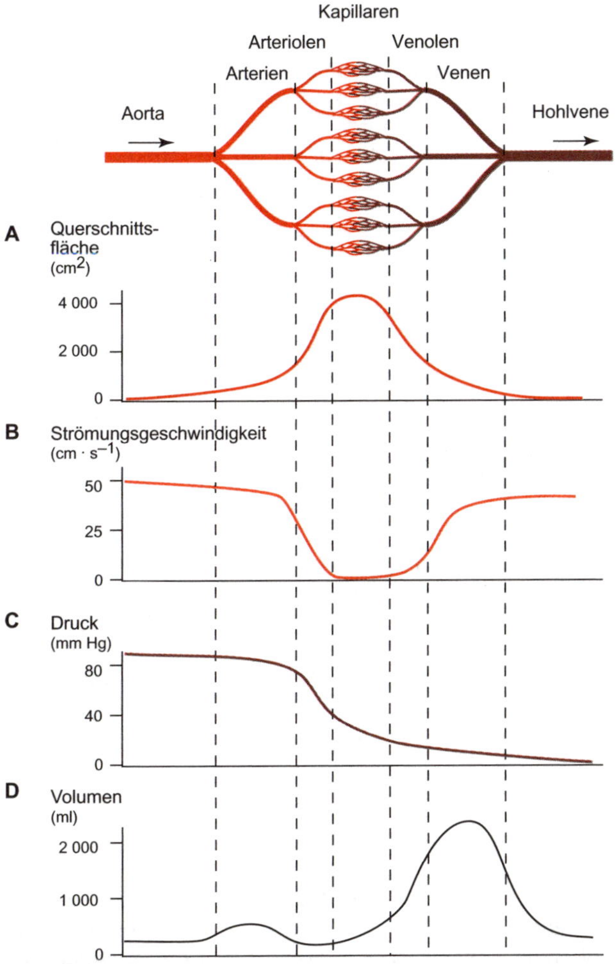

Abb. 6 Verteilung von Querschnittsfläche (**A**), Strömungsgeschwindigkeit (**B**), Druck (**C**) und Volumen (**D**) in den einzelnen Abschnitten des Gefäßsystems

4. Arterieller Blutdruck reguliert vom Blutkreislauf

Der **arterielle Blutdruck** ist der Blutdruck, der in den großen Körperarterien herrscht. Dieser Druck pulsiert mit einem Maximum in der Systole und einem Minimum in der Diastole. Unter Standardbedingungen erreichen systolische und diastolische Blutdruckwerte bei einem jungen Erwachsenen ungefähr 16 kPa (125 mm Hg) bzw. 10 kPa (75 mm Hg) (Abb. 7).

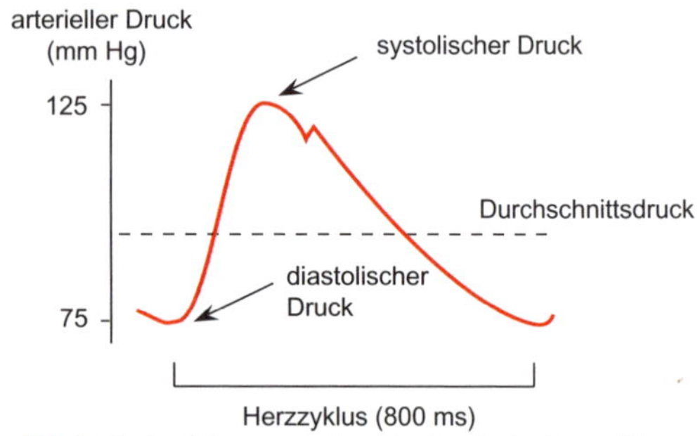

Abb. 7 Verlauf des arteriellen Blutdrucks im Herzzyklus

Die Faktoren, die den arteriellen Druck bestimmen, entsprechen dem Produkt aus dem **Herzzeitvolumen** und dem **gesamten peripheren Gefäßwiderstand** (Abb. 8). Der periphere Widerstand wird hauptsächlich von den Arteriolen bestimmt, die durch endokrine und neuronale Faktoren beeinflusst werden können. Das Herzzeitvolumen wird durch das systolische Auswurfvolumen und die Herzfrequenz vorgegeben.

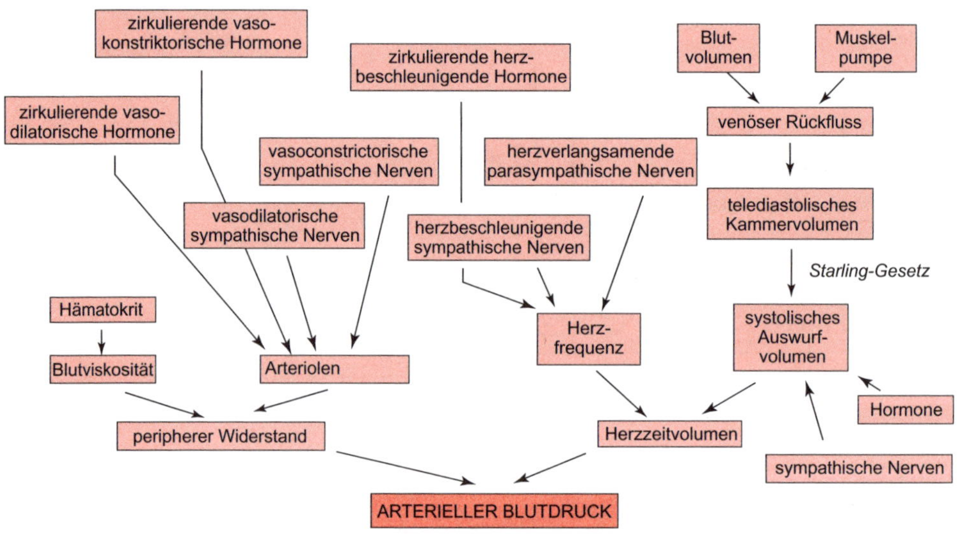

Abb. 8 Faktoren, die den Blutdruck beeinflussen

Nach dem Prinzip des geschlossenen Regelkreises wird eine Variable gemessen, mit vorgegebenen Werten verglichen und durch Effektoren ausgeglichen. Im Fall des arteriellen Blutdrucks übernehmen Druckrezeptoren der Aorta und der Halsschlagadern das Messen. Die Sinneseindrücke werden im Nachhirn (Medulla oblangata) verarbeitet. Aus Kontrollzentren im verlängerten Rückenmark werden efferente Signale über Nervenbahnen, orthosympathisch und parasympathisch, in Richtung der Effektoren, d. h. des Herzens und der Gefäße, weitergeleitet. Die Wirkung auf das Herzzeitvolumen und auf den Gefäßwiderstand bestimmt letztendlich den arteriellen Druck.

24 Innere Atmung

Worum es geht:
Oberflächenvergrößerung, innere und äußere Atmung, Kreislauf, Sauerstoff, Kohlendioxid

Die meisten Zellen eines Organismus beziehen ihre Energie aus der Oxidation organischer Substrate. Die Oxidation entspricht der **Zellatmung** (innere Atmung), bei der molekularer Sauerstoff aufgenommen und Kohlendioxid abgegeben wird. Diese mineralischen Verbindungen werden als Atemgase bezeichnet. Für den Organismus bedeutet Atmung den Austausch dieser beiden Gase zwischen dem Körperinneren und der Umgebung. Bei sehr kleinen Tieren oder solchen mit einfachem Aufbau (Einzeller und Diploblasten) genügt der Austausch über die gesamte Körperoberfläche, die sog. **Hautatmung**. Bei höher organisierten Tieren, insbesondere triploblastischen Metazoen, findet dieser Austausch an spezialisierten Organen mit Oberflächenvergrößerung statt. Im Inneren des Organismus werden die Atemgase zwischen Gewebe und Austauschorgan mit spezifischen Transportsystemen über den Blutkreislauf befördert (Abb. 1).

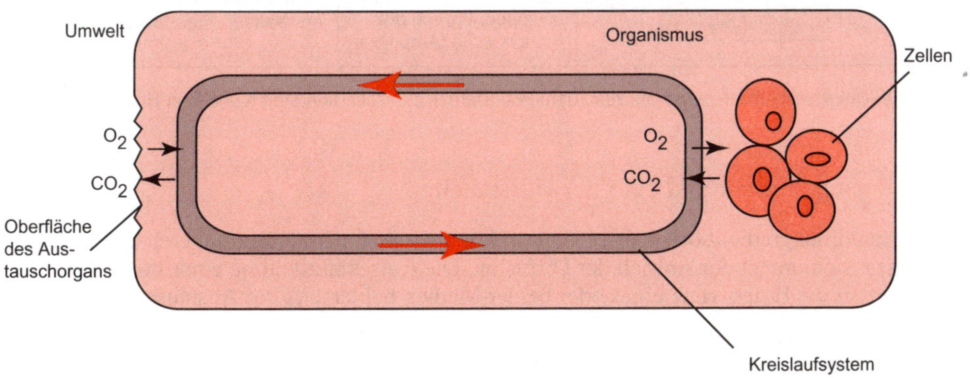

Abb. 1 Schema der Metazoen-Atmung

1. Oberflächen des Atemgasaustausches

Der Gasaustausch zwischen dem Organismus und der Umgebung geschieht, ob im Wasser oder an der Luft, durch **einfache Diffusion**. Die Diffusion ist dem Partialdruckgradienten der Gase und der Oberfläche des Austauschorgans proportional und der Stärke des **Atemepithels** umgekehrt proportional (Fick'sches Gesetz).

Die Medien Luft und Wasser erfordern von den Austauschorganen gewisse Anpassungen.

- Der Sauerstoff der Umgebung steht, je nach Art des Mediums, in unterschiedlichem Zustand zur Verfügung. In der Luft liegt molekularer Sauerstoff gasförmig vor und ist so für die Organismen leicht zugänglich. In Wasser sind Gase löslich, aber je nach Löslichkeit ist ihre Menge variabel; Wasser enthält viel weniger O_2 als Luft, aber die gleiche Menge CO_2.
- Wasser hat eine höhere Dichte und Viskosität als Luft. Es ist folglich energetisch aufwendiger in Bewegung zu setzen.
- Wasser hat einen größeren Auftrieb als Luft; flexible Objekte schweben leichter darin.

- Luft ist wasserarm und trocknet aus, das wiederum erfordert die Verlegung der Atemorgane nach innen.

Diese Anforderungen führen zu verschiedenen Anpassungstypen der Atemorgane, abhängig von den Lebensbedingungen und dem Bauplan der Organismen (Abb. 2).

Austauschorgan	Tierkörper	Umgebung	Beispiele	Besonderheiten der Struktur
Tegument	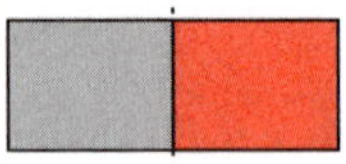	Luft Wasser	Oligochaeten (Anneliden), Springschwänze (Insekten)	einfache Struktur, kompatibel mit Atmung im Wasser oder feuchter Luft
Lunge	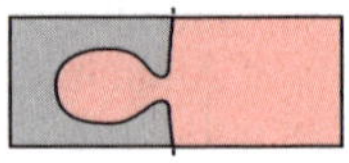	Luft	Lungenschnecken, vierbeinige Wirbeltiere	Einstülpung begrenzt Austrocknung, angepasst an Luft
Tracheensystem	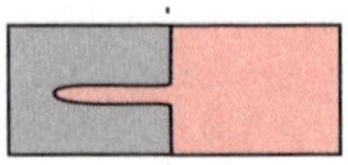	Luft	Spinnentiere Insekten	besondere, eingestülpte Struktur, wenig austrocknend, Atemgase direkt in Kontakt mit Zellen
Kiemen	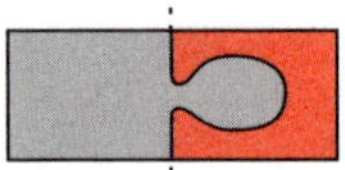	Wasser	Polychaeten (Anneliden), Mollusken, Fische, Kaulquappen, Larven der Froschlurche (Amphibien)	Ausstülpung (Ausdehnung) vermeidet äußere Strömung, an Wasser angepasst

Abb. 2 Wichtigste Oberflächensysteme zum Atemgasaustausch zwischen Tierkörpern und ihrer Umgebung

2. Strömung interner und externer Flüssigkeiten

Der Partialdruckgradient der verschiedenen Gase zwischen dem Körperinneren und dem umgebenden Medium ist der Antrieb der Diffusion. Die Aufrechterhaltung eines hohen Gradienten erfordert die Erneuerung eines oder beider Medien beiderseits des Austauschorgans.

Die **externe Konvektion** oder Bewegung des äußeren Mediums entspricht der **Belüftung**. Sie ist mit der Atemoberfläche der Kiemen, Lungen oder Tracheen verbunden (Abb. 3). Im Fall der Hautatmung gibt es keine aktive Belüftung, und die Bewegung stammt nur von der ursprünglichen Bewegung des Mediums.

Die **interne Konvektion** oder Bewegung des internen Mediums entspricht dem **Blut- und Lymphkreislauf**. Die Lage der internen und externen Konvektionsströme ermöglichen eine mehr oder weniger wirksame Gasaufnahme. So behält z. B. ein Gegenstromsystem einen hohen Gradienten und ermöglicht höheren Austausch (Abb. 3). Im Fall der Tracheenatmung beteiligt sich die hämolymphatische interne Konvektion nicht am Gasaustausch, sondern dieser geschieht direkt zwischen dem Tracheensystem und den Körperzellen.

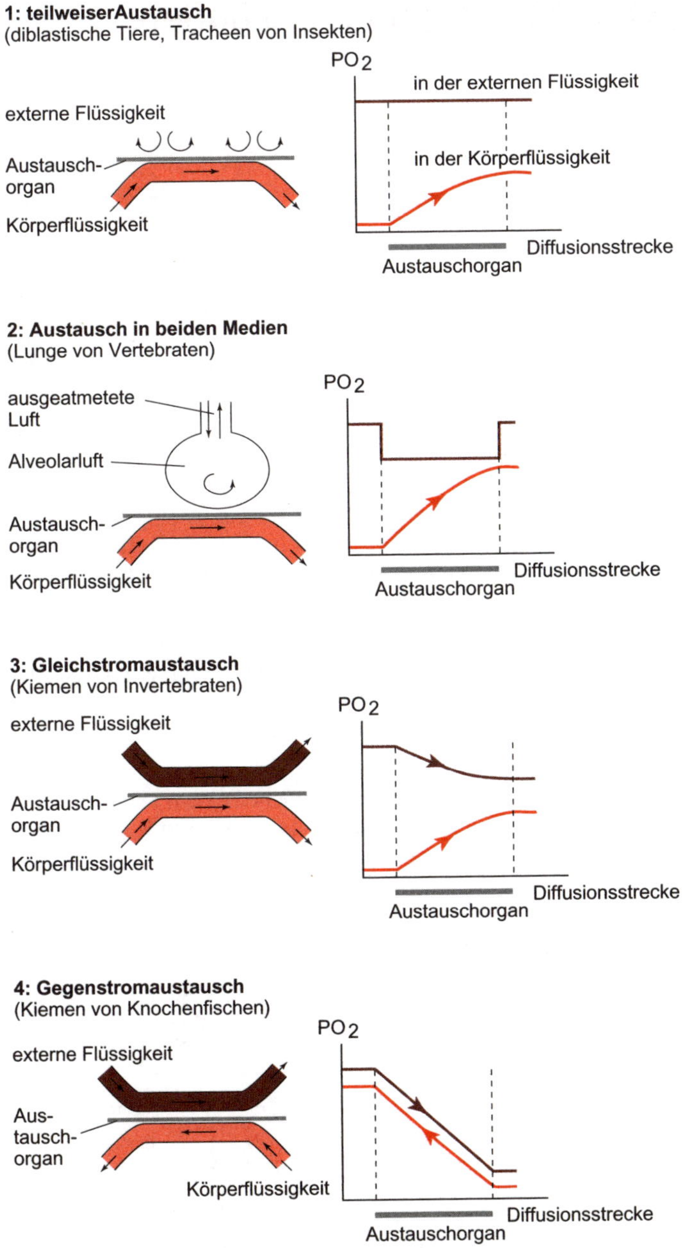

Abb. 3 Partialdruckgradient der Atemgase durch Konvektion der internen oder externen Flüssigkeiten

Die Diagramme stellen den Verlauf des Sauerstoffgehalts in externen und internen Flüssigkeiten auf ihrem Weg innerhalb der Atemorgane dar.

25 Die wichtigsten Atemorgane und äußere Atmung

Worum es geht:
Kiemen, Lunge, Tracheen, Sauerstoff, Kohlendioxid

Bei sehr kleinen Tieren oder solchen mit einem einfachen Aufbau (Einzeller oder Diploblasten) genügt der Austausch über die gesamte **Körperoberfläche**, die sog. Hautatmung. Bei höher organisierten Tieren, insbesondere bei triploblastischen Metazoen, findet dieser Austausch an spezialisierten Organen zur Oberflächenvergrößerung statt, in **Kiemen**, **Lungen** oder **Tracheen**.

1. Kiemen

Kiemen sind spezialisierte Ausstülpungen der Körperoberfläche für den Atemgasaustausch. Man findet diese Organe bei vielen Wirbellosen (Anneliden, Mollusken, Krebsen, etc.) und den im Wasser lebenden Wirbeltieren (Fischen und Larven von Amphibien). Auch große Tiere, die sich viel und schnell bewegen, erhalten genügend Sauerstoff.

Bei den Knochenfischen (Teleostei) liegen die Kiemen in Spalten der Rachenwand und verbinden den Mund-Rachen-Hohlraum mit zwei Kiemenhöhlungen oder -kammern. Diese stehen mit dem externen Medium durch eine Spalte, dem Gehörgang, in Verbindung (Abb. 1A). Mund- und Kiemendeckelbewegungen, die durch eigene Muskulatur bewegt werden, fächeln den Fischen den Wasserstrom zu, der die Kiemen versorgt.

Jede Kieme entwickelt sich im Bereich eines bogenförmigen Knochens, dem Kiemenbogen. Sie besteht aus einer Reihe von Blättern oder Lamellen, die rechtwinklig zum Kiemenbogen stehen (Abb. 1B).

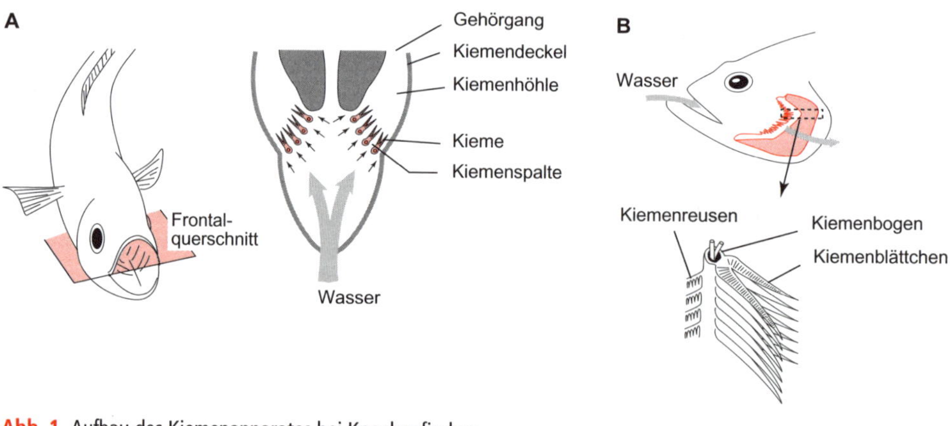

Abb. 1 Aufbau des Kiemenapparates bei Knochenfischen

Die **Sauerstoffversorgung** des Blutes geschieht an den sekundären Ausstülpungen der Kiemenblättchen, die zu diesen rechtwinklig stehen, den Kiemenlamellen. Diese werden von einem Netz von Kapillaren durchzogen, oft ohne eigentliches Endothel (Blutlakune). Das Epithel der Lamellen bildet um die Kapillaren oder die Blutlakunen zwei sehr dünne Blättchen, die durch „Pfeiler“ auseinandergehalten werden. So ist das Blut, das zwischen den Pfeilern kreist, nur durch einige Mikrometer vom Außenmedium getrennt (Abb. 2).

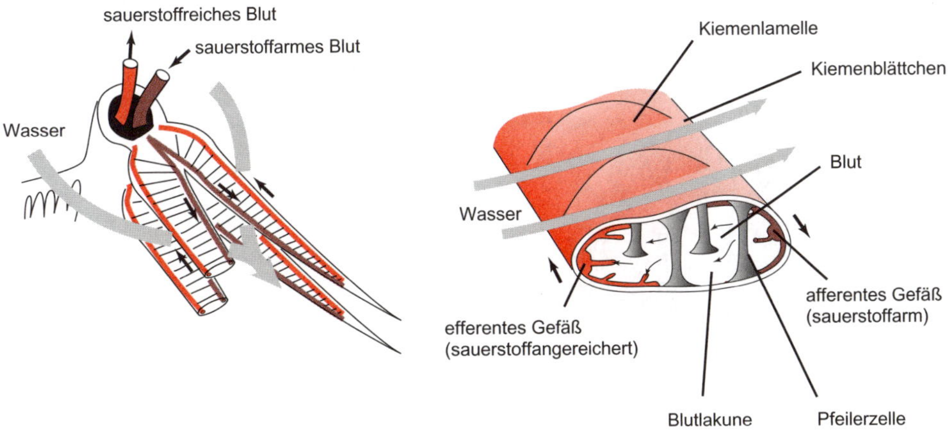

Abb. 2 Zone des Sauerstoffaustausches und Stromrichtung von Wasser und Blut

2. Lungensystem

Alle **Lungen** haben als gemeinsames Merkmal, dass sie stark gefäßdurchzogene Hohlräume sind. Primitive Lungen ohne wirkliches Belüftungssystem gibt es bei einigen Wirbellosen (Lungenschnecken, Landasseln, Spinnentieren). Aktiv belüftete Lungen findet man bei Vögeln. Bei Säugetieren liegt die Lunge im Brustkorb und besteht aus einem losen Parenchym, das von Luftkanälen und Blutgefäßen durchzogen ist.

In der Lunge findet der Kontakt zwischen Luft und Blut auf der Ebene der **Alveolen** statt, kleiner Bläschen mit sehr dünnen Wänden, die direkt mit Blutkapillaren verbunden sind. Die Luftzufuhr erfolgt über ein Luftleitungssystem, den **Bronchien** und **Bronchiolen** (Abb. 3A).

Die große Alveolarfläche (80 m^2 pro Lungenflügel beim Menschen) und die sehr dünne Austauschmembran (0,2 bis 0,4 μm) ermöglichen eine rasche und wirksame Diffusion der Atemgase (Abb. 3B und 3C).

Die Erneuerung der Luft in der Lunge erfolgt, indem die Thoraxmuskeln in der Einatmungsphase und anschließender Ausatmungsphase Druckunterschiede verursachen.

Beim Einatmen werden das Zwerchfell und die (äußeren) Zwischenrippenmuskeln (Inspirationsmuskulatur) zusammengezogen, das verursacht einen Unterdruck – die Luft dringt in die Atemwege ein (Abb. 4). Das Einatmen wird also aktiv von Muskeln ausgelöst. Im Gegensatz dazu ist das Ausatmen ein weitgehend passiver Vorgang. Das Erschlaffen der Muskeln zieht eine Volumenminderung des Brustkorbes und folglich einen Überdruck nach sich, der zum Ausstoß der Luft führt.

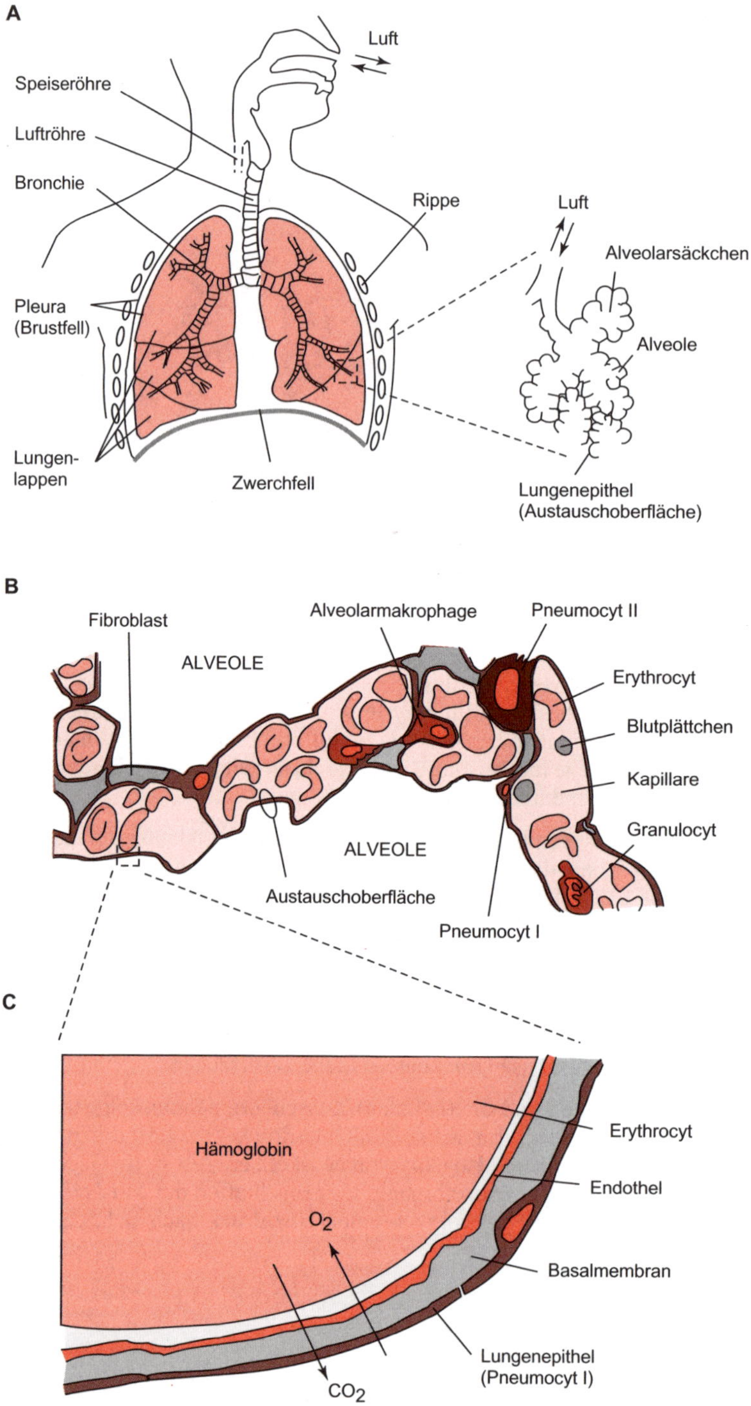

Abb. 3 Allgemeiner Aufbau der Säugetierlunge
A: Lage der Lunge im Brustkorb, **B:** Alveolenwand, **C:** Detail der Alveolenwand, Zone der Sauerstoffaufnahme

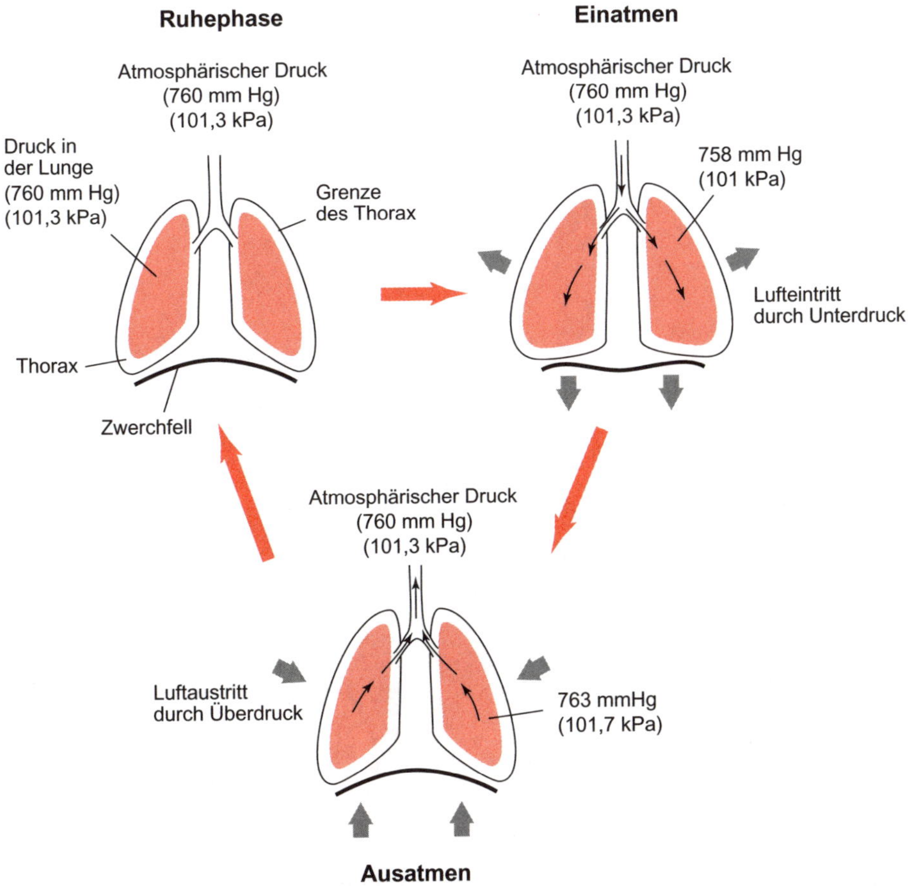

Abb. 4 Druckänderungen im Atemzyklus

3. Tracheensystem

Bei den meisten landbewohnenden Arthropoden wird die Luft direkt durch ein stark verzweigtes Röhrensystem, den **Tracheen**, zu den Geweben geführt (Abb. 5A). Diese Tracheen sind **Einstülpungen der Tegumente**, die mit dem Außenmedium durch kleine Öffnungen, sog. **Stigmen,** in Verbindung stehen.

Im Tracheensystem (Abb. 5) wird der molekulare Sauerstoff in gasförmigem Zustand in direkte Nähe der Zellen gebracht. Dieses System braucht weder spezialisierte Austauschoberflächen noch eine Körperflüssigkeit, die die Atemluft an die Gewebe verteilt (O_2) oder auf dem Rückweg CO_2 nach außen transportiert. Die Luft diffundiert in den Tracheen bis zu den Tracheolarzellen. An den Endungen der **Tracheolen**, kleiner Kapillaren, findet der Gasaustausch mit den umliegenden Zellen statt (Abb. 5D).

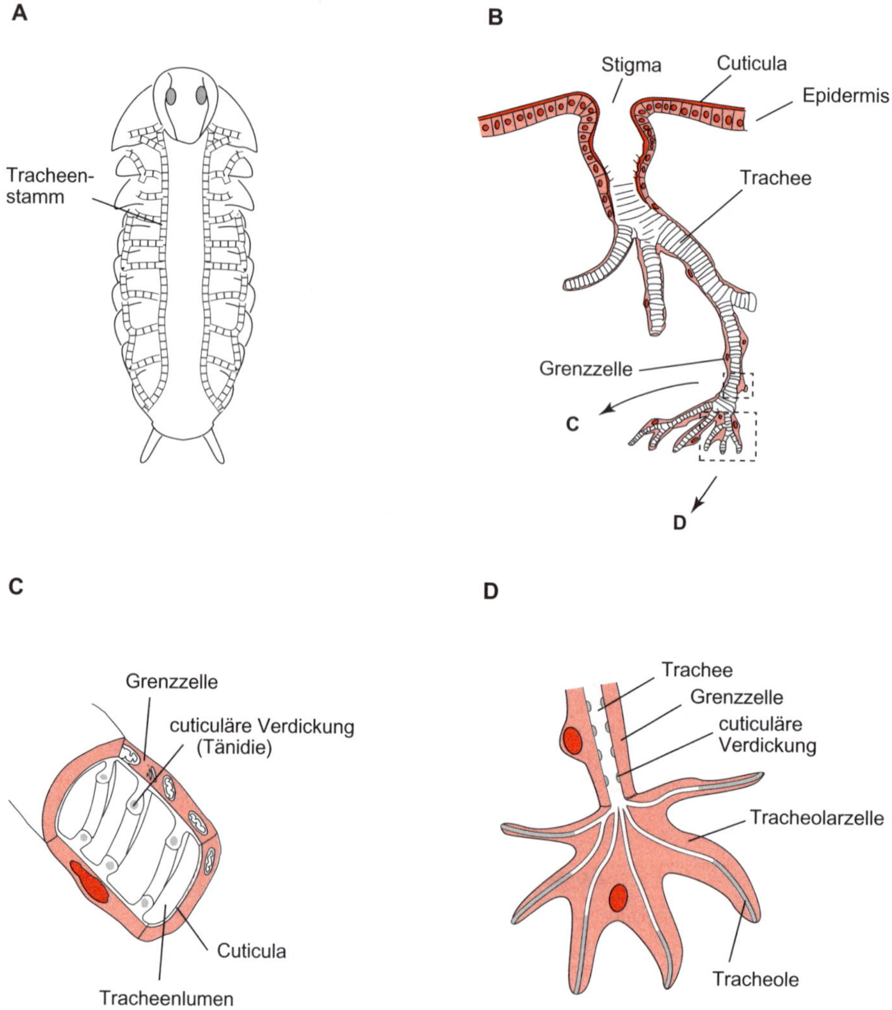

Abb. 5 Struktur einer Insektentrachee
A: Haupttracheenstämme der Küchenschabe, **B:** Allgemeiner Aufbau einer Trachee, **C:** Detail der Tracheenwand, **D:** Endung der Trachee und Tracheolarzelle

26 Transport der Atemgase durch das Blut

Worum es geht:
Sauerstoff, Kohlendioxid, Hämoglobin, Atempigmente

Nach dem Austausch der Atemluft mit der Umgebung werden die Atemgase im Allgemeinen durch spezielle Transportsysteme über den Blutkreislauf zwischen Gewebe und Austauschorgan befördert.

1. Transportformen der Atemgase

Kohlendioxid ist sehr gut in Blut löslich, es kann folglich in gelöster Form transportiert werden. In wässriger Lösung vereinigt sich CO_2 mit Wasser und bildet Hydrocarbonat-Ionen, HCO_3^-. CO_2 kann ebenfalls an Plasmaproteine oder das Hämoglobin der Erythrocyten binden.

Im Gegensatz dazu erfordert die schwache Löslichkeit von Sauerstoff spezifische Transportmoleküle, die den Sauerstoff am Atemorgan fixieren und den Geweben zuführen können. Es gibt verschiedene solcher Transportmoleküle im Tierreich, alle sind metallhaltige Proteine, die auch als respiratorische oder Atempigmente bezeichnet werden: Hämoglobin, Chlorocruorin, Hämerythrin und Hämocyanin. Diese Pigmente sind entweder im Plasma oder in den Erythrocyten zu finden. Bei Wirbeltieren befindet sich Hämoglobin in den Erythrocyten (Abb. 1).

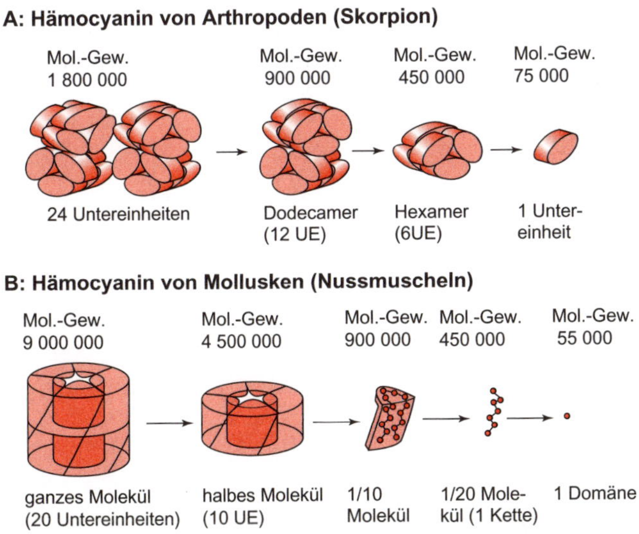

Abb. 1 Hämocyanine von Arthropoden (**A**) und Mollusken (**B**)

2. Hämoglobin, das Transportmolekül der Atemgase

Die Hämoglobine sind tetramere Moleküle, die aus vier Polypeptidketten (Globinen), je zwei gleichen α- und β-Ketten, bestehen. Jede dieser Ketten besitzt einen Hämkomplex aus vier Pyrrolkernen, die untereinander verbunden und um ein einziges zentrales Eisenion (Fe^{2+}) angeordnet sind. Dieses Eisenatom bedingt die Sauerstoffbindung; ein Hämoglobin kann so vier Moleküle Sauerstoff (O_2) fixieren (Abb. 2).

Das Hämoglobinmolekül kann auch CO_2 binden, aber in der Globin- und nicht in der Hämdomäne.

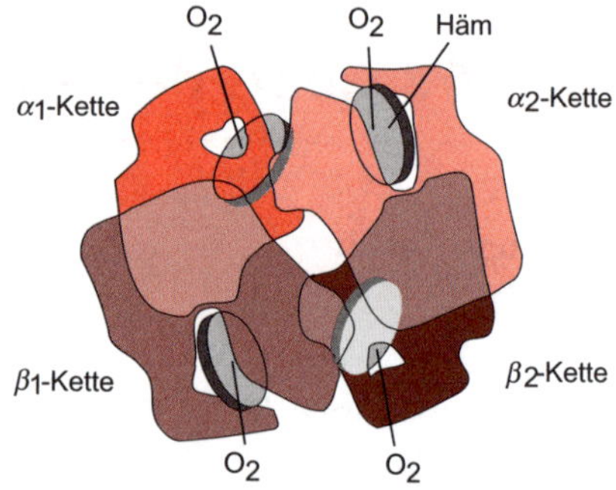

Abb. 2 Struktur des Hämoglobin-Moleküls und der O_2-Fixierung

3. Verteilung und Abgabe der Atemgase

Der Gasaustausch geschieht sowohl in den Alveolen als auch im Gewebe durch **Diffusion, bedingt durch den unterschiedlichen Gaspartialdruck**.

- **In der Lunge** bedingt das Konzentrationsgefälle die Sauerstoffdiffusion ins Blut. Der gelöste Sauerstoff bindet ans Hämoglobin und löst eine Reihe von Reaktionen aus, die zum lokalen Anstieg des CO_2-Gehalts führt (durch Freisetzung von CO_2 vom Hämoglobin und durch Bildung von CO_2 aus HCO_3^-). Der CO_2-Gradient fördert die Diffusion in die Alveolarluft.
- **Im Gewebe** geschieht das Gegenteil. Es wird lokal mehr CO_2 produziert, also geht die Diffusion in Richtung Blut und somit zu einer Erhöhung des CO_2- und HCO_3^- -Gehalts. Damit verbunden ist eine lokale Senkung des Blut-pH, was die Eigenschaften des Hämoglobins verändert und Sauerstoff freisetzt, der am Hämoglobin fixiert war. Der so freigesetzte Sauerstoff ist löslich und kann ins Gewebe diffundieren (Abb. 3).

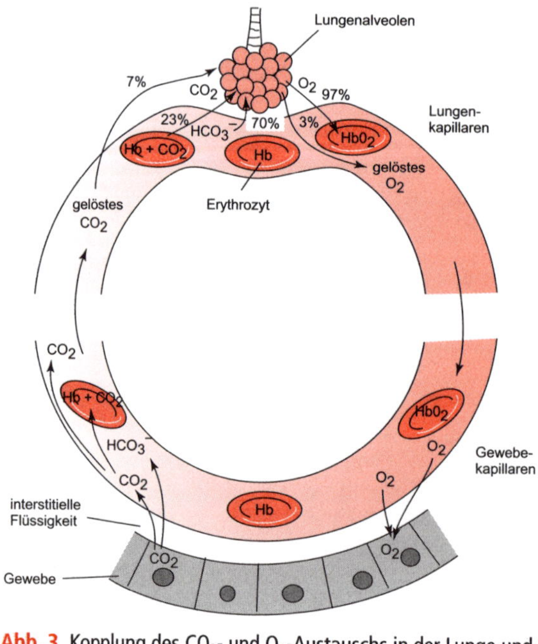

Abb. 3 Kopplung des CO_2- und O_2-Austauschs in der Lunge und im Gewebe des Menschen

27 Nahrungsaufnahme bei Tieren

Worum es geht:
Nahrung, Sauger, Mikrophagie, Makrophagie

Tiere brauchen Nahrung für ihren Stoffwechsel, ihren Körperaufbau und ihr Wachstum. Diese Nahrung kann verschiedene Formen annehmen, und Tiere können aufgrund ihrer unterschiedlichen Nahrungsaufnahme klassifiziert werden. Tiere, die sich **osmotroph** ernähren, absorbieren direkt lösliche Nahrung über die Zelloberflächen oder das Tegument. Im Gegensatz dazu ernähren sie sich **phagotroph**, wenn sie organische Substanzen in fester Form aufnehmen. Nach der relativen Größe der Nahrungspartikel sowie des Substrats unterscheidet man drei Gruppen von Phagotrophen: die **Mikrophagen**, **Makrophagen** und solche, die **Flüssignahrung aufnehmen**.

1. Flüssige Nahrungsaufnahme

Gewisse Tiere nehmen nur **flüssige Nahrung** auf. Die Nahrung enthält einerseits Elemente in Suspension und oft sind die löslichen Bestandteile direkt assimilierbar. Je nachdem, ob die aufgenommene Flüssigkeit direkt zugänglich ist oder sich im Inneren eines anderen Organismus befindet, unterscheidet man **Sauger** und **Stechsauger**.

- Die einfachen **Sauger** nehmen organische Flüssigkeiten auf, die von anderen Organismen ausgeschieden worden sind. Das ist der Fall bei Nektarivoren (Schmetterlingen, Fliegen, Kolibris), die Blütennektar aufsaugen und jungen Säugetieren, die Muttermilch saugen. Gewisse Fliegen, wie die Stubenfliege, ernähren sich von organischen Flüssigkeiten, die aus verrottendem Pflanzenmaterial oder verwesenden Tierkörpern stammen. Die Nahrungsaufnahme bei Insekten geschieht mit den Labellen (Saugkissen) am Ende des Rüssels (Abb. 1A).

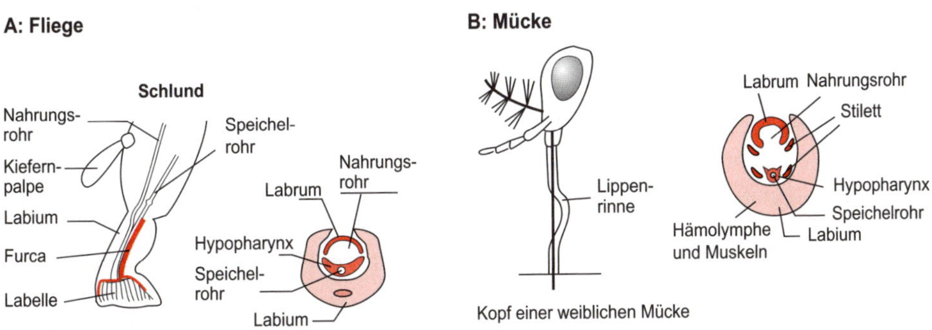

Abb. 1 Flüssigkeitsaufnahme
A: Mundwerkzeuge eines Saugers, der Fliege, **B:** Mundwerkzeuge eines Stechsaugers, der Mücke

- Die **Stechsauger** müssen den Wirt anstechen, bevor sie die Flüssigkeit aufsaugen. Je nachdem, ob der Wirt Tier oder Pflanze ist, unterscheidet man **Blutsauger** (besonders Insekten, aber auch Spinnen und Blutegel), die auf die Blutaufnahme spezialisiert sind, und **Stechsauger von Pflanzensäften** (Insekten: Zikaden, Blattläuse, Wanzen und Schildläuse). In den meisten Fällen besitzen die Tiere modifizierte Mundwerkzeuge, die verletzende Teile (Stilette) haben, mit denen sie stechen können (Abb. 1B: Mücke).

2. Mikrophagen

Mikrophagen nehmen im Vergleich zur Größe des Tierkörpers sehr kleine Nahrungspartikel auf. So wird ein Wal, der kleine Krebse von einigen Zentimetern frisst, als **mikrophager Filtrierer** angesehen, ebenso wie eine Muschel, die das Wasser nach kleinen Mikroorganismen filtriert. Drei große Gruppen von Mikrophagen lassen sich je nach Lage der Nahrungspartikel unterscheiden:

- Die **Limivoren** (Schlamm- oder Substratfresser), wie z. B. der Regenwurm, nehmen Sand oder Schlamm auf und extrahieren organische Partikel aus dem mineralischen Detritus, den sie unverdaut wieder ausscheiden.
- Die **Detritivoren** (Detritusfresser oder Saprobionten) nehmen Nahrungspartikel auf, die sich am Grund eines Gewässers abgesetzt haben (z. B. schlauchförmige Polychaeten im Sublitoral).
- Die **Suspensivoren** nehmen Partikel auf, die sich in einem Gewässer in Suspension befinden. Das Tier nutzt die Strömung (Miesmuschel, Abb. 2A) oder strudelt selbst und filtert das Wasser mit Hilfe verschiedener Hilfsmittel, z. B. mit den Walbarten (Abb. 2B). Die filtrierten Nahrungspartikel werden anschließend zum Verdauungstrakt geführt.

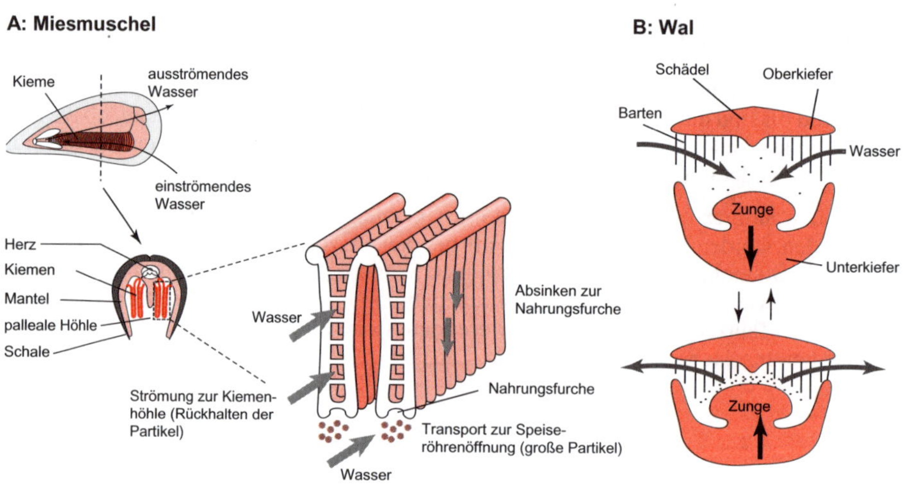

Abb. 2 Filtration der Mikrophagen
A: Kiemenfiltration bei Miesmuscheln, **B:** Stellung der Walbarten bei der Filtration

3. Makrophagen

Makrophage Tiere ernähren sich von größeren Brocken fester Nahrung bzw. von großen Teilen von Beute.

Es kann sich dabei um nicht oder wenig bewegliche Nahrungsbrocken pflanzlichen oder tierischen Ursprungs handeln. Das Tier raspelt mit Hilfe einer Radula (Reibzunge der Schnecke), zerkleinert Holz und Körner mit Hilfe ständig nachwachsender Schneidezähne zu Spänen (Nagetiere) oder rupft Blätter mit Hilfe eines Mahlwerks oder Kauwerkzeugen (pflanzenfressende Säugetiere oder Insekten wie Heuschrecken oder Maikäfer).

Auch mobile Beute kann der Nahrungsaufnahme dienen, der Verbraucher wird dann als Räuber (Prädator) bezeichnet. Vor der Aufnahme wird die Beute zunächst gefangen. Dazu benötigt das Raubtier spezielle Sinnes- und Greiforgane und ganz allgemein ein Verhalten, das es zum Erkennen, zur Verfolgung und schließlich zum Greifen der Beute befähigt.

28 Verdauungsapparate im Tierreich

Worum es geht:
Verdauungstrakt, Darm, Magen, Kropf

Die Nahrungsaufnahme ist lebensnotwendig für alle heterotrophen Organismen. Mit Ausnahme der **Osmotrophen** ist eine Aufbereitung der Nahrung zur Aufnahme, Verdauung und Resorption durch den Organismus unerlässlich. Einfache oder komplexe Verdauungstrakte ermöglichen einerseits, die Nährstoffe zu verwerten, in einfache Bestandteile zu zerlegen, die dann resorbiert werden können, und andererseits unverdauliche Reste und toxische Abfälle auszuscheiden.

1. Die Zelle, ein einfaches Verdauungssystem

Das einfachste Verdauungssystem ist das osmotrophe oder phagotrophe Modell der Zelle, selbst wenn sie keinen eigenen Verdauungsapparat besitzt. Die Plasmamembran lässt unverdaute Nahrungspartikel entweder in die Zelle diffundieren, oder die Einverleibung geschieht durch Phagocytose, d. h. die Zelle umfließt die Nahrungspartikel oder nimmt sie durch Einstülpung (Invagination) auf. Die Verdauung findet durch Säuren und lysosomale Enzyme in **Verdauungsvesikeln** im Inneren der Zelle statt. Diese Verdauung ist im engeren Sinne nicht zellintern, da die Nahrungsstoffe die Zellmembran nicht passieren, sondern im Vesikel und damit außerhalb des Cytoplasmas verbleiben. Das Verdauungsvesikel kann somit als Äquivalent eines zellulären Verdauungstrakts angesehen werden.

2. Verdauungstrakt als Sackgasse

Diploblastische Metazoen besitzen einen **Verdauungsapparat**, der aus einem einfachen Hohlraum besteht, dem Gastralraum oder Gastrovaskularsystem. Bei den Schwämmen dient dieser Hohlraum eigentlich nicht der Verdauung, sondern er bringt die Nahrung nur in die Nähe von Zellen, die sie durch Phagocytose aufnehmen können. Bei den Nesseltieren (Cnidaria) wird der **Gastralraum** ein echter Verdauungsraum, der von spezialisierten Zellen ausgekleidet ist, die einerseits Enzyme sekretieren und andererseits die Verdauungsprodukte resorbieren (Abb. 1). Die Nährstoffe werden durch eine einzige Öffnung in den Gastralraum eingeführt, die gleichzeitig der Ausscheidung von Abfällen und unverdauten Resten dient.

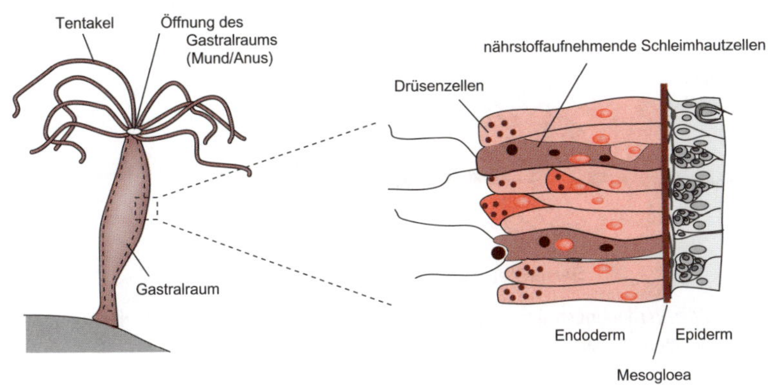

Abb. 1: Verdauungsapparat der Hydra (Cnidaria), allgemeiner Aufbau und Details der Epithelauskleidung

3. Lineare Verdauungstrakte

Bei höheren Tieren ist der Verdauungsapparat differenziert und nimmt die Form eines **hohlen Schlauches** an, dem **Verdauungstrakt**, der den ganzen Tierkörper durchzieht und an beiden Enden, oral und aboral (anal), offen ist.

Bei diesem Verdauungstrakt wird die Nahrung, d. h. ein bestimmter Nahrungsbrocken, im Verdauungsrohr durch dessen koordinierten Bewegungen weitergeleitet. Die so aufgenommenen Substanzen bewegen sich nur in eine Richtung vorwärts und durchqueren verschiedene Abschnitte, die für besondere Verdauungsfunktionen spezialisiert sind.

Ein Modell eines **Verdauungstrakts** ist in Abb. 2 dargestellt. Er läuft durch den Organismus, aber das Innere des Rohres wird topologisch als Außenraum des Tierkörpers angesehen. An beiden Enden kontrollieren Schließmuskeln den Ein- und Ausgang. Die aufgenommenen Substanzen können bei Bedarf auch gespeichert werden. Während der Passage durchlaufen sie nach und nach verschiedene Behandlungen, eine **mechanische Zerkleinerung** und **chemische Verdauung**. Die **Nährstoffe**, Produkte der Verdauung, werden in einem Abschnitt des Trakts resorbiert und ins Innere des Tierkörpers weitergeleitet. Unverdaute Substanzen und Abfälle werden vor der fäkalen Ausscheidung vorübergehend als Kot (Faeces) gespeichert.

Je nach Tierstamm ist der Verdauungstrakt mehr oder weniger differenziert (Abb. 2B). Bei Ringelwürmern (Anneliden) ist der einfache Schlauch in mehrere Abschnitte unterteilt, einen Kropf, der als Speicher dient, einen Kaumagen zur mechanischen Zerkleinerung und einen Darm, in dem Verdauung und Resorption stattfinden. Die Vielfalt der Verdauungstrakte bei Insekten und Säugetieren liegt in der Differenzierung der Abschnitte und ihrer anliegenden exokrinen Drüsen (Speicheldrüsen, Pankreas, Galle).

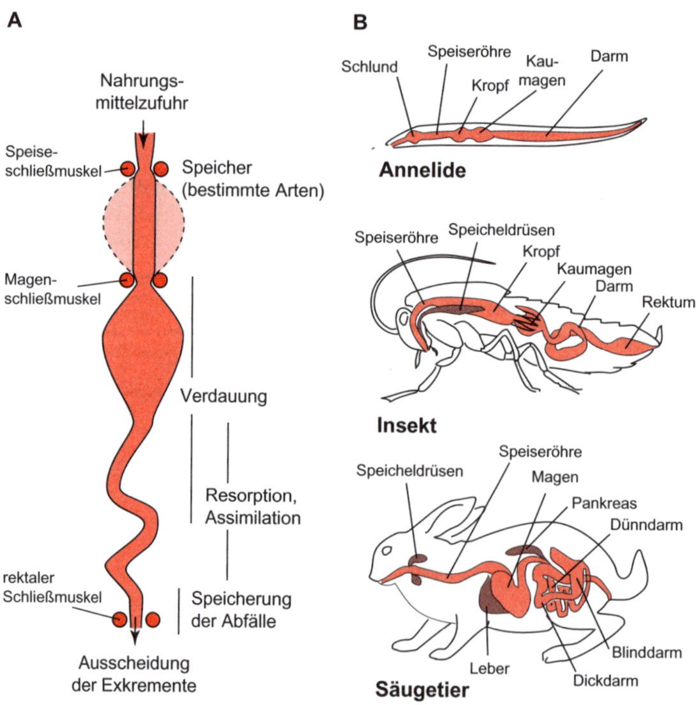

Abb. 2 **A:** Allgemeiner Aufbau des Verdauungstraktes bei triploblastischen Metazoen, **B:** Beispiele der Kompartimentierung des Verdauungstrakts bei einem Anneliden, Insekt und Säugetier

29 Ernährung beim Menschen

Worum es geht:
Ernährung, Verdauungstrakt, Magen, Darm, Speisebrei, Magenbrei (Chymus), Verdauung, Enzym, Resorption

Beim Menschen ist die Nahrungsaufnahme, wie bei allen Phagotrophen, von der Aufnahme und Verwertung der Nahrung bis zur Erschließung organischer Substanz ein lebenswichtiger Vorgang, um energetische, funktionelle und Wachstums- und Entwicklungsbedürfnisse des Körpers zu befriedigen.

Die Nahrungsaufnahme erfordert einen Verdauungsapparat, der Nährstoffe aufnehmen, abbauen, verdauen und sie über das Blutkreislaufsystem dem Körper zuführen kann.

1. Verdauungstrakt

a) Anatomie

Der Verdauungstrakt besteht aus dem Verdauungsrohr (Mundhöhle, Speiseröhre, Magen und Darm) und zusätzlichen Organen (Zähne, Speicheldrüsen, Pankreas (Bauchspeicheldrüse) und Leber) (Abb. 1).

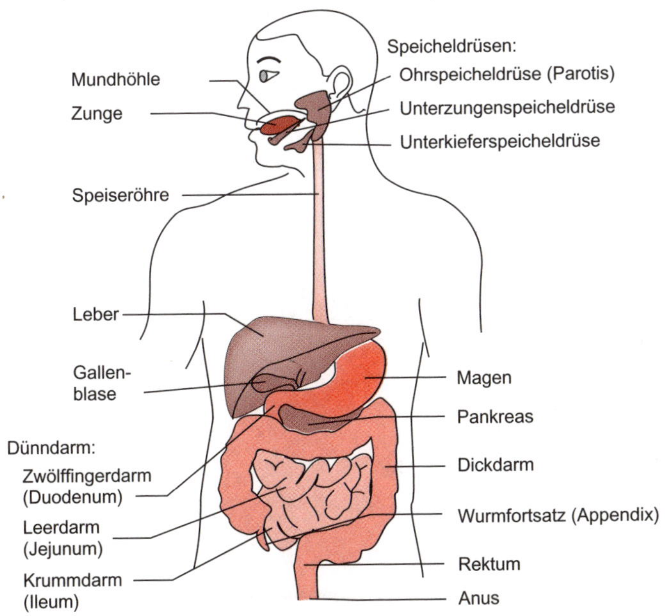

Abb. 1 Anatomie des Verdauungstrakts des Menschen

Der erste Abschnitt des Verdauungstrakts sind die Mundhöhle und der Rachen (Pharynx), die als Nahrungsbehälter dienen. Die Zähne übernehmen das Kauen und drei Paar Speicheldrüsen (Ohr-, Unterzungen- und Unterkieferspeicheldrüsen) sekretieren **Speichel**. Dieser Abschnitt ist für die Zerkleinerung und Verflüssigung oder das Einspeicheln der Nahrungspartikel zuständig.

Nach dem Schlucken sinkt der Speisebrei unter peristaltischer Bewegung der Speiseröhre in den Magen.

Der **Magen**, ein durch zwei Schließmuskel begrenzter Beutel, ist der Speicher des Nahrungsbreis während der Mahlzeit. Gleichzeitig sorgen gastrische Bewegungen und das Ausscheiden von saurem Magensaft für ein Vermischen und eine erste chemische Verdauung der Nahrung.

Der Pförtner (Pylorus), ein Muskel, der den Magen abschließt, öffnet sich regelmäßig, um den Magenbrei (Chymus) schubweise in den Darm passieren zu lassen.

Der **Dünndarm** ist in drei Abschnitte unterteilt:

- Duodenum (Zwölffingerdarm, 25 cm)
- Jejunum (Leerdarm, 2,5 m)
- Ileum (Krummdarm, 2,5 m)

Das **Duodenum** erhält über Ausführgänge exokrine Sekrete von zwei anliegenden Organen, der Bauchspeicheldrüse und der Leber. Diese Sekrete enthalten Enzyme, Elektrolyte und Gallensalze, die den Großteil der Nahrung verdauen. Verdauung und Resorption findet hauptsächlich im Duodenum und **Jejunum** statt.

Im Grimmdarm (Colon) am Übergang zum **Dickdarm** wird der übrige Magenbrei durch Entwässerung in halbfeste Faeces umgewandelt. Diese erreichen das Rektum und werden über den **Anus** ausgeschieden.

b) Motilität des Verdauungstrakts

Mit Ausnahme der Mundhöhle besteht der anatomische Grundaufbau des Verdauungstrakts aus vier konzentrischen Schichten: einer Schleimhaut (Mucosa), dem Schleimhautbindegewebe (Submucosa), einer Muskelschicht und dem Bauchfellüberzug (Serosa) (Abb. 2).

Die **Schleimhaut** ist die innerste Schicht, sie besteht aus einem einschichtigen Zylinderepithel mit Microvillisaum und einer dünnen Schicht glatter Muskeln (Muscularis mucosae). Je nach Darmabschnitt weist das Epithel Änderungen sowohl in den Zelltypen (Transport, exokrine oder endokrine Sekretion), als auch in der Stärke und seinem Aufbau auf (Faltungen, Zotten, Krypten).

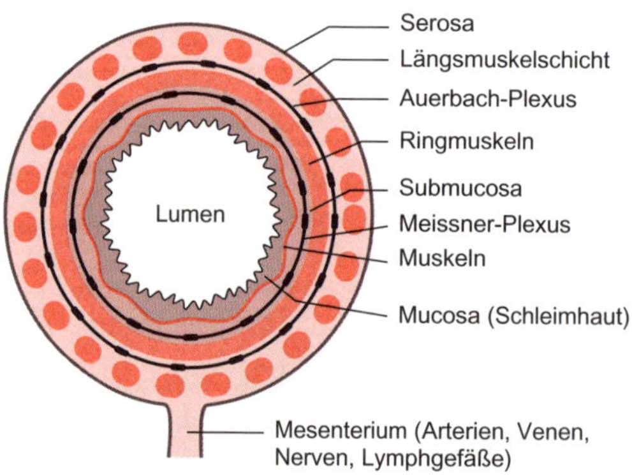

Abb. 2 Allgemeiner Aufbau des Verdauungstrakts

Die **Submucosa** ist ein loses Bindegewebe, das Blut- und Lymphgefäße und ein Netzwerk von enterischem Nervengeflecht umschließt.

Die Muskelschicht besteht aus zwei Schichten glatter Muskulatur, einer inneren ringförmigen und einer äußeren in Längsrichtung, über die ganze Länge des Verdauungstrakts. Die Muskulatur umfasst ebenfalls den **Auerbach-Plexus** (Plexus myentericus), einen Bestandteil des enterischen Nervensystems. Die gesamte Schicht, Nerven und Muskeln, sind für die Motilität des Verdauungstrakts zuständig. Das enterische Nervensystem wirkt lokal auf die beiden Muskelschichten und koordiniert die regelmäßigen Bewegungen des Verdauungstrakts und seines Inhalts. Man unterscheidet zwei Arten der Motilität (Abb. 3):

- die **Segmentationsbewegung**, gleichzeitige Kontraktionen beider Schichten, die ein Abschnüren des Darminhalts bewirken;
- die **Peristaltik**, koordinierte Kontraktionen beider Muskelschichten, die eine gerichtete Fortbewegung in gewissen Abschnitten des Verdauungstrakts bewirken.

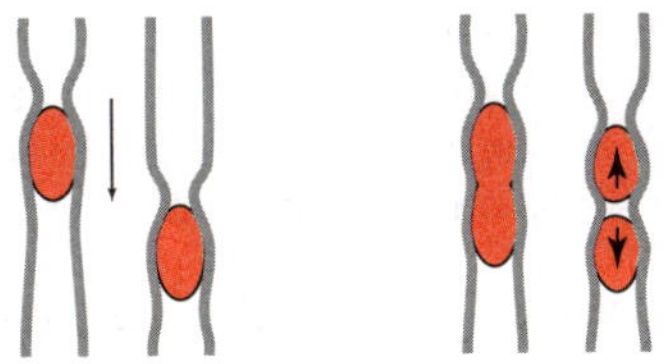

Abb. 3 Kontraktionen des Verdauungstrakts

2. Verdauung der Nährstoffe

Die Verdauung ist ein **molekulares Zerlegen** der aufgenommenen Nahrung, eine Umwandlung von komplexen Molekülen in kleinste, einfachste Nährstoffe. Die Verdauung besteht einerseits aus mechanischer Zerkleinerung (kauen und einspeicheln) und andererseits aus chemischem Abbau durch die Säure- und enzymatische Wirkung der sezernierten Verdauungssäfte.

a) Verdauungssekrete und deren Kontrolle

Exokrine Verdauungssekrete sind Speichel, Magensaft, Pankreassaft und Galle. Sie bestehen alle aus Wasser, Elektrolyten und Enzymen (Tab. 1).

Tab. 1 Verdauungssekrete und ihre Wirkung

Sekret	Herkunft	nicht-enzymatische Bestandteile	Enzyme	Wirkung
Speichel	Speicheldrüsen	Na^+, K^+, Cl^-, HCO_3^-	Amylase	Befeuchtung, Verdauung von Kohlehydraten
Magensaft	Magen	H^+, Cl^-	Pepsin	Ansäuerung, Hydrolyse von Proteinen
Pankreassaft	Pankreas (exokrin)	HCO_3^-	Amylase, Lipase, Protease und andere	Alkalinisierung, Hydrolyse von Kohlehydraten, Lipiden und Proteinen
Galle	Leber	Gallensalze		Emulsion von Fetten

Der **Speichel** wird von den Speicheldrüsen produziert. Seine Aufgabe ist es, die Nahrung zu befeuchten und die Nährstoffe zu lösen, mit ihm beginnt auch die chemische Verdauung. Seine Sekretion steht hauptsächlich unter nervöser Kontrolle (para- und orthosympathische Innervierung).

Der **Magensaft** besteht aus Enzymen (Pepsin) und Salzsäure (H^+ und Cl^-). Dieses Sekret säuert den Magenbrei an, denaturiert gewisse Nahrungsbestandteile und startet die Proteinverdauung. Die Sekretion des Magensafts ist vom neuro-vegetativen System abhängig, wird aber ebenfalls von einem Magenhormon, dem Gastrin, kontrolliert.

Der **Pankreassaft** besteht aus Hydrogencarbonat und zahlreichen Enzymen. Seine Aufgabe ist einerseits, den sauren Magenbrei in den alkalischen Bereich zu überführen und andererseits durch seine Enzyme den Hauptteil des chemischen Abbaus zu übernehmen. Die exokrine Pankreas-Sekretion ist von zwei Hormonen des Duodenums abhängig, dem Sekretin und dem Cholecystokinin (CCK).

Die **Galle** wird von der Leber produziert und in der Gallenblase gespeichert. Sie enthält hepatische, toxische Substanzen aus der Leber und Gallensalze. Letztere sind amphipathische Moleküle, die an der Fettemulsion beteiligt sind. Die Gallensekretion steht einerseits unter nervöser Kontrolle und wird andererseits durch Sekretin und CCK beeinflusst.

b) Verdauung von Kohlenhydraten

Das wichtigste vom Menschen verzehrte Kohlenhydrat ist Stärke. Andere polymere Zucker wie Glycogen, Disaccharide wie Maltose, Laktose und Saccharose und Monosaccharide wie Glucose und Fructose werden ebenfalls verzehrt. Lange polymere Glucoseketten werden von **Amylasen** bereits im Speichel abgebaut, deren Wirkung aber von kurzer Dauer ist, da sie von der Magensäure und den Amylasen des Pankreas gestoppt wird. Die Abbauprodukte sind Disaccharide, hauptsächlich Maltose. Diese werden von Disaccharidasen (Maltase, Lactase, Saccharase) am Bürstensaum der Enterocyten weiter abgebaut. Endprodukte der Kohlenhydratverdauung sind Glucose, Galactose und Fructose.

c) Proteinverdauung

Proteine, Polymere von Aminosäuren, werden mehrfach hydrolysiert. Im Magen denaturiert die Salzsäure die Struktur der Proteine. Das **Pepsin**, aktives Sekret der Magenschleimhaut im sauren Bereich, baut Proteine zu Peptidfragmenten ab. Im Zwölffingerdarm werden diese Peptide von Enzymen des Pankreassafts, Trypsin und Chymotrypsin, hydrolysiert. Di- und Tripeptide werden schließlich von spezifischen **Peptidasen** in Dünndarmzellen am Bürstensaum zu Aminosäuren abgebaut.

d) Fettverdauung

Die Verdauung der Fette ist komplexer, da ihre Bestandteile schlecht wasserlöslich sind und zur Tropfenbildung im wässrigen Milieu des Darmlumens neigen. Außerdem haben die Speichel-, Magen- und Pankreaslipasen einen sehr begrenzten Wirkungskreis, da sie nur zu einem Teil der Lipide Zugang haben.

Durch die Motilität des Magens und Zwölffingerdarms werden Lipide in kleine, emulgierte Tröpfchen überführt, unterstützt von Gallensalzen, die die Bildung großer Tropfen verhindern (Abb. 4). Die **Lipasen** und Co-Lipasen können dann auf die Triglyceride im Dünndarm wirken. Deren Hydrolyse ergibt Monoglyceride und freie Fettsäuren, die mit Cholesterin, Phospholipiden und Gallensalzen zu Micellen zusammengefasst werden, bevor sie von den Enterocyten resorbiert werden.

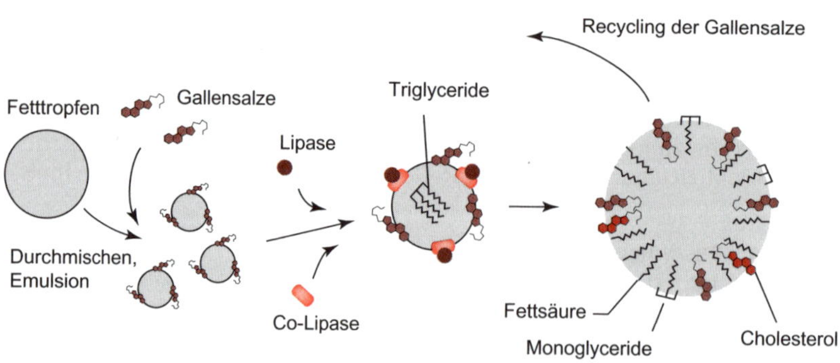

Abb. 4 Fettverdauung

3. Resorption im Darm

Die Resorption ist der Übergang der Nährstoffe vom Lumen des Verdauungstrakts in den Blutkreislauf. Dieser Prozess findet in den meisten Abschnitten des Verdauungstrakts statt, in der Mundhöhle, im Magen und Grimmdarm (Colon), der Hauptanteil aber findet im Dünndarm statt. Dieser Abschnitt ist für die Resorption besonders geeignet, einerseits durch die vorher durchlaufenen Verdauungsprozesse und andererseits aufgrund seiner besonderen, für den Austausch angepassten Struktur.

a) Austausch an großer Oberfläche

Der Dünndarm ist ein Schlauch von etwa 5 m Länge und einem Durchmesser von 4 cm. Wäre er glatt, würde seine Oberfläche ungefähr 0,6 m^2 betragen, doch die tatsächliche Fläche beträgt 100 bis 200 m^2.

Diese Oberflächenvergrößerung verdankt er der Faltung seiner inneren Schleimhautoberfläche auf drei Ebenen. Zunächst ist die Schleimhaut makroskopisch ringförmig gefaltet (Abb. 5), auf den Falten sitzen mikroskopische Ausstülpungen (Darmzotten), und schließlich enthalten die Epithelzellen Membranausstülpungen, Microvilli, die den Bürstensaum bilden.

Abgesehen von der großen Oberfläche weist der Dünndarm auch nur eine Zellschicht auf (daher der Name), und er besitzt sehr nah an den Enterocyten zahlreiche Blut- und Lymphgefäße.

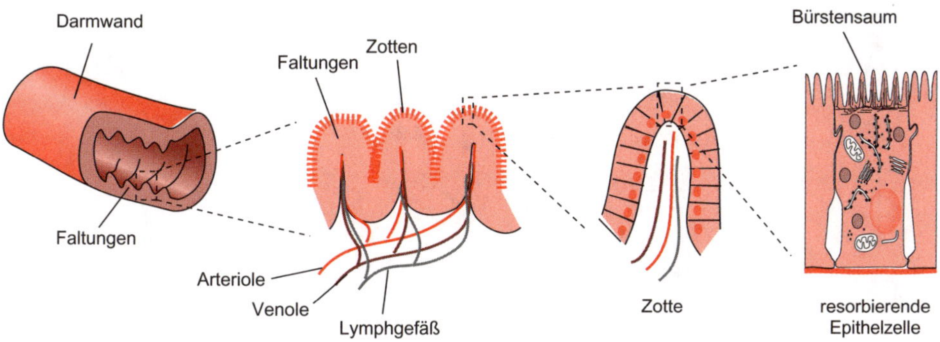

Abb. 5 Aufbau der Dünndarmwand

b) Mechanismen der Darmresorption

Die Moleküle, die bei der Fettverdauung entstehen, werden im Darmlumen zu **Micellen** zusammengefasst. In der Nähe der Enterocytenmembran lösen sich die Micellen wieder auf, und ihre Bestandteile (Monoglyceride, Fettsäuren, Cholesterin) können frei in die Enterocyten diffundieren (Abb. 6). Im endoplasmatischen Reticulum werden Monoglyceride und Fettsäuren wieder zu Triglyceriden metabolisiert. Dann verbinden sie sich mit Cholesterin, fettlöslichen Vitaminen und Proteinen und bilden **Chylomikronen**. Diese verlassen die Enterocyten durch Exocytose, gelangen in den interstitiellen Raum und schließlich in die Chyliferen (Lymphgefäße).

Die Kohlenhydrate der Nahrung werden in Zucker (Glucose, Galactose, Fructose) umgewandelt. Da ihre Konzentration in den Zellen höher ist als im Darmlumen, werden sie (außer Fructose) aktiv resorbiert. Glucose wird von einem Glc-Na^+-Cotransporter in die Zellen geschleust, wofür die Energie aus dem Konzentrationsgefälle dieses Ions genutzt wird (Abb. 6). Die resorbierten Monosaccharide verlassen die Enterocyten am Basalpol der Zelle. Sie diffundieren über Proteinkanäle durch die Membran.

Proteine werden in Aminosäuren und kleine Peptide gespalten. Es gibt mehrere Transportsysteme für Aminosäuren, die Cotransport-Systeme mit Na^+ bilden (Abb. 6). Einige Aminosäuren und die meisten Di- und Tripeptide werden im Cotransport mit H^+ befördert. Einige nicht verdaute Peptide durchlaufen den Prozess der Endocytose in die Zelle hinein und der Exocytose aus der Zelle heraus, bevor sie in den interstitiellen Raum gelangen.

Fettlösliche Vitamine werden mit anderen Lipiden resorbiert, während wasserlösliche Vitamine (mit Ausnahme von Vitamin B_{12}) frei durch das Darmepithel diffundieren.

Die Resorption von Ionen ist proportional zur Nahrungszufuhr und damit auch zu ihrem Konzentrationsgefälle zwischen Lumen und Enterocyten. Na^+ wird durch Cotransport mit gewissen Nährstoffen oder mit H^+ resorbiert (Abb. 6). Es wird am Basalpol durch die Na^+/K^+-ATPase ausgeschleust. Cl^--Ionen passieren die apikale Membran im Cotransport mit HCO_3^- und diffundieren dann frei am Basalpol. Resorption von Eisen und Calcium werden nach dem Bedarf des Organismus geregelt.

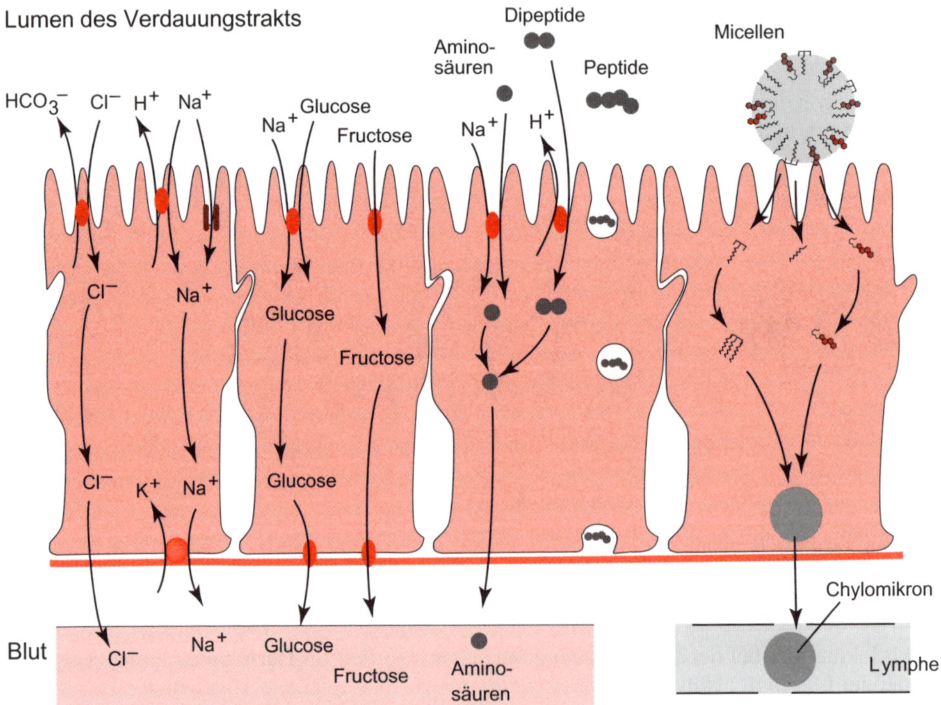

Abb. 6 Mechanismen der Resorption verschiedener Nährstoffe im Darm

30 Exkretion bei Tieren

Worum es geht:
Organische Abfälle, Stickstoffabfälle, Nephridien, Nephron, Niere, Ammoniak, Harnstoff, Harnsäure

Die Nahrung führt den heterotrophen Organismen verschiedene Stoffe zu, unter denen sich auch organische Moleküle befinden. Diese braucht der Körper vor allem, um sie abzubauen und letztlich daraus Energie zu gewinnen. Gewisse Abbauprodukte dienen auch zum Aufbau von Biomasse. Der Katabolismus geht mit einer Produktion von Stoffwechselabfällen einher, die der Organismus verwenden könnte, aber die meistens überflüssig oder sogar toxisch sind, wenn sie sich anhäufen. Die Ausscheidung besteht aus all den Vorgängen, die Abfälle und gegebenenfalls exogene, nicht abgebaute Substanzen sortieren, um sie anschließend aus dem Körper zu eliminieren (Abb. 1).

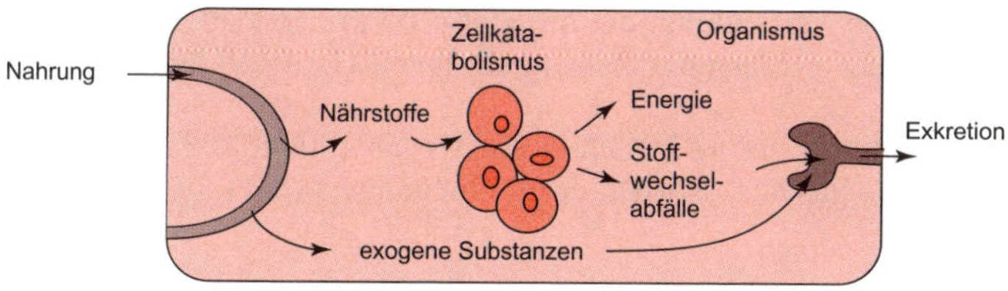

Abb. 1 Allgemeines Schema der Exkretion

1. Abfallprodukte

a) Die wichtigsten Abfallprodukte

Der Zellstoffwechsel führt zur Bildung von verschiedenen Verbindungen, die in ihren Ausgangssubstraten variieren. Ausgangsmoleküle, die nur Kohlenstoff, Sauerstoff und Wasserstoff enthalten, wie Kohlenhydrate und Fette, werden zu H_2O und CO_2 abgebaut (Abb. 2). Dazu kommen stickstoffhaltige Substrate, die andere Stoffwechselzwischenprodukte wie Aminosäuren, stickstoffhaltige Basen und andere Substanzen, z. B. das Protoporphyrin des Häms oder das Creatinin der Muskelzellen, erzeugen.

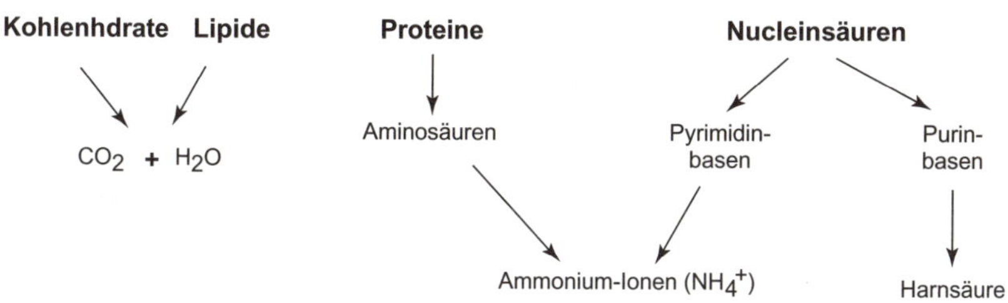

Abb. 2 Die wichtigsten Stoffwechselprodukte des Katabolismus, abhängig vom Substrat

Die häufigsten Stickstoffabfälle sind Ammoniumionen ($NH4^+$) und Harnsäure. Erstere stammen aus dem Abbau von Aminosäuren in der Leber der Wirbeltiere, dem Hepatopankreas der Crustaceen, Mollusken und Fische, oder dem Fettkörper der Insekten. Pyrimidine werden auf komplexeren Wegen ebenfalls zu $NH4^+$ abgebaut.

Harnsäure ist dagegen im Allgemeinen das Endprodukt der Purine.

b) Stickstoffabfälle

Erste Produkte des Stickstoffkatabolismus sind Ammonium und Harnsäure, jedoch können einige Arten Harnsäure weiter zu Ammonium abbauen. Dieser weitere Abbau wird als Uricolyse bezeichnet. Sie kann vollständig (bei Primaten) oder partiell sein und andere Zwischenprodukte dieses Stoffwechsels freisetzen (bei Fischen, Muscheln, Crustaceen).

Bei Landwirbeltieren wird ein Teil des aus dem Abbau von Aminosäuren gebildeten $NH4^+$ in die Biosynthese von neuen Verbindungen eingeschleust: Harnstoff (bei Säugetieren und Amphibien) oder Harnsäure (bei Vögeln und Reptilien). Harnstoff wird im Lauf des Harnstoffzyklus in Cytosol und Mitochondrien von Leberepithelzellen synthetisiert.

Die drei wichtigsten Stickstoffverbindungen Ammoniak (NH_3), Harnstoff und Harnsäure haben sehr unterschiedliche Eigenschaften:

- Ammoniak ist ein kleines, wasserlösliches Molekül. Es kann also leicht innerhalb des Organismus diffundieren. Als starke Base wirkt es toxisch (blockiert Transaminierungen, besonders die des Krebs-Zyklus), wenn ein Gehalt von 2 mg auf 100 ml überschritten wird.
- Harnstoff ist ebenfalls gut wasserlöslich und verteilt sich leicht in den Körperflüssigkeiten. Es ist eine neutrale, nicht-toxische Verbindung, die im Blut oder in den Zellen angehäuft werden kann. Bei Haien und Rochen (Elasmobranchii) z. B. spielt Harnstoff auch eine osmotische Rolle.
- Im Gegensatz dazu ist Harnsäure sehr gering löslich in Wasser, aber nicht toxisch. Es fällt leicht aus und kann in fester Form aus dem Körper ausgeschieden werden.

2. Modalitäten bei der Ausscheidung von Abfällen

a) Speicherung von Abfällen

Die Exkretion durch Anhäufung betrifft nicht nur Stickstoffabfälle. Sie geschieht in Zellen, Geweben oder in spezialisierten Organen, den „Speichernieren". Die Speicherung kann zeitweise oder endgültig sein.

b) Exkretion durch Ausscheidung aus dem Körper

Die meisten Abfälle werden über mehr oder weniger spezialisierte Austauschoberflächen aus dem Körper ausgeschieden.

Bei einfachen Organismen, die keine extrazelluläre Flüssigkeit besitzen (Blut oder Lymphe), geschieht die Ausscheidung von CO_2 und NH_4^+ durch die Plasmamembran. Diese Exkretion kann bei höher entwickelten Tieren über Tegumente, Kiemen (CO_2 und NH_4^+) oder Lungen (CO_2) erfolgen.

Die Exkretion, insbesondere der Stickstoffabfälle, findet jedoch meist in speziellen Ausscheidungsorganen statt. Diese Organe, die im Allgemeinen aus langen Schläuchen bestehen, erfüllen drei Funktionen: Filtrieren der extrazellulären Flüssigkeit, Resorption der Substanzen, die nicht ausgeschieden werden sollen, und Konzentrierung und aktive Sekretion der auszuscheidenden Substanzen.

3. Exkretionssysteme

a) Funktionsprinzip der Exkretionssysteme

Die erste Funktion der Exkretionssysteme ist das Filtrieren der extrazellulären Flüssigkeit, die am Anfang des Tubulus stattfindet. Das Ergebnis ist ein Ultrafiltrat oder der Primärharn. Die filtrierte Flüssigkeit wird anschließend durch Resorption (vorwiegend Wasser) und/oder Sekretion gewisser Substanzen modifiziert. Dies geschieht entweder im Tubulus oder in den nachgeschalteten Organen. Das Endprodukt ist der Sekundärurin oder Endharn. Die Zusammensetzung des Ultrafiltrats ist artenabhängig. Bei Plathelminthen wird interstitielle Lymphe filtriert, bei Anneliden Blutplasma über das Zwischenprodukt Coelomflüssigkeit, bei Wirbeltieren Blutplasma und bei Insekten Hämolymphe.

Die wichtigsten Funktionsunterschiede liegen im Mechanismus der Filtration: es gibt positive oder negative Druckfiltration und Ionentransport (Abb. 3).

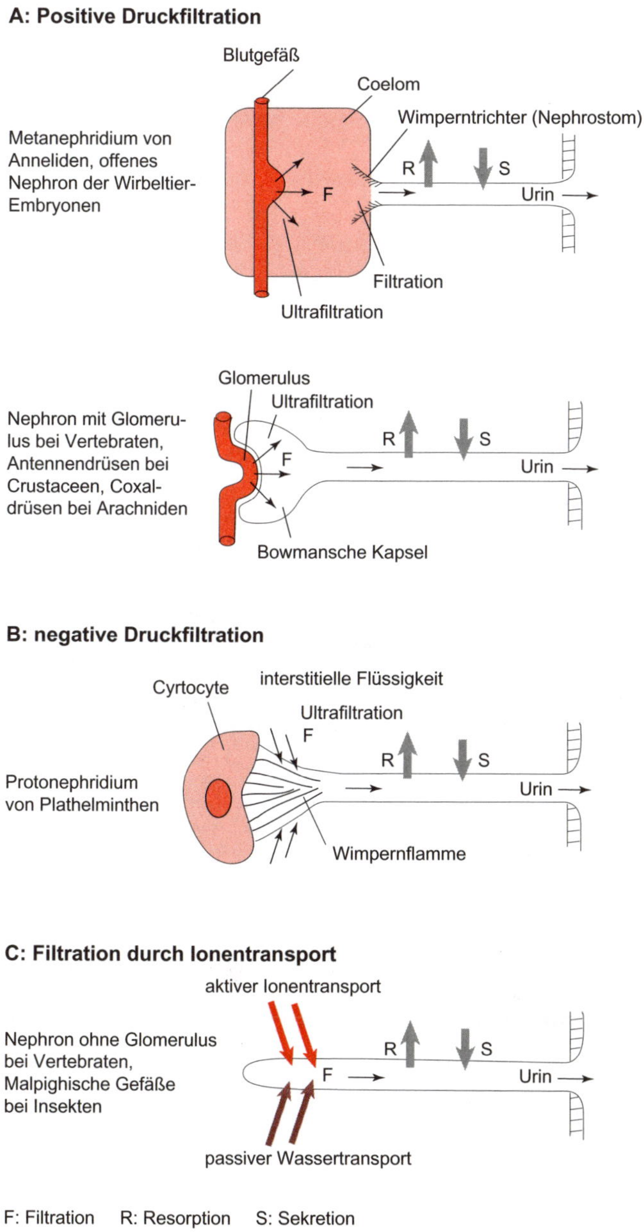

Abb. 3 Wichtigste Filtrationsarten der Exkretionsorgane

b) Durch Unterdruck filtrierende Organe

Protonephridien sind die Ausscheidungsorgane der Plathelminthen, Larven der Anneliden und gewisser Mollusken. Diese einfachen Strukturen bestehen aus einem zur Leibeshöhle blind geschlossenen Tubulus mit einer Endzelle, der Cyrtocyte (Reusengeißelzelle), deren Geißeln eine Wimpernflamme bilden, die im Inneren eines Kanälchens schlagen. Der Geißelschlag erzeugt einen ständigen Flüssigkeitsstrom in den Kanälchen, der einen Unterdruck im Lumen des Kanälchens und im Zwischenzellraum bewirkt (Abb. 4). Dieser Unterdruck verursacht einen Wasserstrom und einen Strom der darin gelösten Substanzen zum Lumen des Tubulus hin.

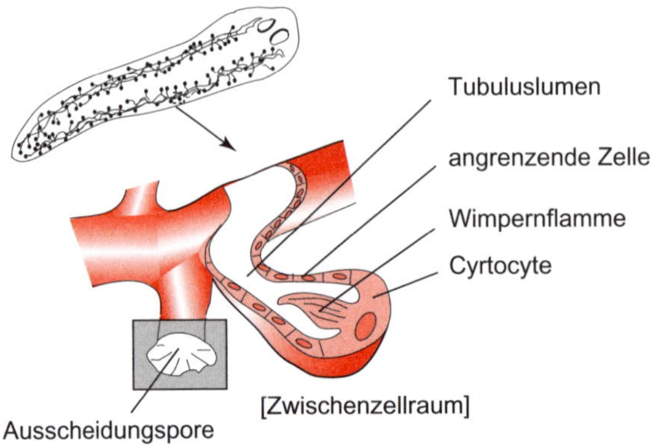

Abb. 4 Protonephridium eines Strudelwurms

c) Durch Überdruck filtrierende Organe

Durch Überdruck filtrierende Strukturen können in zwei Typen unterteilt werden, **Metanephridien** und **Nephronen**.

Die Metanephridien der Anneliden sind offene Schläuche (Tubuli) zwischen dem Coelom und der Umgebung. Die innere Öffnung endet in der Leibeshöhle mit einem Wimperntrichter oder Nephrostom, während der Nephroporus ventral an der Körperoberfläche liegt (Abb. 5). Die Metanephridien filtrieren die Coelomflüssigkeit unter Blutdruckeinwirkung.

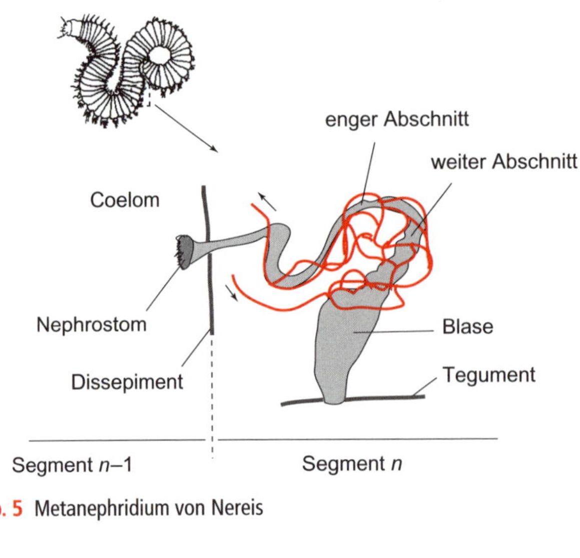

Abb. 5 Metanephridium von Nereis

Nephronen findet man bei den Vertebraten. Sie sind Untereinheiten der Niere, das wichtigste für die Stickstoffausscheidung zuständige Organ. Bei den meisten Vertebraten besitzt das Nephron einen Glomerulus. Dieses Gefäßknäuel, das die filtrierende Struktur des Nephrons bildet, ist an der blind endenden Öffnung des Tubulus in der Bowmanschen Kapsel eingeschlossen. Die anderen Abschnitte des Tubulus gewährleisten die Resorption und aktive Sekretion der verschiedenen Substanzen.

d) Durch aktive Sekretion filtrierende Organe

Bei Insekten und anderen terrestrischen Arthropoden, die Malpighische Gefäße besitzen, stammt der Urin nicht aus der Filtration, sondern nur aus dem aktivem Ionentransport (K^+, Ca^{2+}) und der Exkretion schwer löslicher Moleküle (Urate, etc.) aus der Hämolymphe zum Innenraum des Tubulus. Wasser folgt dem osmotischen Gradienten. Die Malpighischen Gefäße enden im Verdauungsrohr an der Verbindung zwischen dem Mittel- und dem Enddarm, Harnsäure kristalliert aus und der Urin vermischt sich mit den Faeces.

4. Stickstoffexkretion und Lebensmilieu

Stickstoffabfälle des Stoffwechsels sind im Wesentlichen Verbindungen von Ammoniak (NH_3) und Harnsäure. Da NH_3 toxisch ist, muss es schnell eliminiert oder entgiftet werden. Diese Entgiftung resultiert, je nach Tierart, in Harnstoff oder Harnsäure. Die Umwelt sowie die systematische Stellung des Tieres spielen bei der auszuscheidenden Stickstoffverbindung eine Rolle.

a) Stickstoffexkretion in aquatischem Milieu

Im Wasser lebende Tiere bevorzugen die Ausscheidung von löslichen Verbindungen, **Ammoniak** und **Harnstoff**. Die Stickstoffausscheidung in Form von NH_3 kennzeichnet die **Ammonotelie**. Sie ist bei Knochenfischen (Teleostei), zahlreichen im Wasser lebenden Wirbeltieren und an Land lebenden Asseln zu finden.

Die Exkretion von Ammoniak geschieht über die gesamte Austauschfläche mit dem Außenmilieu, insbesondere durch Kiemen, aber auch durch das Tegument, wenn es dünn genug ist. Ein Teil wird auch durch die Niere eliminiert. Jedoch erfordert Ammonotelie einen hohen Wasserverbrauch von 500 ml Wasser für 1 g Stickstoff.

b) Stickstoffexkretion im terrestrischen Milieu

Von terrestrischen Tieren werden stickstoffhaltige Abfälle entweder als Harnstoff (**Ureotelie**) oder als Harnsäure (**Uricotelie**) ausgeschieden.

Harnstoff ist gut löslich in Wasser und diffundiert leicht in extrazelluläre Flüssigkeiten. Er ist eine neutrale, nicht toxische Verbindung, die im Blut, Urin oder in der Zelle angehäuft werden kann. Er kann daher 50 mal konzentrierter als NH_3 auftreten. Außerdem enthält jedes Molekül Harnstoff zwei Stickstoffatome. Diese Eigenschaften ermöglichen ureotelen Tieren im Vergleich zu ammonotelen Tieren Wasserverluste erheblich zu reduzieren. Harnstoff wird vom Harnstoffzyklus in der Leber gebildet. Anschließend wird er über die Niere ausgeschieden.

Terrestrisch lebende Amphibien sind weitgehend ureotel. Bei Säugetieren werden Aminosäuren ebenfalls ureotel ausgeschieden. Purinnucleotide werden von Primaten als Harnsäure ausgeschieden, von anderen Säugetieren dagegen in Form von Allantoin.

Harnsäure ist, im Gegensatz zu Harnstoff und Ammoniak, gering wasserlöslich, aber es ist nicht toxisch. Es fällt leicht aus und kann in fester Form ausgeschieden werden. Vögel, Insekten und gewisse Reptilien sind uricotel. Die Ausscheidung aus dem Organismus geschieht durch spezielle Organe (Speicherniere, Chloragocyten, Nephron, Malpighische Gefäße, usw.) und ist fast trocken. Diese Form der Exkretion herrscht besonders bei Tieren vor, die große Wasser- oder Gewichtsprobleme haben (Anpassung an den Vogelflug).

31 Die Niere, Exkretionsorgan der Säugetiere

Worum es geht:
Stickstoffabfälle, Nephron, Niere

Die Niere der Wirbeltiere, wichtigstes Organ der Exkretion, besteht aus Elementaruntereinheiten, den **Nephronen**.

1. Allgemeiner Aufbau der Niere beim Menschen

Beim Menschen liegen die **Nieren** paarweise vor und jede besteht aus mehr als 1 Million Nephronen. Jede Niere hat die Form eines „C" und ist von einer bindegewebigen Organkapsel umhüllt, die aus zwei Teilen besteht, der äußeren **Rinden**- und der **zentralen Markschicht**. Die Nephronen enden im Nierenbecken, dem der Harnleiter (Ureter) entspringt. Die beiden Harnleiter münden in die Harnblase, die selbst durch die Harnröhre verlängert ist (Abb. 1A–B).

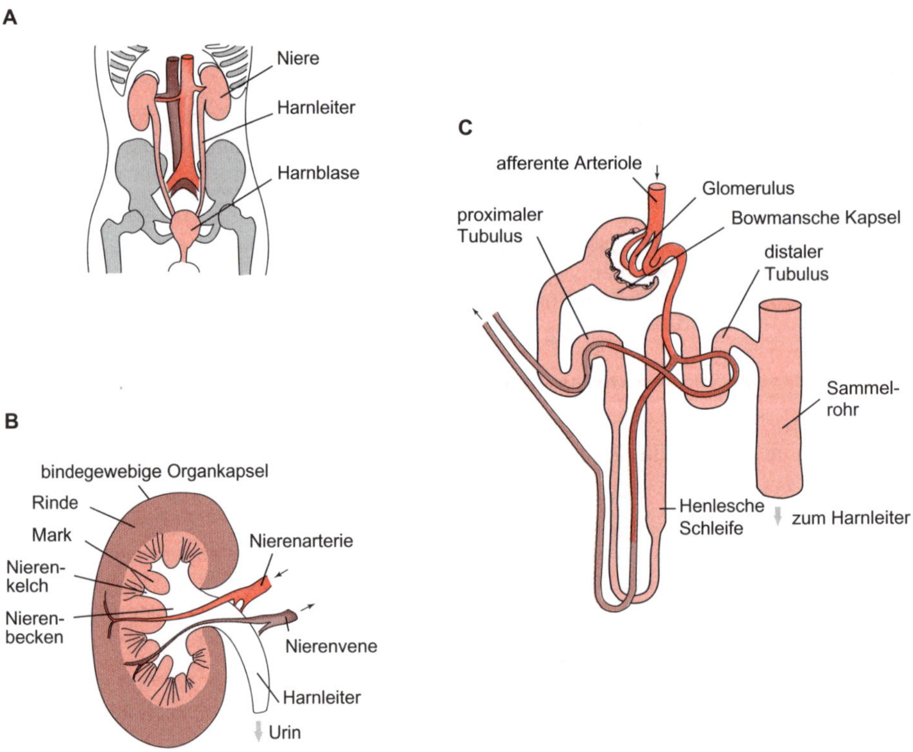

Abb. 1 Allgemeiner Aufbau der menschlichen Niere
A: Lage der Nieren im Körper, **B:** Schema einer Niere, **C:** Aufbau eines Nephrons

2. Nephron

Jedes Nephron besteht aus einem geschlungenen Rohr, in dem man mehrere anatomische Elemente unterscheiden kann:

- Der **Glomerulus** bildet die filtrierende Einheit. Er besteht aus einem Gefäßknäul, der die aufsteigende Nierenarteriole verlängert und am blinden Ende des Rohres in die Bowmansche Kapsel eingeschlossen ist (Abb. 1C). Das innere Blatt der Bowmanschen Kapsel besteht aus verzahnten Zellen, Podocyten, die Filtrationsschlitze zum Endothel des Glomerulus bilden.
- Der **proximale Tubulus**, der aus einschichtigem Resorptionsepithel mit einem Bürstensaum besteht, ist zunächst gewunden, dann gerade.
- Der Proximaltubulus endet in der **Henleschen Schleife** mit kleinerem Durchmesser. Je nach der Form der Nephronen ist diese entweder sehr kurz und gerade (kurze Nephronen) oder als „U“ gefaltet und in der Markschicht der Niere (lange Nephronen) verlängert.
- Den Endabschnitt des Nephrons bildet der **distale Tubulus**, der zuerst gerade, dann gewunden ist. Sein Epithel ist einschichtig.

Die Nephronen enden in einem **Sammelrohr**, das in das Nierenbecken mündet.

3. Glomeruläre Filtration

Die **Urinbildung** beginnt mit der Filtration des Plasmas durch die Basalmembran des Glomerulus. Der so gebildete Primärharn enthält alle Substanzen des Plasmas außer Proteinen. Die Filtration, die aus den anwesenden Drucken resultiert, hängt im Wesentlichen vom Blutdruck in den Kapillaren ab. Beim Menschen beträgt die glomeruläre Filtrationsrate etwa 120 ml/min.

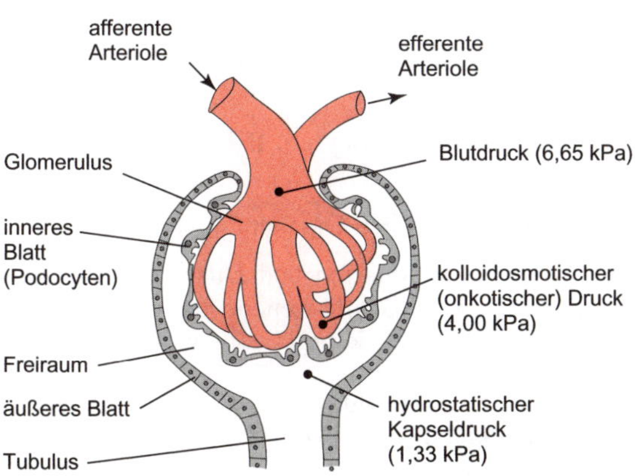

effektiver Filtrationsdruck = Blutdruck – (Kapseldruck + kolloidosmotischer Druck)
= 6,65 (1,33 + 4,00) = 1,32 kPa

Abb. 2 Glomeruläre Filtration

4. Sekretion und Resorption im Tubulus

Der Primärharn wird in seinem Durchlauf im Nephron stark modifiziert. Bestimmte filtrierte Substanzen werden völlig oder teilweise resorbiert, während andere sekretiert und nicht resorbiert werden. So wird z. B. Harnstoff, der in der Leber synthetisiert wurde, filtriert und teilweise resorbiert (40 bis 50 % im proximalen Tubulus und 10 % im Sammelrohr). Urate (Salze der Harnsäure) werden ebenfalls im Tubulus resorbiert, nur 8 % der filtrierten Urate werden ausgeschieden.

32 Biologische Abwehrfunktionen

Worum es geht:
Immunität, Krankheitskeime, Lymphsystem, Lymphocyten

Der tierische Organismus benötigt zum einen Systeme zum Schutz vor Schädlingen und zum anderen Systeme zur Aufrechterhaltung des Status quo (Homöostase). Die erste Funktion wird hauptsächlich vom Immun- oder Abwehrsystem wahrgenommen, während die Homöostase von anderen Systemen reguliert wird.

Der erste Schutzmechanismus des Immunsystems sind die Haut und Schleimhäute des Organismus. Wird diese Barriere überschritten, werden andere Gewebe-, Zell- und Molekülfaktoren nötig, um eingedrungene Fremdkörper zu entfernen.

1. Zellen und Organe des Immunsystems

Die Zellen des Immunsystems sind die **weißen Blutkörperchen** oder **Leucocyten**. Sie befinden sich hautsächlich im Blut und in der Lymphe, aber auch in den Geweben und lymphatischen Organen.

Die Leucocyten entstehen im Knochenmark aus blutbildenden (hämatopoetischen) Stammzellen, die zwei Entwicklungslinien begründen, die myeloide und die lymphoide Linie.

Die **myeloide Linie** bringt die meisten Zellen des Immunsystems hervor: **Monocyten/ Makrophagen** (Monocyten im Blut und Makrophagen im Gewebe), **Granulocyten** und **dendritische Zellen**.

Die **lymphoide Linie** bringt drei Zelltypen hervor, **T-Lymphocyten, B-Lymphocyten** und **NK-Zellen** (*natural killer cells*).

Die Leucocyten entstehen in zwei verschiedenen lymphatischen Organen:

- In den primären lymphatischen Organen findet die Produktion und Differenzierung der Leucocyten in Abwesenheit von Krankheitserregern statt. Alle Leucocyten entstehen im **Knochenmark**, wo sich auch die B-Lymphocyten differenzieren; die T-Lymphocyten dagegen differenzieren sich im **Thymus**.
- Zu den sekundären (peripheren) lymphatischen Organen gehören die **Lymphknoten**, die **Milz** und das **schleimhautassoziierte lymphatische Gewebe** (**MALT** für *mucosa-associated lymphoid tissue*). Hier findet das Aufeinandertreffen mit den Krankheitserregern statt, das die Differenzierung der Lymphocyten in Gegenwart der Erreger induziert (Abb. 1).

2. Zwei Arten der Immunreaktion

Die Abwehrzellen setzen zwei parallele Abwehrmechanismen in Gang, die angeborene und die adaptive oder erworbene Immunität.

Die Zellen der angeborenen Immunität sind überall im Organismus anwesend und können sofort auf drohende Gefahr reagieren, die z. B. von einem Krankheitserreger oder einer modifizierten körpereigenen Zelle ausgehen kann. Ihre Reaktion passt sich im Lauf der Zeit nicht an die Mikroorganismen an. Die betreffenden Zellen präsentieren **Rezeptoren** (**PRR** für *pattern recognition receptors*), deren Sequenz im Genom aller Zellen festgelegt ist und vererbt werden kann. Die Zellen sind zahlreich und können schnell handeln, besitzen aber kein Erinnerungsvermögen an spezielle Erreger.

Die Reaktionsmechanismen der adaptiven Immunität dagegen sind nicht vorgegeben. Erst wenn die Zellen ihr **Antigen** treffen, d. h. ein bestimmtes Molekül eines Erregers, erwerben sie diese. Nach dem Erkennen des Antigens folgt eine Vermehrung von für dieses Antigen spezifischen Lymphocyten, die nach ihrer Differenzierung zu Effektorzellen die Abwehr einleiten. Nach der Immunantwort werden einige dieser Zellen zu Gedächtniszellen, die antigenspezifisch sind und das immunologische Gedächtnis bilden. Diese Spezifizität wird durch die Lymphocytenrezeptoren bestimmt. Jede Zelle trägt nur eine Art dieser Rezeptoren, die während der Differenzierung durch somatische Rekombination entstehen und die jeweils sehr spezifisch für ein Antigen sind. Da unterschiedliche Lymphocyten aber verschiedene Rezeptoren haben, ist die adaptive Immunantwort gleichzeitig sehr spezifisch und kann trotzdem viele verschiedene Erreger erkennen.

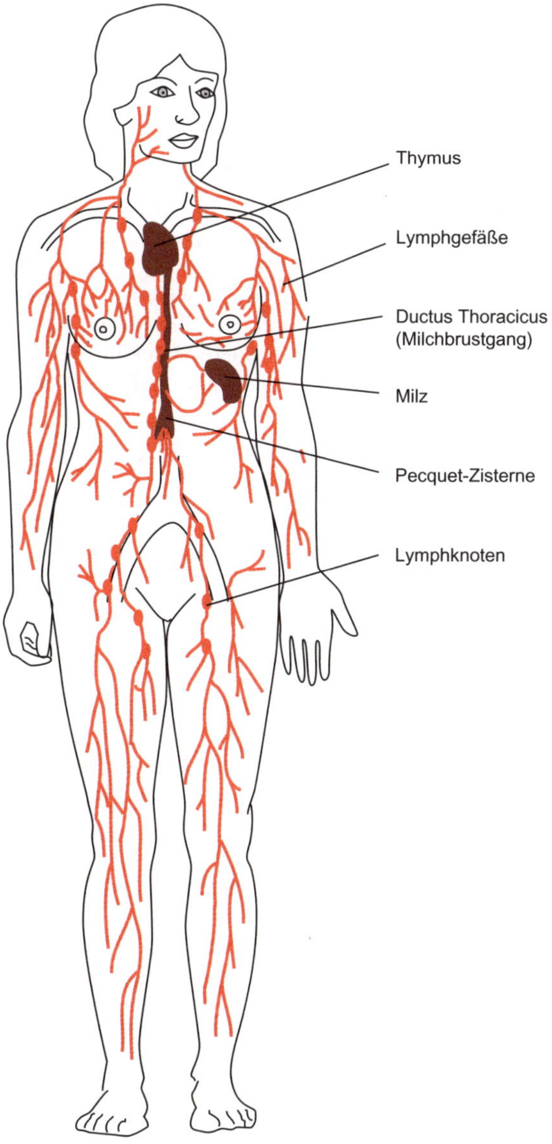

Abb. 1 Schema des menschlichen Lymphsystems

33 Entzündungsreaktion und angeborene Immunität

Worum es geht:
Immunsystem, Lymphsystem, Lymphocyten

Wenn die ersten Abwehrbarrieren im Organismus überschritten sind, befinden sich die Krankheitserreger in Kontakt mit den Zellen der **angeborenen Immunität**, die sich in den Geweben aufhalten, den **Mastzellen** und **Makrophagen**, die dann eine **Entzündungsreaktion** auslösen. Auch dendritische Zellen erkennen diese Krankheitserreger und setzen die **adaptive Immunantwort** in Gang.

1. Entzündungsreaktionen

Wenn ein Gewebe verletzt wird, sekretieren Immunzellen **Chemokine**, die parakrin andere Phagocyten zum Infektionsherd rufen. Außerdem führt die Aktivierung der Molekülsysteme der Blutgerinnung (**Koagulation**), der **Kinine** und des **Komplementsystems** zu einer Gefäßerweiterung, der Aktivierung von Entzündungsmediatoren durch Mastzellen und der Freisetzung von Stickstoffmonoxid. Das Zusammenspiel aller dieser Faktoren bewirkt eine erhöhte lokale Blutzufuhr und erhöhte Gefäßdurchlässigkeit. Es tritt ein interstitieller Plasmaverlust ins Gewebe ein, und es bildet sich ein Ödem. Dies ermöglicht insbesondere Moleküle und Zellen des Immunsystems über das Blutsystem zu rekrutieren, von denen einige die Fremdkörper phagocytieren (Abb. 1).

Parallel dazu binden dendritische Zellen an Antigene und wandern zu den sekundären lymphatischen Organen, wo sie diese den T-Lymphocyten präsentieren.

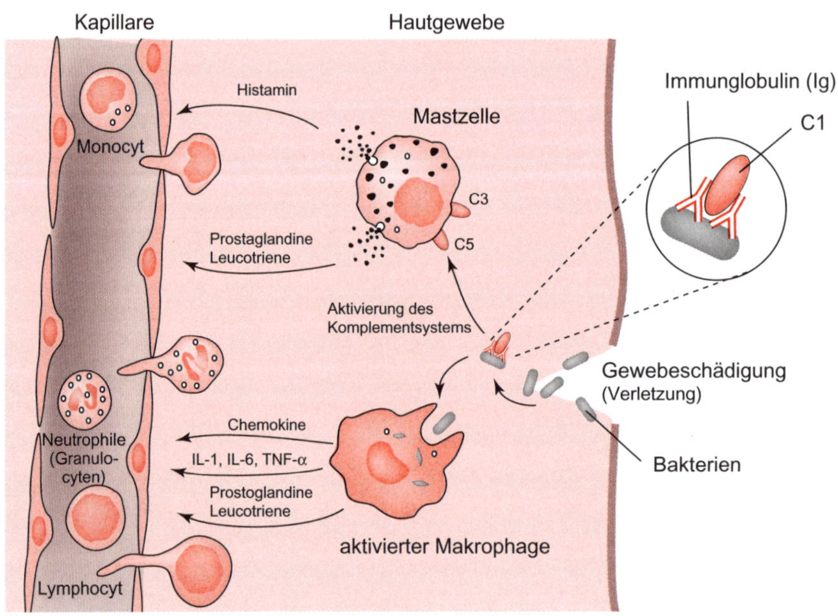

Abb. 1 Zusammenspiel der Zellen und Mediatoren bei der lokalen akuten Entzündungsreaktion

2. Humorale Abwehr

Bei der Entzündungsreaktion und der anschließenden angeborenen Immunantwort sind zahlreiche lösliche Moleküle an der Erkennung und Zerstörung von Krankheitserregern beteiligt. Es handelt sich dabei im Einzelnen um verschiedene Peptide (Defensine) und Interferone, vor allem aber um ein Zusammenspiel von Plasmaproteinen, dem **Komplementsystem**.

Dieses System läuft in drei Phasen ab (Abb. 2):

- Die Erkennungsphase der Mikroorganismen kennt drei mögliche Wege: den klassischen, den alternativen und den Lektinweg.
- Die Aktivierungsphase ist eine Enzymkaskade der Zymogene, die schließlich den Haupteffektor, ebenfalls ein Zymogen, aktiviert.
- Die Wirkungsphase führt zur Zerstörung der Mikroorganismen, entweder direkt durch Bildung des **Membranangriffskomplexes (MAC),** der den Mikroorganismus durch Porenbildung in der Membran und anschließende Lyse zerstört, oder durch Rekrutieren der Phagocyten und Opsonisierung (Erkennen und Markieren zur Phagocytose).

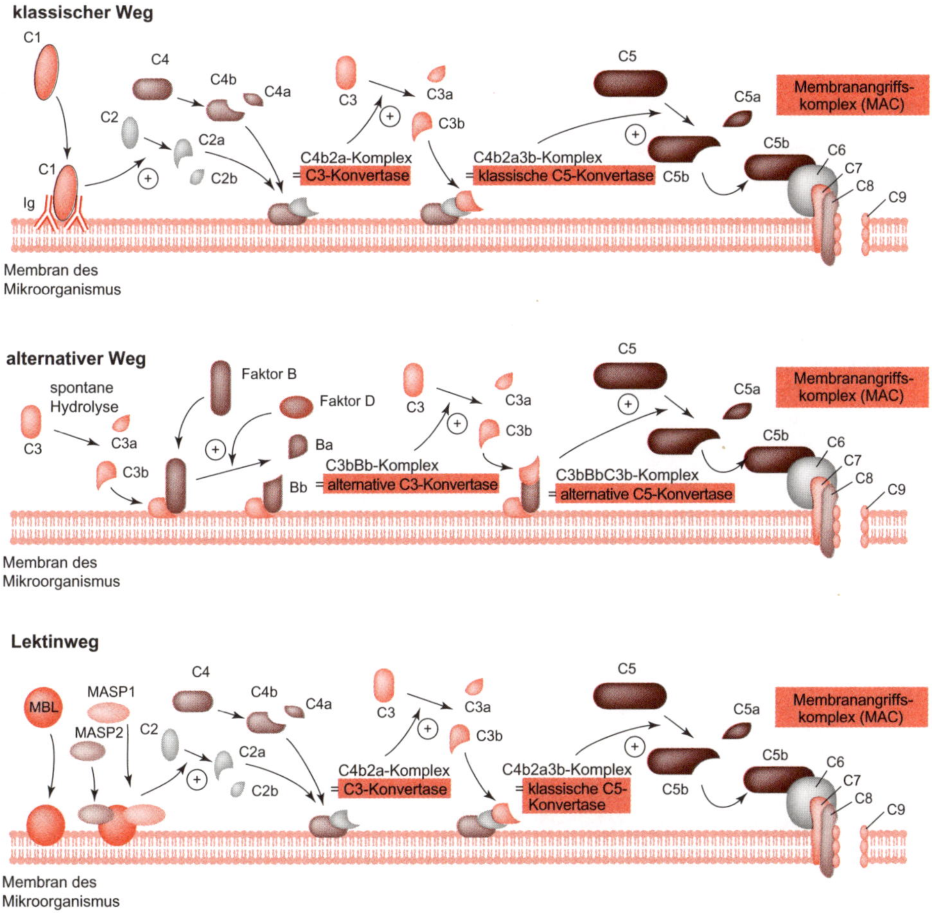

Abb. 2 Die drei Wege der Komplementaktivierung

3. Angeborene Zellabwehr

Parallel zu den Phagocyten beteiligen sich andere Zellen des angeborenen Immunsystems, **NK-Zellen** (*natural killer cells*), an der Zerstörung befallener Zellen, insbesondere bei virusinfizierten oder Tumorzellen.

NK-Zellen erkennen auf der Oberfläche dieser Zellen einerseits anormale Signale (virale Moleküle oder Stressmoleküle) und andererseits das Fehlen normaler Signalmoleküle. Dieses doppelte Erkennen wird durch zwei Arten von Rezeptoren (**NKR** für *natural killer receptors*), **aktivierenden** und **hemmenden,** gewährleistet. Die Summe der aktivierenden und hemmenden Signale bestimmt über die Aktivierung der NK-Zellen (Abb. 3). Nach ihrer Aktivierung wachsen und vermehren sich die NK-Zellen, schütten Cytokine aus und töten die Zielzellen.

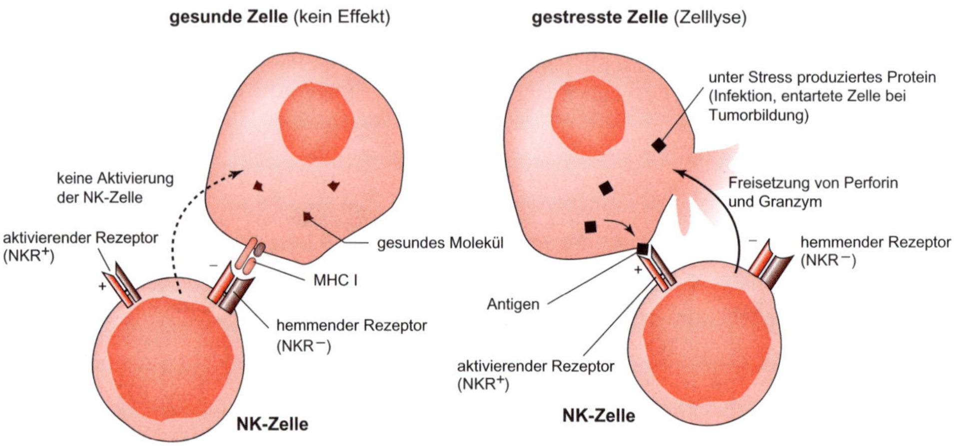

Abb. 3 Erkennen von Zielzellen durch NK-Zellen
Links: gesunde Zelle, Erkennen des Antigens durch hemmende Rezeptoren.
Rechts: gestresste Zelle, Erkennen der unter Stress produzierten Moleküle.

34 Antigene und Antigenität

Worum es geht:
Immunsystem, Lymphsystem, Lymphocyten, Antigene, MHC

Die angeborene Immunantwort reicht meist nicht aus, um einen Krankheitserreger vollständig unschädlich zu machen. Deshalb tritt die hochspezifische erworbene (adaptive) Immunantwort in Aktion, an der B- und T-Lymphocyten beteiligt sind.

Bei diesen Reaktionen spielen Moleküle eine Rolle, die teilweise komplementär zueinander sind: Antigene und Antikörper.

1. Antigene und Immunogene

Ein **Antigen** ist ein lösliches oder unlösliches Molekül, ein Peptid, Kohlenhydrat, Lipid oder auch eine Nucleinsäure, das von einem Lymphocytenrezeptor, d. h. von einem **Antikörper** (Ak), von einem **B-Zell-Rezeptor** (BCR für *B cell receptor*) oder auch von einem **T-Zell-Rezeptor** (TCR für *T cell receptor*) erkannt werden kann.

Die Bindungsspezifität des Antigens an verschiedene Rezeptoren verleiht ihm seine Antigenität, wobei nur Antigene, die eine adaptive Immunantwort auslösen, als **Immunogene** bezeichnet werden.

Antikörper, BCR und TCR erkennen das Antigen nicht in seiner Gesamtheit, sondern nur einen kleinen Bereich, der als **Epitop** (auch Antigenbindungsstelle oder antigene Determinante) bezeichnet wird. Antigene weisen im Allgemeinen mehrere verschiedene Epitope auf (Abb. 1).

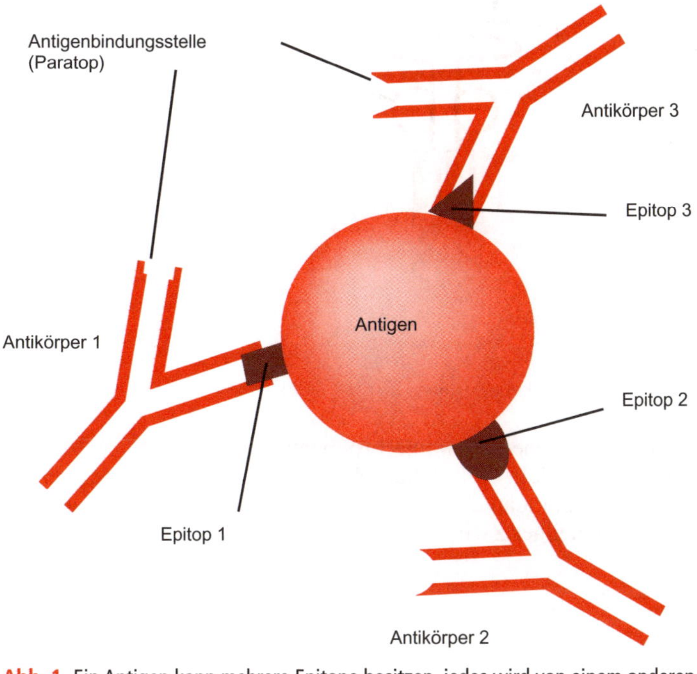

Abb. 1 Ein Antigen kann mehrere Epitope besitzen, jedes wird von einem anderen Antikörper erkannt

2. Haupthistokompatibilitätskomplex (MHC)

Die Moleküle des **MHC** (*major histocompatibility complex*) spielen eine wesentliche Rolle bei der Antigenpräsentation an T-Lymphocyten.

Moleküle, die beim Menschen durch das Immunsystem erkannten werden, bezeichnet man als **HLA** (für *human leucocyte antigen*) oder allgemein als **Histokompatibilitätsmoleküle**. Diese Moleküle weisen eine große strukturelle Vielfalt auf, die sie sehr immunogen und verantwortlich für die Gewebeabstoßung von Transplantaten macht.

Es gibt zwei große Familien von MHC-Molekülen, die Moleküle der Klasse I und der Klasse II.

Die **MHC-I-Moleküle** werden in allen kernhaltigen Zellen des Organismus exprimiert. Sie sind aus zwei **Glycoprotein-Ketten** aufgebaut, einer stark polymorphen α-Kette und dem monomorphen β_2-Microglobulin. Die α-Kette weist eine Peptidbindungsstelle auf, die kurze Peptide aus dem Cytosol der Zellen fixieren kann, die sog. „endogene" Antigene bilden.

Die **MHC-II-Moleküle** findet man nur in der Leukocytenpopulation, die als **Antigenpräsentierende Zellen** (APC für *antigen presenting cell*) bezeichnet werden: Dies sind die dendritischen Zellen, die Monocyten oder Makrophagen und die B-Lymphocyten (Abb. 2). Die Klasse-II-Moleküle bestehen aus zwei stark polymorphen **Glycoprotein-Ketten** (α und β). Durch die Assoziierung der beiden Ketten entsteht eine Peptidbindungsstelle, die kurze Peptide aus den Endosomen, sog. „exogene" Antigene, trägt, die durch Phagocytose oder Endocytose aufgenommen worden sind.

Die transmembranären Glycoprotein-Ketten, aus denen die MHC-Moleküle bestehen, gehören zur Superfamilie der **Immunglobuline**.

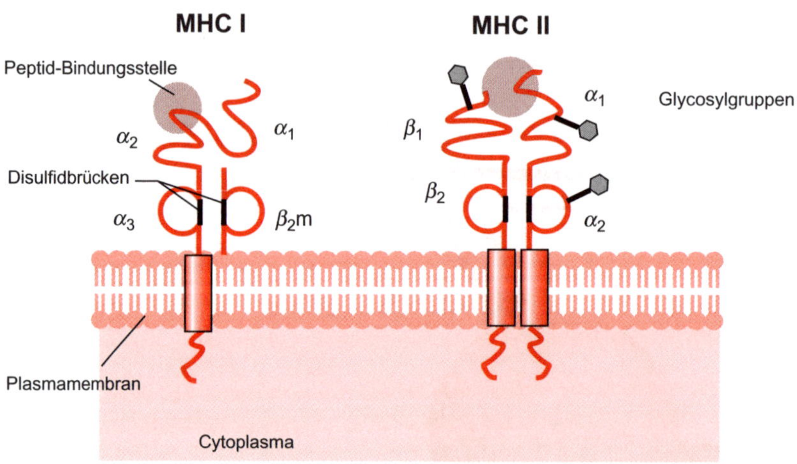

Abb. 2 Die Moleküle des MHC sind membranäre Glycoproteine

Der MHC ist nicht nur durch mehrere Gene determiniert (polygen), es gibt auch mehrere codominante Allele für jedes Gen (polyallel), d. h. väterliche und mütterliche Allele werden gleichermaßen exprimiert. Deshalb kann man unmöglich zwei Menschen mit exakt gleichen Haplotypen finden, mit Ausnahme eineiiger Zwillinge.

3. Antigenprozessierung

Den Mechanismus der Modifizierung der Antigene und des anschließenden Anfügens an die MHC-Moleküle bezeichnet man als Antigenprozessierung (*antigen processing*).

a) MHC-Klasse I

Proteine im Cytosol, wie z. B. virale Proteine, werden im Allgemeinen vom Proteasom zu **Peptiden** abgebaut. Die Peptidfragmente, die jetzt klein genug sind, um von MHC-I-Molekülen präsentiert zu werden, dringen ins raue Endoplasmatische Retikulum (rER) ein.

Gleichzeitig wird die Kette des MHC I im rER mit Hilfe von Chaperon-Proteinen synthetisiert und das Peptidfragment bindet dann an die Peptidbindungsstelle des Moleküls.

Die dadurch stabil gewordenen MHC-I-Moleküle werden dann über den Golgi-Apparat zur Plasmamembran geschleust (Abb. 3).

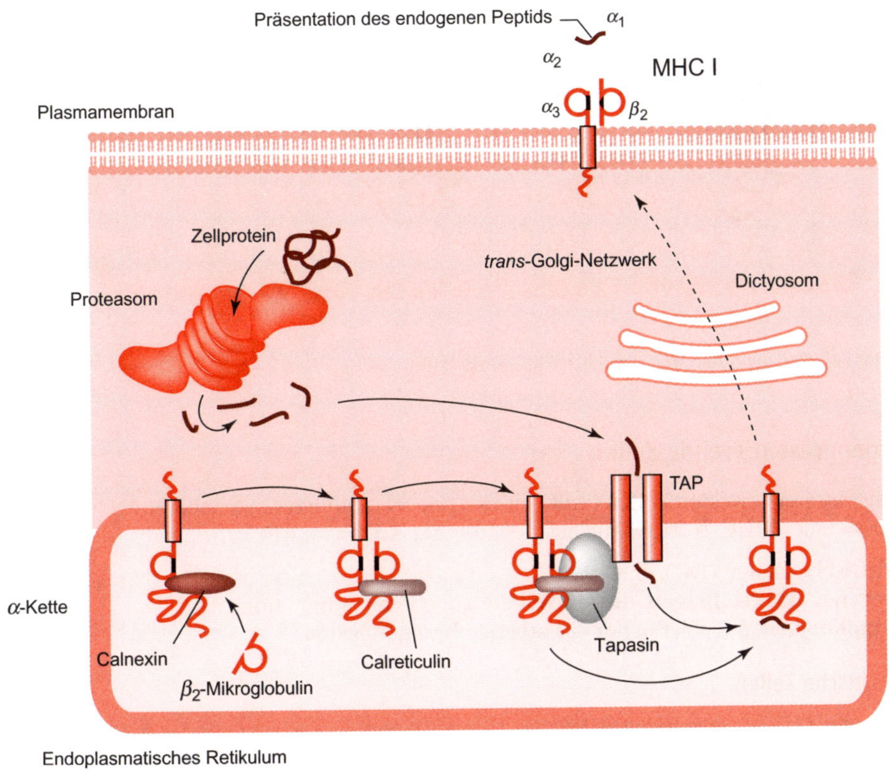

Abb. 3 Anlagerung endogener Peptide an MHC-I-Moleküle

b) MHC-Klasse II

Die MHC-II-Moleküle werden, wie die von MHC I, im rER synthetisiert und gelangen über das *trans*-Golgi-Netzwerk in Vesikel, die mit Endosomen zum **MHC-II-Kompartiment (MIIC)** fusionieren. Dort werden die MHC-II-Moleküle beladen und anschließend zur Zelloberfläche transportiert. In den Antigenpräsentierenden Zellen enthalten zahlreiche späte Endosomen Fragmente von Pathogenen, z. B. als Folge von Phagocytose (Abb. 4).

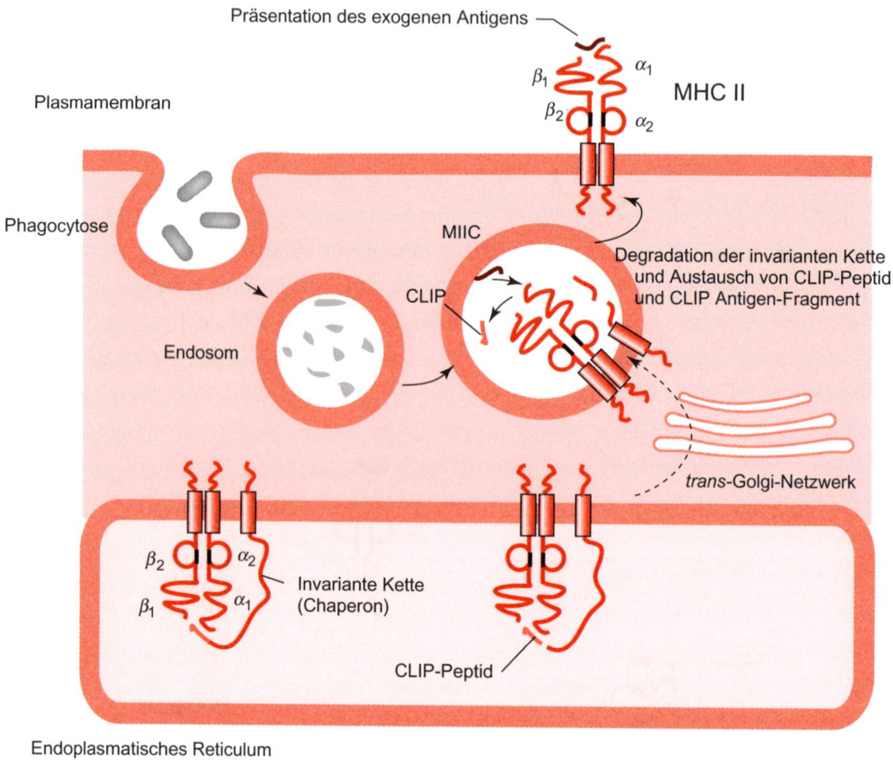

Abb. 4 Prozessierung exogener Antigene durch MHC-II-Moleküle

4. Antigenpräsentierende Zellen

Die Antigenpräsentierenden Zellen (APC für *antigen presenting cells*) zeichnen sich durch ihre Expression der MHC-II-Moleküle aus. Es gibt drei Arten von APC:

- **Dendritische Zellen** (DC),
- **Monocyten/ Makrophagen**, die ein Teil der angeborenen Immunität sind,
- **B-Lymphocyten**, die ein Teil der erworbenen Immunität sind.

a) Dendritische Zellen

Dendritische Zellen liegen hauptsächlich in Geweben vor, die Kontakt mit der Außenwelt haben, wie Haut und Schleimhäute. Sie besitzen Rezeptoren (**PRR** für *pattern recognition receptors*) mit der Fähigkeit, einige vielen Pathogenen gemeinsame Antigene zu erkennen, die sie durch Phagocytose oder Endocytose aufnehmen können.

Nachdem die DC Antigene eingefangen haben, reifen sie und wandern zu den sekundären lymphatischen Organen, wo sie die mit MHC-I- und MHC-II-Molekülen assoziierten Peptide der Pathogene präsentieren (Abb. 5).

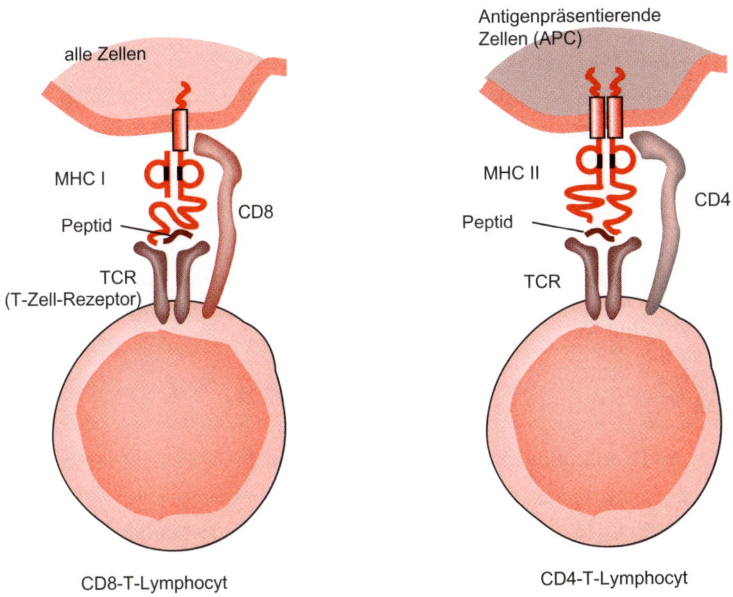

Abb. 5 Bei der Präsentation von Antigenen an Lymphocyten intervenieren MHC-Moleküle durch Antigenpräsentierende Zellen

b) Monocyten/Makrophagen

Monocyten oder später ausgereifte Makrophagen gehören zur **myeloiden Linie**. Sie befinden sich im Blut (Monocyten) oder im Gewebe (Makrophagen). Wie die dendritischen Zellen verwenden sie ihre PRR, um Pathogene zu erkennen, die sie phagocytieren und anschließend, assoziiert mit den **MHC-II-Molekülen**, auf der Zelloberfläche präsentieren können.

c) B-Lymphocyten

Als einzige Antigenpräsentierende Zellen der adaptiven Immunität erkennen die B-Lymphocyten ein Pathogen durch ihren **BCR** (*B cell receptor)* und präsentieren das Antigen assoziiert mit den **MHC-II-Molekülen.**

35 Adaptive Immunantwort

Worum es geht:
Immunsystem, Lymphsystem, Lymphocyten, Antigene, MHC

Um eine adaptive Immunantwort auszulösen, müssen Antigene mit Lymphocyten, die für diese Antigene spezifische Rezeptoren exprimieren, in Kontakt kommen. Dabei spielen die T-Lymphocyten (oder T-Zellen) eine wesentliche Rolle.

1. Wirkung der Antigen-Präsentation

Die Molekülkomplexe des MHC mit antigenem Peptid werden von T-Zellen über ihren TCR (*T cell receptor*) erkannt.

Die MHC-I-Peptide werden von CD8-T-Zellen erkannt, während MHC-II-Peptide von CD4-T-Zellen erkannt werden.

Der Zweck und die Folgen der Präsentation von Antigenen sind je nach Art der Antigenpräsentierenden Zellen (APC) unterschiedlich.

a) Einleiten der adaptiven Immunantwort

Die reifen dendritischen Zellen (DC) aktivieren die CD4- und CD8-T-Zellen und veranlassen deren Differenzierung in wirksame T-Helferzellen (T_H1 oder T_H2 je nach den Cytokinen, die sie produzieren) oder cytotoxische T-Zellen (CTL).

b) T-Helferzellen

Der vom B-Lymphocyten präsentierte MHC-Peptid-Komplex wird von einer T-Helferzelle erkannt, die der B-Zelle Signale übermittelt und sie dazu anregt, zu proliferieren und sich in eine Effektorzelle zu differenzieren.

Von intrazellulären Bakterien infizierte Makrophagen präsentieren, assoziiert mit MHC II, Peptide, die von diesen Bakterien stammen. Der MHC-Peptid-Komplex wird von einer T-Helferzelle erkannt, die dem Makrophagen das Aktivierungssignal gibt, worauf der Makrophage mit erhöhter Aktivität reagiert.

c) Lyse von virusinfizierten oder Tumorzellen

Die von einem Virus infizierten Zellen oder Tumorzellen präsentieren modifizierte Eigenpeptide, assoziiert mit MHC I, das in fast allen Körperzellen exprimiert wird. Die cytotoxischen T-Zellen erkennen diese MHC-Peptid-Komplexe und bringen die so erkannten Zellen zur Lyse.

2. T-Helferzellen

Die Differenzierung der CD4-T-Zellen in T-Helferzellen T_H (T *helper*) ist ein zentrales Element der adaptiven Immunantwort. Als wahre Meister der adaptiven Immunantwort erkennen diese Zellen Krankheitserreger, die von Zellen der angeborenen Immunantwort (dendritischen Zellen) präsentiert werden, und aktivieren dementsprechend eine humorale oder cytotoxische adaptive Immunantwort, um den Eindringling zu zerstören.

a) Differenzierung der T-Helferzellen beim Treffen auf ein Antigen

Nachdem die Expression von CD4 auf der Oberfläche erfolgt, verlassen T-Zellen als naive (nicht-aktivierte) CD4-T-Zellen den **Thymus** und kreisen über den Blut- oder Lymphkreislauf im Organismus. In der T-Zell-Zone der Rinde der **sekundären lymphatischen Organe** treffen sie auf Antigene, die assoziiert mit den MHC-II-Molekülen von reifen dendritischen Zellen (DC) präsentiert werden, was zu ihrer Differenzierung führt.

Zur Aktivierung benötigt die CD4-T-Zelle von der dendritischen Zelle zwei Signale:

- Das erste Signal erfolgt, wenn der TCR den MHC-Peptid-Komplex erkennt, während CD4 die monomorphen (gleichartigen) Teile des MHC II erkennt (Abb. 1).

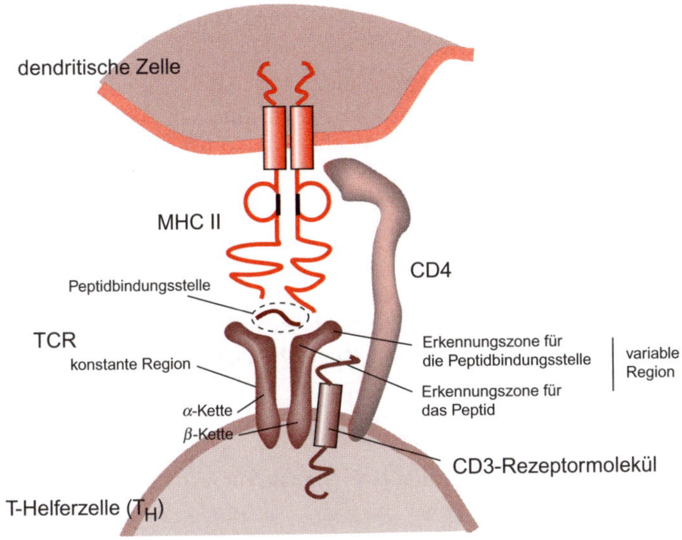

Abb. 1 Erstes Aktivierungssignal der T-Helferzellen

- Das zweite Signal erfolgt durch die Interaktion zwischen **co-stimulierenden Molekülen** (ICAM-1, Cytokinen, etc.), die von der reifen dendritischen Zelle exprimiert werden, und dem Rezeptor dieser Moleküle auf der Oberfläche der T-Zelle (Abb. 2).

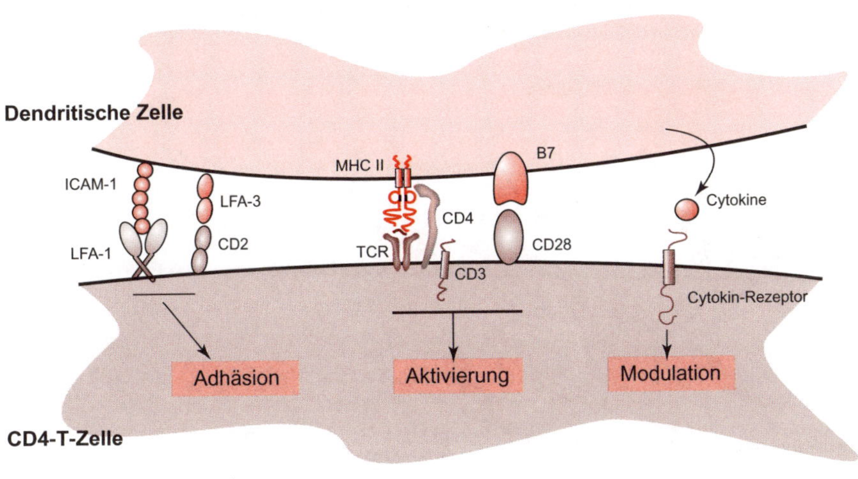

Abb. 2 Zweites Aktivierungssignal der T-Helferzellen

b) Klonale Expansion und Differenzierung in T-Helferzellen

Wenn die naive CD4-T-Zelle beide Signale von der dendritischen Zelle bekommt, wird sie aktiviert und beginnt zu wachsen und sich zu vermehren. Diese Proliferation, die sog. **klonale Expansion**, ergibt viele Klone identischer T-Lymphocyten. Die CD4-T-Lymphocyten differenzieren sich dann zu T-Helferzellen (T_H) oder zu T-Gedächtniszellen.

T-Gedächtniszellen können bei einer erneuten Begegnung mit dem Antigen sehr viel schneller reagieren.

c) Aufgabe der T-Helferzellen

Die Bindung des Antigens an den Rezeptor der CD4-T-Zelle zieht die Transkription spezifischer Gene nach sich, die zur Proliferation und zur Differenzierung von T-Zellen in T-Gedächtniszellen und T-Effektorzellen führt.

Die Differenzierung der CD4-T-Zellen in CD4-T-Helferzellen (T_H2) oder inflammatorische CD4-T-Zellen (T_H1) ist das entscheidende Ereignis, das die Ausrichtung der adaptiven Antwort bestimmt. T_H2 induzieren eine humorale Vermittlung über Antikörper, indem B-Zellen rekrutiert werden, während T_H1 eine zellvermittelte Antwort über die Aktivierung cytotoxischer CD8-T-Zellen oder Makrophagen induzieren.

3. Cytotoxische T-Zellen

Cytotoxische T-Lymphocyten können sowohl virusinfizierte als auch Tumorzellen zerstören. Es sind die CD8-T-Zellen, die in den sekundären lymphatischen Organen zu cytotoxischen T-Zellen differenziert werden.

a) Differenzierung der CD8-T-Lymphocyten zu cytotoxischen T-Zellen

Genau wie CD4-T-Zellen benötigen auch CD8-T-Zellen zwei Signale zur Aktivierung und Differenzierung:

- Das **erste Signal** erfolgt durch die Interaktion zwischen dem TCR und dem Peptid-MHC-Komplex und durch die Interaktion zwischen CD8 und den monomorphen Teilen des MHC I.
- Das **zweite Signal** erfolgt durch Cytokine und co-stimulatorische Moleküle, die von der dendritischen Zelle sezerniert werden.

Für diese Reaktionen muss ein Dreiergespann aus verschiedenen Zelltypen zusammenarbeiten (Abb. 3).

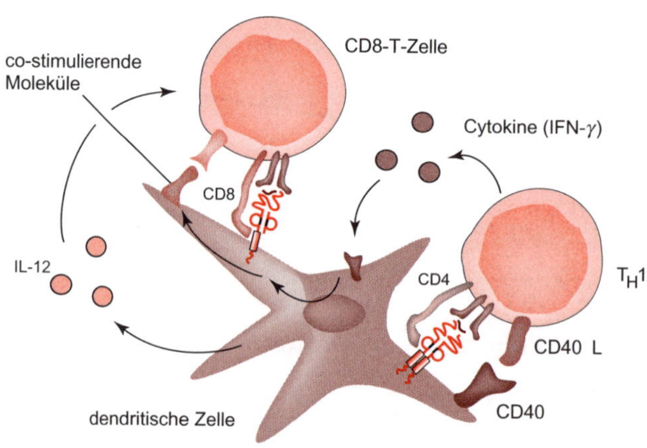

Abb. 3 Aktivierungssignal der cytotoxischen T-Zellen

Die aktivierten CD8-T-Zellen durchlaufen eine Proliferationsphase und eine klonale Expansion mit dem Ergebnis vieler identischer Klone. Diese Zellen differenzieren sich entweder in CD8-T-Gedächtniszellen, die bei einem zweiten Treffen auf das Antigen schneller reagieren, oder in cytotoxische T-Zellen, die die Lyse von Tumorzellen oder virusinfizierten Zellen hervorrufen.

b) Zelltod induziert durch cytotoxische T-Zellen

Nach ihrer Differenzierung verlassen die cytotoxischen T-Zellen (CTL) die sekundären lymphatischen Organe und wandern zum infizierten oder geschädigten Gewebe.

Die aktivierten CTL interagieren mit der Zielzelle und induzieren ihre Lyse und ihren Zelltod. Zwei Mechanismen sind an der Lyse beteiligt (Abb. 4):

- **Freisetzung von cytotoxischen Granula** bei Kontakt mit der Zielzelle. Diese Granula enthalten Perforin, das das osmotische Gleichgewicht der Zelle durch Porenbildung in der Plasmamembran stört, und Granzyme (Serin-Proteasen), die zur Apoptose führen;
- Expression von **Liganden, die an Zelltod-Rezeptoren** binden und den Tod der Zielzelle auslösen.

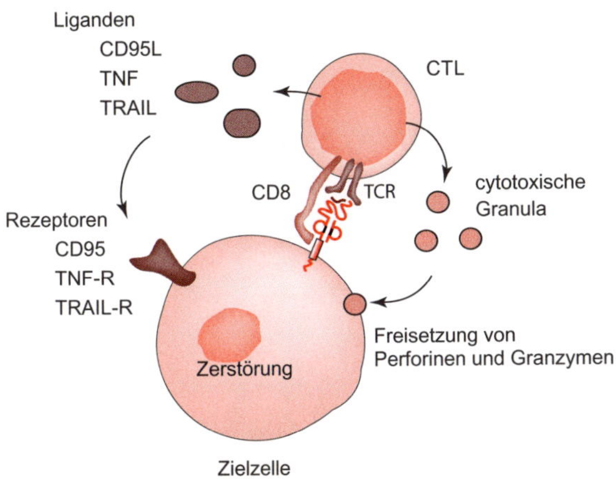

Abb. 4 Zelltod induziert durch cytotoxische T-Zellen

4. Humorale adaptive Immunantwort

Genau wie T-Lymphocyten werden B-Lymphocyten im Knochenmark gebildet, wo sie ihre spezifischen Rezeptoren, die BCR (B *cell receptors*) ausbilden. Die naiven B-Lymphocyten verlassen dann das Knochenmark und gelangen über den Blut- oder Lymphkreislauf in den Organismus.

a) Erkennen von Antigen und Aktivierung von B-Lymphocyten

Die B-Lymphocyten treffen in der Rinde (T-Zone) der sekundären lymphatischen Organe auf Antigene, genau an der Grenze zur B-Zone. Die Antigene ihrerseits gelangen entweder „von selbst" über das Blut, die Lymphe oder Schleimhäute in diese Zone, oder sie werden auf der Oberfläche von dendritischen Zellen (DC) transportiert.

Antigene werden vom BCR erkannt, der aus zwei Untereinheiten besteht:

- einer Erkennungseinheit des Antigens, einem membranären Immunglobulin (oft einem IgM);

- einer Signaltransduktionseinheit, die aus den Heterodimeren CD79a/CD79b besteht, die die zelluläre Aktivierung vermitteln.

b) Präsentation des Antigens und „Helfer"-Effekt der T_H-Zellen

Wenn das Antigen an den BCR gebunden ist, wird der Antigen-BCR-Komplex internalisiert und Peptide aus diesem Antigen werden, assoziiert mit MHC-II-Molekülen, präsentiert.

Die in dieser Zone anwesenden T_H2-Zellen erkennen das Antigen durch ihren TCR. Durch diese Interaktion wird das Molekül CD40L, exprimiert von der T_H-Zelle, an seinen Rezeptor CD40 gebunden, der von der B-Zelle exprimiert wird. Ebenso werden Cytokine, die von T_H2-Zellen sezerniert werden, an ihre spezifischen Rezeptoren auf der Oberfläche der B-Lymphocyten gebunden (Abb. 5). Das Zusammenspiel dieser verschiedenen Signale bewirkt die Aktivierung der B-Zelle, die daraufhin eine Proliferationsphase durchläuft, die eine klonale Expansion identischer B-Zellen darstellt.

Die B-Lymphocyten differenzieren danach entweder zu B-Gedächtszellen (die bei einem erneuten Treffen auf das Antigen schneller reagieren), zu B-Lymphocyten, die in die B-Zone der sekundären lymphatischen Organe wandern, oder aber zu Antikörper-produzierenden Plasmocyten. Diese Antikörper, meist IgM bei der ersten Begegnung mit dem Antigen, gelangen über das Blut und die Lymphe zum Infektionsherd.

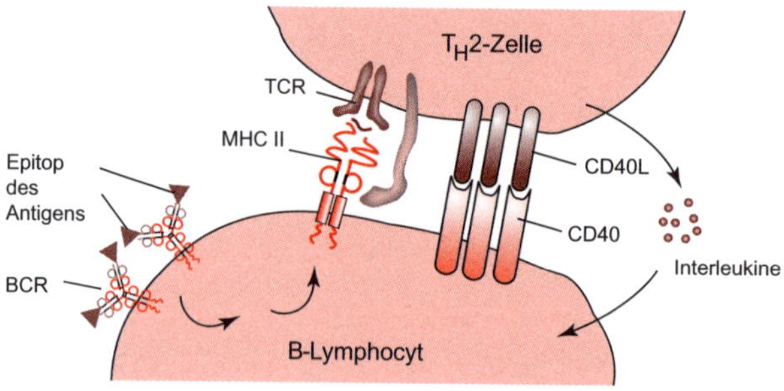

Abb. 5 Aktivierung eines B-Lymphocyten und Zusammenarbeit mit T_H2-Zellen

c) Von der primären zur sekundären humoralen Immunantwort

Beim ersten Treffen auf ein Antigen vergehen einige Tage, bis sich die ersten Antikörper im Blut bilden. Ihre Anzahl ist relativ gering, es handelt sich um **Immunglobulin M (IgM)**. Die Produktion dauert einige Wochen, und stellt die **Primärantwort** dar (Abb. 6).

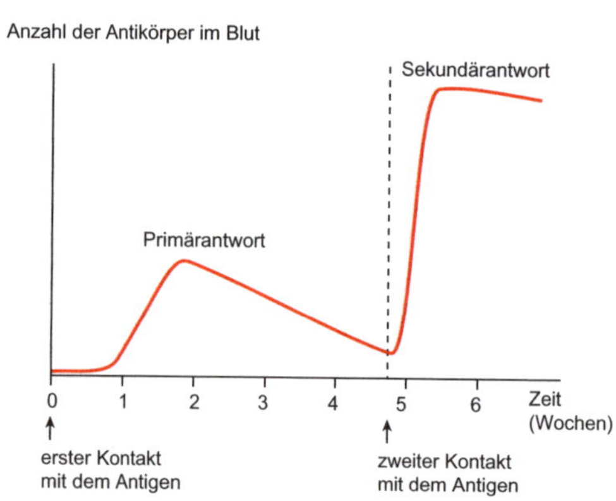

Abb. 6 Primäre und sekundäre humorale Immunantwort

Bei einem erneuten Treffen auf das Antigen tritt die **Sekundärantwort** ein, d. h. es werden sofort Antikörper gebildet, ihre Anzahl ist höher und die Produktionsdauer länger. Im Verlauf dieser Immunantwort sind die gebildeten Antikörper nicht mehr IgM, sondern **IgG**, **IgA** oder **IgE**, die besser an die Zerstörung der Erreger angepasst sind. Außerdem ist die Antigenaffinität der Antikörper bei der Sekundärantwort stärker.

Die verstärkte Reaktion ist das Resultat der Reifung von B-Lymphocyten in den Keimzentren der B-Zone der sekundären lymphatischen Organe.

B-Zellen, die aus der Differenzierung von antigenspezifischen B-Zellen hervorgegangen sind, vermehren sich schnell und bilden ein Keimzentrum. Diese Zellen werden als Centroblasten bezeichnet. Während ihrer Vermehrung treten zahlreiche Mutationen im variablen Teil des BCR auf. Sie werden als somatische Hypermutation bezeichnet. Centroblasten, die diese Mutationen überleben, bilden Centrocyten.

Centrocyten, deren BCR eine hohe Antigenaffinität besitzen, werden selektiert und überleben, solche mit geringer Antigenaffinität sterben ab. Dieser Prozess stellt die Affinitätsreifung dar. Bei dieser Selektion müssen die Centrocyten das Antigen auf der Oberfläche follikulärer dendritischer Zellen erkennen und zusätzlich Unterstützung von T_H-Zellen erfahren, wofür die Interaktion der Co-Rezeptoren CD40-CD40-L nötig ist.

Neben der Affinitätsreifung, die den variablen Teil des BCR betrifft, ändert ein Isotyp- oder Klassenwechsel (*isotypic commutation* oder *class switch*) den konstanten Teil des BCR durch einen somatischen Rekombinationsmechanismus. Der Isotypwechsel der Immunglobulinklassen verändert die Immunglobuline des BCR unter Bildung von IgG, IgA, IgE, etc. Die somatische Rekombination wird durch Cytokine kontrolliert, die von T_H-Zellen sezerniert werden.

Nach der Affinitätsreifung und dem Isotypwechsel differenzieren sich die Centrocyten entweder zu B-Gedächtniszellen oder zu Plasmazellen, die hochaffine Antikörper der Klassen IgG, IgA oder IgE bilden.

Einige Plasmazellen siedeln sich im Knochenmark an, wo sie jahrelang überleben können.

36 Pflanzliche Kohlenstoffernährung durch Photosynthese

Worum es geht:
Photosynthese, Photorespiration, C_3-, C_4-,CAM-Pflanzen

Chlorophyllhaltige eukaryotische Organismen sind im Hinblick auf verschiedene mineralische Elemente wie Kohlenstoff, Stickstoff und Schwefel autotroph. Sie unterscheiden sich von Tieren durch ihre Fähigkeit, ihre Biomasse aus mineralischen Substanzen aufzubauen.

Der Stoffwechsel der Pflanzen ist **photolithotroph**. Sie verwenden Lichtenergie für die Redoxreaktionen der Photosynthese, wobei sie Wasser als Elektronendonor einsetzen, und erzeugen schließlich organische Moleküle.

Die **Photosynthese** besteht aus zwei voneinander abhängigen Reaktionen, einem photochemischen Vorgang (**Lichtreaktion**) und einer chemischen Reaktion (**Dunkelreaktion**). Kohlenstoffdioxid kann auf unterschiedliche Arten fixiert werden, aber seine Reduktion im Calvin-Zyklus (Dunkelreaktion) ist bei allen chlorophyllhaltigen Pflanzen identisch.

1. Licht- und Dunkelreaktion der Photosynthese

Die Photosynthese ist eine **autotrophe Reduktion** des Kohlenstoffs. Dieser Stoffwechselweg gewährleistet den Eintritt des atmosphärischen Kohlendioxids (CO_2) in den Kohlenstoffkreislauf folgendermaßen:

$$6\,CO_2 + 6\,H_2O \rightarrow 6\,C_6H_{12}O_6 + 6\,O_2$$

Die Photosynthese läuft in zwei grundlegenden Schritten ab:

- Eine **photochemische Reaktion** (Lichtreaktion), in der die Lichtenergie unter Bildung von ATP und NADPH in chemische Energie umgewandelt wird;
- Das ATP enthält eine energiereiche Bindung, die durch oxidative Phosphorylierung gebildet wird. Diese chemische Bindung wird von einer ATP-Synthase gebildet, deren Aktivität von einem Protonengradienten abhängt, der an eine Kette von Redoxreaktionen gekoppelt ist, die wiederum durch die Energie der Lichtstrahlen aktiviert wird.
- NADPH ist das Reduktionsmittel, das bei der oxidativen Photolyse von Wasser entsteht.

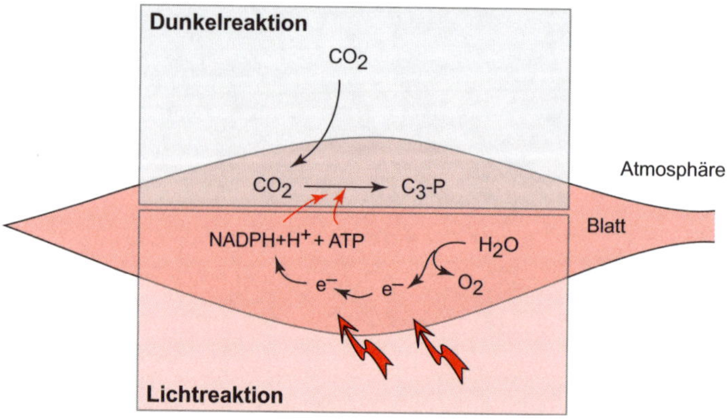

Abb. 1 Prinzip der Photosynthese chlorophyllhaltiger Pflanzen

- Die **chemische Reaktion der reduzierenden Kohlenstofffixierung** besteht aus der Reduktion von CO_2 in Triosephosphate (C_3-Zucker). Dieser Stoffwechselweg läuft über den **Calvin-Zyklus** und seine Enzyme (Abb. 1).

Die Licht- und Dunkelreaktion sind die Grundlage der Photosynthese und bei allen Pflanzen gleich, es gibt aber Pflanzen, bei denen vor der Reduktion noch eine reversible CO_2-Fixierung stattfindet. Diese zusätzliche Reaktion konzentriert das CO_2 und erhöht so die Wirksamkeit der Photosynthese. Zwei Stoffwechselwege lassen sich daher unterscheiden:

- Pflanzen, die CO_2 direkt in den Calvin-Zyklus einschleusen, und daher Triosephosphat als erstes Produkt der Fixierung herstellen, werden **C_3-Pflanzen** genannt (Abb. 2).
- Pflanzen, die den Weg der reversiblen Kohlenstofffixierung einschlagen, stellen zunächst Malat, einen C_4-Körper, her, der dann seinerseits CO_2 für den Calvin-Zyklus bereitstellt. Je nach dem verwendeten Mechanismus werden diese Pflanzen entweder **C_4-Pflanzen** oder **CAM-Pflanzen** genannt (Abb. 2).

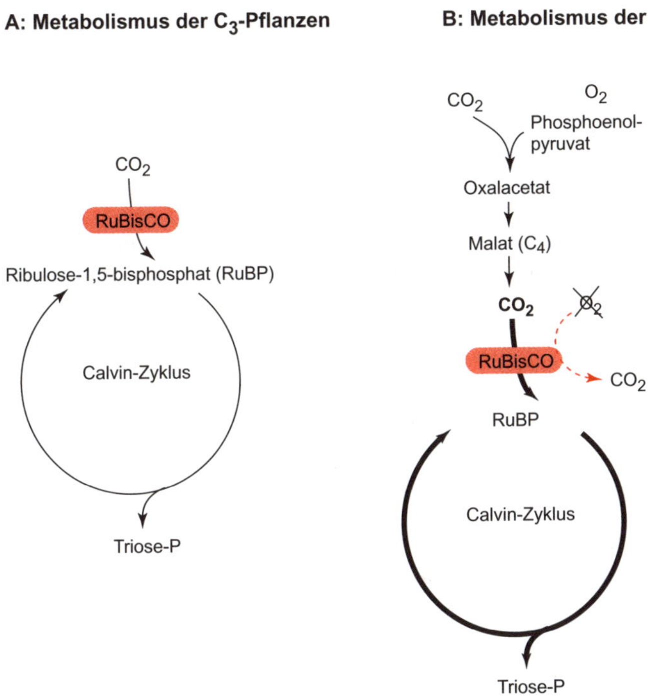

Abb. 2 Prinzip der Photosynthese, **A:** bei C_3-Pflanzen; **B:** bei C_4- oder CAM-Pflanzen

2. Lichtreaktion

Die Photosynthese findet in chlorophyllhaltigen Organellen der Zellen statt, den **Chloroplasten.** Sie sind besonders in den Blättern von Landpflanzen vorhanden, flachen, oberirdischen Organen, die mit einer Cuticula bedeckt sind und deren innere Gewebe durch **Stomata** mit der Atmosphäre in Verbindung stehen.

Die Lichtreaktion läuft tagsüber unter Sonneneinstrahlung ab. Die Energie der Lichtstrahlen liefert die Aktivierungsenergie für diese endergonische Reaktion.

a) Lichtenergie ermöglicht die Bildung des Protonengradienten und der Elektronentransportkette

Die Lichtreaktion besteht aus der Umwandlung von Lichtenergie in die energetischen Produkte ATP und NADPH.

- Die Energie der Lichtstrahlen wird zunächst von photosynthetischen Pigmenten absorbiert, den lichtsammelnden Antennen (**Antennenkomplexen**) der Photosysteme I und II, die in den Thylakoidmembranen der Chloroplasten lokalisiert sind. Diese Komplexe bestehen aus Proteinen und verschiedenen Pigmenten, Chlorophyllen und Carotinoiden. Chlorophylle (Chlorophyll a und b) und Carotinoide (Carotine und Xanthophylle) besitzen jeweils ein spezifisches Absorptionsspektrum. Die Pigmentzusammensetzung bestimmt also das gesamte Absorptionsspektrum der Pflanze.
- Die von den Pigmenten absorbierte Lichtenenergie induziert den Übergang vom Grundzustand in einen angeregten Zustand. Diese Anregung wird innerhalb der Antennen durch Resonanz von einem Pigment auf das andere übertragen (Carotinoide → Chlorophyll b → Chlorophyll a) und schließlich auf das Reaktionszentrum konzentriert (Abb. 3). Dort werden die Chlorophyll-Dimere, P680 des Photosystems II und P700 des Photosystems I, angeregt und ionisiert, wobei sie Elektronen an Elektronenakzeptoren abgeben.
- P680 wird von Elektronen wieder reduziert, die bei der Oxidation des Wassers freiwerden. Der bei der Photosynthese gebildete Sauerstoff kommt also aus dem Wasser (Photolyse des Wassers: $H_2O \rightarrow 2H^+ + 1/2\ O_2$). P700 erhält seine Elektronen für die Rückreduktion über eine Reihe von **Elektronencarriern** in der Thylakoidmembran im Endeffekt von P680 (Abb. 4).
- **Elektronen mit hohem Redoxpotenzial**, freigesetzt von P680, werden auf **Plastochinon (PQ)** übertragen, dann auf den **Cytochrom-b$_6$f-Komplex** und schließlich über **Plastocyanin (PC)** auf das Photosystem I. Dieser Elektronentransfer geht mit einer **Protonentranslokation** vom Stroma der Chloroplasten zum Thylakoidlumen einher. Dies bewirkt zusätzlich zu der bereits vorhandenen Protonenanhäufung bei der Oxidation des Wassers eine weitere Erhöhung der H^+-Konzentration im Thylakoidlumen (Abb. 4).

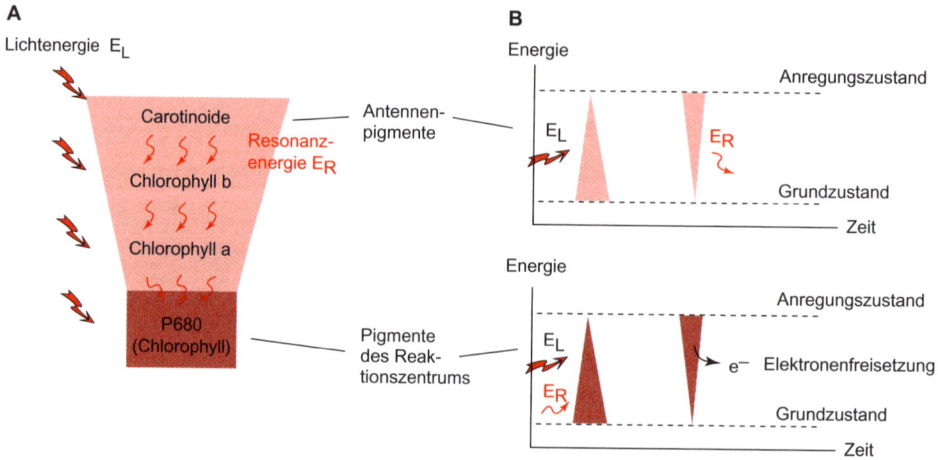

Abb. 3 **A:** Funktion der Pigmente des Photosystems II bei der Energiesammlung und deren Transport zum Reaktionszentrum; **B:** Anregung der Antennenpigmente und des Reaktionszentrums bei der Umwandlung der Lichtenergie

b) Der Protonengradient ermöglicht die ATP-Synthese

Die Redoxreaktionen der Elektronentransportkette werden von exergonischen Reaktionen begleitet, die die Protonentranslokation vom Stroma zum Thylakoidlumen ermöglichen, wo ihre Konzentration höher ist (endergonischer Transfer). Es bildet sich also ein abnehmender Protonengradient zwischen Stroma und Lumen. Die passive Rückkehr der Protonen (ΔG negativ) ins Stroma stellt eine **protonenmotorische Kraft** dar, die vom Enzym ATP-Synthase zur Phosphorylierung von ADP zu ATP genutzt wird ($ADP + P_i \rightarrow ATP$; $\Delta G = -30{,}5\ kJ \cdot mol^{1}$). Diese Reaktion wird **Photophosphorylierung** genannt (Abb. 4).

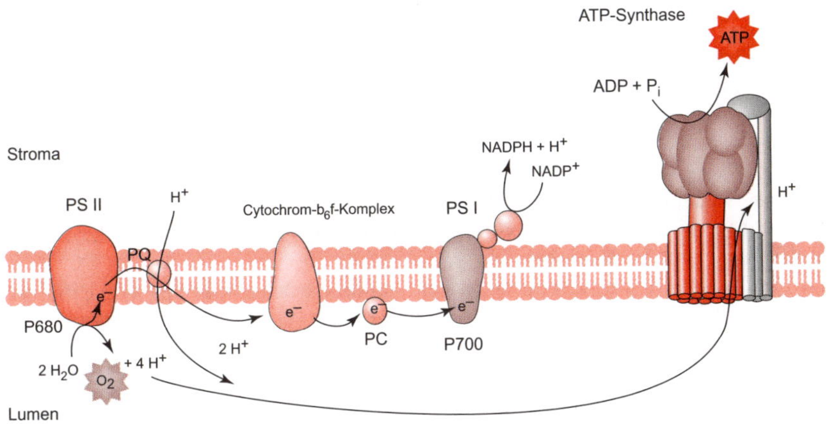

Abb. 4 Photosynthetische Bildung von NADPH und ATP angetrieben von der Elektronentransportkette und dem Protonengradienten

c) Elektronentransfer zur Bildung des Coenzyms NADPH

Die Elektronen aus dem Wasser gehen von Reduktans auf Oxidans über, bis zum oxidierten Coenzym $NADP^+$:

$$NADP^+ + 2\ e^- + 2\ H^+ \rightarrow NADPH + H^+.$$

Dieser Elektronentransfer zwischen den Transportmolekülen der Redoxreaktionskette ist **azyklisch**; die Elektronen werden auf das Coenzym übertragen, das Endprodukt der Redoxreaktion.

Der Elektronentransport kann aber auch **zyklisch** sein, je nach Stoffwechselbedürfnissen der Chloroplasten, indem Elektronen in die Redoxreaktionskette reintegrieren, anstatt auf $NADP^+$ übertragen zu werden. Dieser Weg führt zur Bildung eines Protonengradienten und damit zur ATP-Synthese (Abb. 5).

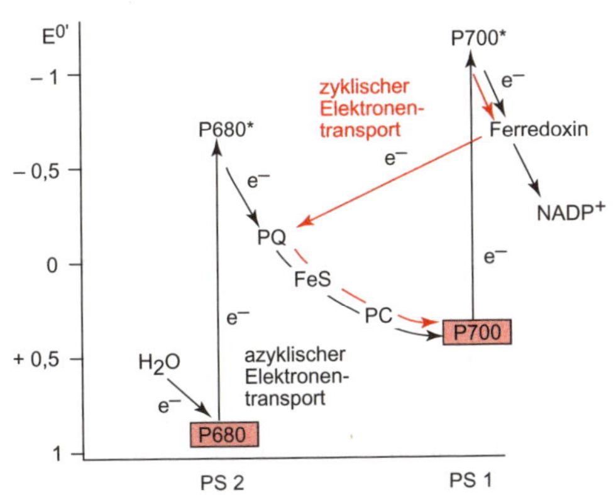

Abb. 5 Zyklischer und azyklischer Elektronentransport führen zur Bildung von NADPH und einem Protonengradienten

3. Assimilation von CO_2 im Calvin-Zyklus

Die **chemische Phase der Photosynthese (Dunkelreaktion)** besteht aus der Anlagerung von CO_2 an ein Pentosebisphosphat, woraus im Calvin-Zyklus zwei Triosephosphate entstehen. Dieser Vorgang findet mithilfe von NADPH, H^+ und unter Dephosphorylierung von ATP statt, Zwischenprodukten der Lichtreaktion.

- Der erste Schritt wird von **Ribulose-1,5-bisphosphat-Carboxylase/Oxygenase (RuBisCO)** katalysiert, die Fixierung von CO_2 an Ribulose-1,5-bisphosphat, woraus ein instabiles Zwischenprodukt entsteht, das sogleich in zwei Moleküle 3-Phosphoglycerat zerfällt.
- 3-Phosphoglycerat wird unter Verbrauch von ATP zu 1,3-Bisphosphoglycerat phosphoryliert.
- 1,3-Bisphosphoglycerat wird dann durch NADPH und H^+ zu Glycerinaldehyd-3-phosphat reduziert. Dieses Triosephosphat steht im Gleichgewicht mit Dihydroxyaceton-3-phosphat (Abb. 6). Eine von sechs dieser Triosen wird ins Cytosol transportiert und steht der Pflanze für ihren Stoffwechsel zur Verfügung.
- Um die CO_2-Fixierung aufrechtzuerhalten, ist eine ständige Rückgewinnung von Ribulose-1,5-bisphosphat erforderlich. Der Vorgang der **Regeneration** verbraucht den Großteil (5 von 6) der gebildeten Triosen.

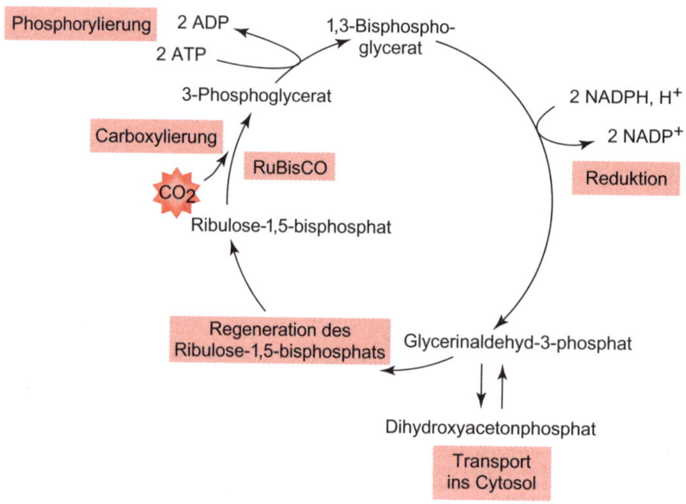

Abb. 6 Schritte der CO_2-Reduktion im Calvin-Zyklus

4. Reduktion über Dicarboxyl-Zwischenprodukte

RuBisCO hat zwei für die Photosynthese ungünstige Eigenschaften. Einerseits besitzt es eine schwache Affinität für CO_2, daher ist die Carboxylase-Funktion, die die Photosynthese einleitet, ein begrenzender Faktor. Andererseits besitzt es eine starke Affinität für O_2 und wirkt bei der Photorespiration als Oxygenase, einem Stoffwechselweg zum Nachteil der Photosynthese.

Bei C_3-Pflanzen verläuft die Photorespiration neben der Photosynthese, vermindert aber dadurch deren Wirksamkeit.

Pflanzen, deren Stoffwechsel Dicarboxylsäuren bildet, kompensieren die Schwächen von RuBisCO und verbessern gleichzeitig die Photosyntheseleistung, indem sie die Phototranspiration begrenzen. So können diese Pflanzen extrem trockene und wüstenartige Milieus besiedeln.

a) Reduktion von CO_2 bei C_4-Pflanzen

Der Stoffwechsel der C_4-Pflanzen ist durch die frühzeitige Bildung eines C_4-Körpers, Oxalacetat, gekennzeichnet.

Die Blätter dieser Pflanzen (Mais, *Atriplex*, u. a.) besitzen eine sog. Kranzanatomie und sind histologisch und cytologisch an diesen Stoffwechselweg angepasst (Abb. 7).

Innerhalb der Mesophyllzellen wird CO_2 an Phosphoenolpyruvat angelagert, woraus Oxalacetat entsteht. Dieses Molekül ist instabil und wird zu Malat oder Aspartat umgelagert, die beide über Plasmodesmen in die Bündelscheidenzellen transportiert werden. In diesen Zellen werden Malat bzw. Aspartat decarboxyliert, wobei CO_2 freigesetzt wird, das in hoher Konzentration vorliegt. Das CO_2 tritt in den Calvin-Zyklus ein, und es werden Triosephosphate synthetisiert. RuBisCO wirkt hier also nur als Carboxylase und nicht als Oxygenase, da die relative Sauerstoffkonzentration verringert wurde. Photorespiration findet kaum statt.

Diese Art der Photosynthese ist bei hohen Temperaturen wirksamer und führt gleichzeitig zu verminderter Öffnung der Stomata, was hilft, die Wasserverluste durch Verdunstung zu begrenzen. C_4-Pflanzen sind also besser an tropische und subtropische Regionen angepasst.

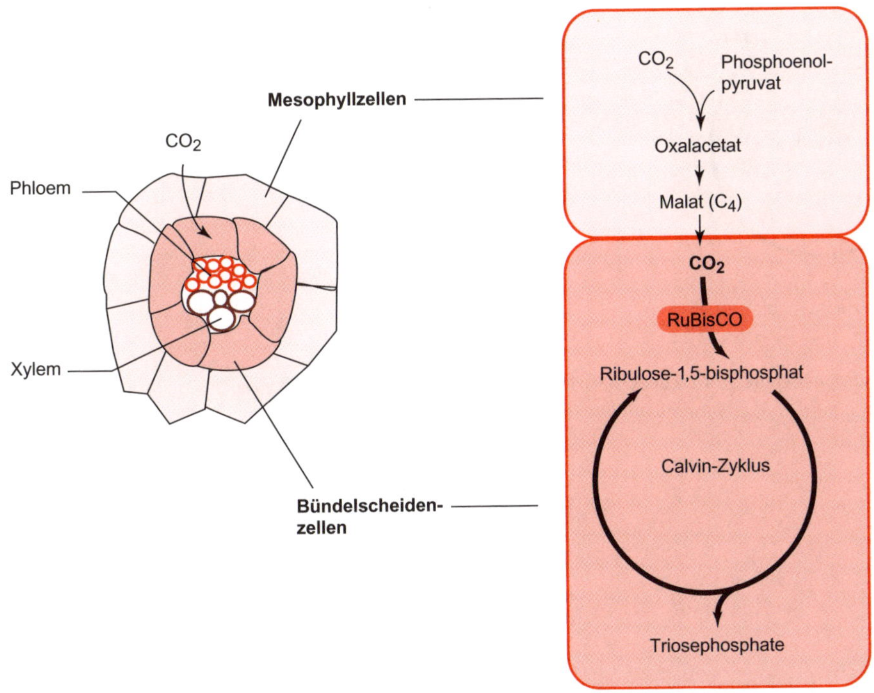

Abb. 7 Räumlich getrennte Schritte von CO_2-Fixierung und -Reduktion zu Triosephosphaten bei C_4-Pflanzen

b) Reduktion von CO_2 bei CAM-Pflanzen

Der Stoffwechsel bei CAM (***C****rassulacean* ***A****cid* ***M****etabolism*)-Pflanzen ist ebenfalls durch eine Trennung von CO_2-Fixierung und Reduktion charakterisiert, in diesem Fall aber einer zeitlichen. Es erfolgt zunächst eine reversiblen CO_2-Vorfixierung, die C_4-Moleküle ergibt, und dann die Fixierung und Reduktion im Ablauf des Calvin-Zyklus (Abb. 8).

Nachts findet ein Gasaustausch durch die geöffneten Stomata statt, und CO_2 wird an Phosphoenolpyruvat gebunden. Es entsteht Oxalacetat, das in Malat umgewandelt und in der Vakuole gespeichert wird.

Tagsüber sind die Stomata geschlossen. Das in der Vakuole gespeicherte Malat wird jetzt decarboxyliert. CO_2 liegt in hoher Konzentration vor und diffundiert in die Chloroplasten, wo die Photosynthese stattfindet.

Dieser Stoffwechselweg verhindert zu hohe Wasserverluste für Pflanzen, die an ein wasserarmes Milieu oder Wüsten angepasst sind. Auch hier findet kaum Photorespiration statt.

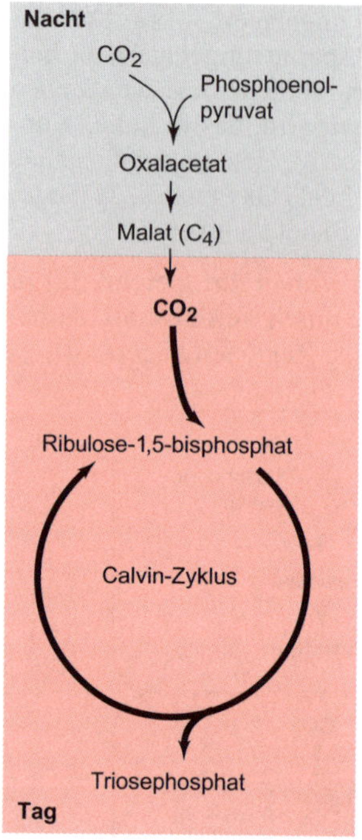

Abb. 8 Zeitlich getrennte Schritte der CO_2-Fixierung und -Reduktion bei CAM-Pflanzen

37 Heterotrophe Kohlenstoffernährung bei Pflanzen

Worum es geht:
Photosynthese, Photorespiration, C_3-, C_4-, CAM-Pflanzen, Heterotrophie, Keimung, Parasitismus, organische Reservestoffe

Grüne Pflanzen sind grundsätzlich kohlenstoffautotrophe Organismen. In gewissen Lebensphasen können sie sich jedoch vorübergehend heterotroph ernähren, bis sie wieder photosynthetisch aktiv werden können.

Parasiten dagegen ernähren sich ständig heterotroph.

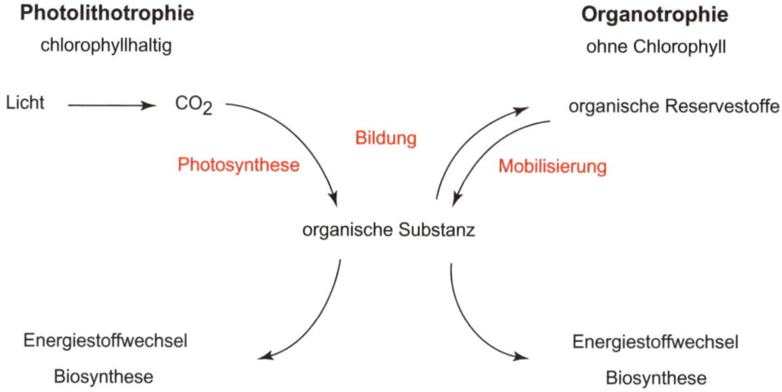

Abb. 1 Photolithotrophie und Organotrophie bei Pflanzen

1. Heterotrophe Lebensweise bei der Keimung

Bevor die junge Pflanze ihre Ernährungsautonomie in Bezug auf Kohlenstoff erreicht, ist der Keimling im Samenkorn von den im Samenkorn der Mutterpflanze gespeicherten organischen Molekülen abhängig. Diese Reservestoffe werden in der ersten Phase der Keimung mobilisiert.

a) Entwicklungsphasen des heterotrophen Keimlings

Die Keimung des Samenkorns entspricht der **Aufnahme der Lebensaktivität** der Pflanze. Sie beginnt, wenn bestimmte klimatische (Feuchtigkeit, Wärme, etc.) und endogene Bedingungen wie Ende der Keimruhe (Dormanz) zusammentreffen.

Dann laufen die verschiedenen Stadien ab, bei denen funktionsbereite Organe durch Wachsen der Pflanzenanlage im Inneren des Samenkorns entstehen (Abb. 2).

- **Wachstum der Wurzel**, die zu Beginn der Entwicklung aus den Integumenten tritt
- **Wachstum des Sprosses**, der die ersten noch nicht assimilationsfähigen Blätter trägt
- **Entfaltung der jungen Knospen**, die ihre jungen Blätter ausbreiten. Diese erlangen allmählich die Fähigkeit zur Photosynthese, und die Pflanze wird kohlenstoffautotroph.

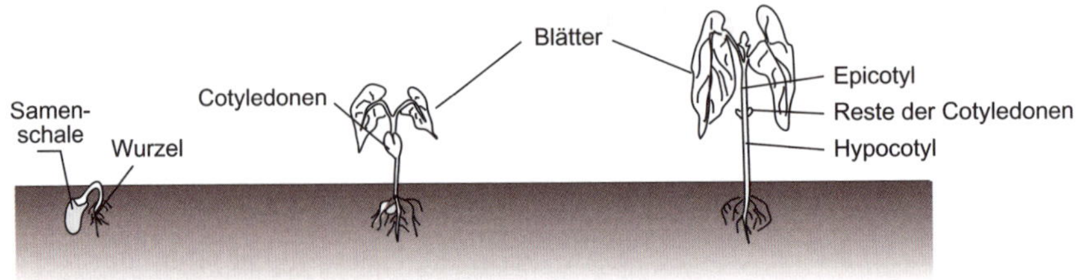

Abb. 2 Stadien der Bohnenkeimung

Abhängig von der Art gehen diese Stadien von organischen Reservestoffen aus, die entweder in den Cotyledonen, im Nährgewebe oder in beiden gespeichert sind (Abb. 3).

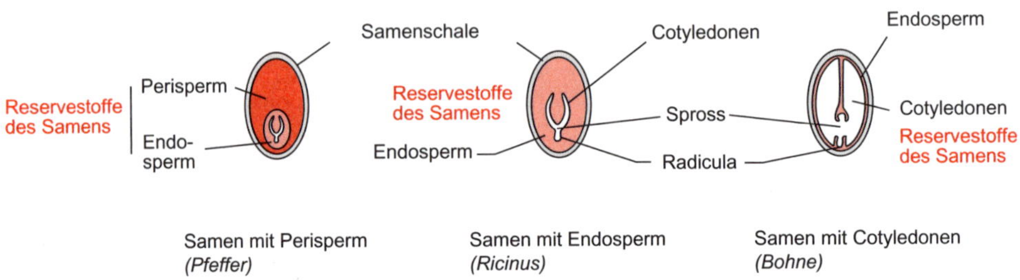

Abb. 3 Lokalisierung der Reservestoffe im Samen

b) Mobilisierung der organischen Reservestoffe in der heterotrophen Phase

Die Eigenschaften von Kohlenstoffketten ermöglichen eine komplette Versorgung des Keimlings:

- Lipide liegen in Oleosomen (Elaioplasten) innerhalb des Cytoplasmas vor. Es handelt sich um Triglyceride (Glycerin verestert mit drei gesättigten und ungesättigten Fettsäuren).
- Proteine in cytosolischen Vesikeln bilden proteinhaltige Körper, die „Proteoplasten". In gewissen Samen sind diese Vesikel sehr stark entwickelt und liegen unter der Samenschale, wo sie die Aleuronschicht bilden. Die Aleuronkörner sind eigentlich dehydratisierte Vakuolen, in denen die Proteine in Form von Kügelchen oder Kristallen ausgefällt sind.
- Kohlenhydrate liegen als Stärke vor. Es handelt sich um Glucose-Polymere, die in den Plastiden angehäuft sind, besonders in Amyloplasten. Diese Speicherform findet man sehr häufig in Samen.

In Samen mit Endospermspeicherung (z. B. Gerste) wird die Mobilisierung der organischen Reservestoffe durch ein Hormonsignal, Gibberellin, ausgelöst, das die Synthese von Hydrolasen in der Aleuronschicht aktiviert. Es werden verschiedene Enzyme synthetisiert, von denen die α-Amylase im gesamten Endosperm verbreitet ist und Kohlenhydrate abbaut. Die Abbauprodukte (Zucker), gelangen anschließend in die Pflanzengewebe, wo sie für die Entwicklung gebraucht werden. (Abb. 4).

In Samen mit Cotyledonenspeicherung werden die Reservestoffe gleichermaßen mobilisiert. In diesem Fall ist die Verteilung an die Organe des Keimlings einfacher (Abb. 4). Indem sich die junge Pflanze langsam entwickelt und wächst, erschöpfen sich die Reserven, das Nährgewebe verschwindet, und die Keimblätter verwelken.

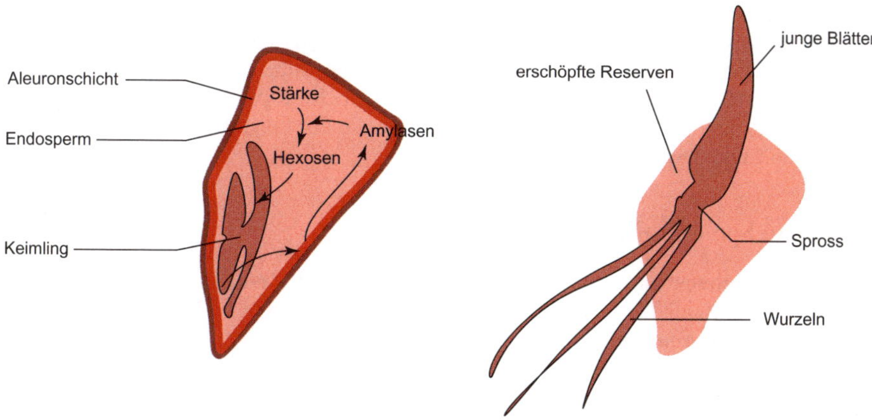

Abb. 4 Mobilisierung der organischen Reserven eines Maiskorns

2. Heterotrophe Lebensweise im vegetativen Pflanzenstadium

Mehrjährige Pflanzen können den Winter in geschützter vegetativer Form überstehen. Im Frühling sprießen neue Vegetationsorgane aus den im Vorjahr gespeicherten organischen Reserven. So sind die ersten mehr oder weniger kurzen vegetativen Stadien heterotroph.

Diese Vorgänge findet man besonders bei:

- **Geophyten**, die vegetative und mit organischen Reservestoffen gespeicherte Überlebensorgane im Boden entwickeln (Rhizome, Sprossknollen, Zwiebeln, etc.);
- **Phanerophyten**, die den Winter in Form von blattlosen vegetativen Organen überstehen und Reservestoffe in Spross und Wurzeln speichern.

Die **Reservestoffe der vegetativen Organe** liegen vor allem in Parenchymen wie z. B. den **Stärkeparenchymen** der Wurzeln oder Sprosse. Es handelt sich um hydratisierte Reservestoffe.

Die Aktivitätsaufnahme der vegetativen Organe ist verknüpft mit der zum Abbau der Reservestoffe nötigen Enzymaktivität (Abb. 5).

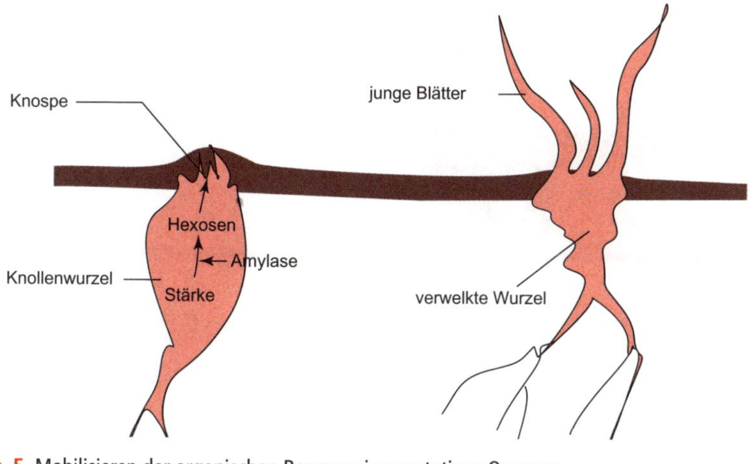

Abb. 5 Mobilisieren der organischen Reserven in vegetativen Organen

So bauen in den Parenchymen Amylasen Stärke wieder zu Glucose ab und bilden **Saccharose**, ein Disaccharid aus Glucose und Fructose. In dieser Form werden Kohlenhydrate aus den Reserveorganen zu den Knospen transportiert, die aus der Keimruhe erwachen. In diesem Stadium entwickeln sich kleine Sprosse, und junge, noch nicht chlorophyllhaltige Blätter wachsen und bilden funktionsfähige Chloroplasten. Jetzt kann die Photosynthese beginnen und damit die autotrophe Lebensweise.

3. Heterotrophie bei pflanzlichen Parasiten

Parasitismus ist die Lebensweise, bei der ein Organismus, der Parasit, sich auf Kosten eines anderen, des Wirtes, entwickelt, z. B. indem der Parasit die organischen Moleküle, die er zum Leben braucht, dem Wirt entnimmt.

Gewisse Pflanzen sind dazu befähigt, ihren Kohlenstoffbedarf in einer trophischen Beziehung, die als **Parasitismus** bezeichnet wird, zu decken.

Holoparasitäre Pflanzen (*Cuscuta, Orobanche, Cystinus, Rafflesia*) hängen völlig von ihrem Wirt ab, was die Zufuhr von organischer Substanz und Mineralstoffen anbelangt. Die parasitäre Pflanze, die selber kein Chlorophyll besitzt, unterhält über Saugorgane, sog. **Haustorien**, einen engen Kontakt mit der grünen Wirtspflanze. Die Haustorien verbinden sich mit dem Leitbündel des autotrophen Organismus und entziehen ihm Wasser und Nährstoffe. Saccharose wird aktiv durch spezialisierte Zellen des Haustoriums entzogen.

So wickelt sich z. B. *Cuscuta* (Abb. 6) mit einem dünnen, bleichen Stiel ohne chlorophyllhaltige Blätter um den Stiel der Luzerne, sticht sie mit **Haustorien** an, die die Rinde durchqueren und ins Phloem eindringen.

Orobanche (Sommerwurz) verbindet sich unmittelbar nach ihrer Keimung mit den Wurzeln, z. B. des Klees, durch Haustorien, die das Leitbündel anzapfen. Sehr schnell entwickelt sich *Orobanche* auf Kosten der Wirtspflanze, die so teilweise organische Nährstoffe entbehrt. *Orobanche* entwickelt in wenigen Tagen einen Blütenstand und bildet Tausende von Samen, bevor sie verwelkt.

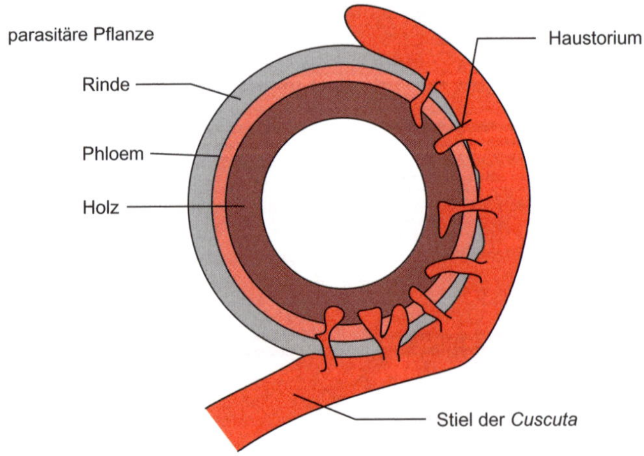

Abb. 6 Aufbau eines *Cuscuta*-Haustoriums, als Parasit der Luzerne

38 Embryophyten

Worum es geht:
Bryophyten (Moose), Pteridophyten (Farne), Spermatophyten, Gymnospermen, Angiospermen, Gametophyt, Sporophyt, Meiose, Mitose, Generationswechsel, Befruchtung, haploid, diploid

Die Embryophyten (Landpflanzen) sind eine Gruppe, die in ihrem Entwicklungszyklus einen Embryo bilden. Diese Pflanzen weisen verschiedene morphologische Eigenschaften auf und besitzen je nach ihrem Entwicklungsstand unterschiedliche Entwicklungszyklen. So weichen die zweiphasigen Zyklen, der Generationswechsel zwischen einer haploiden und einer diploiden Phase, in Bezug auf die Stellung der meiotischen Reduktionsteilung und Ergänzungen zur Befruchtung voneinander ab.

1. Systematik der *Embryophyten*

Die **traditionelle Systematik** unterscheidet mehrere Abteilungen innerhalb der Embryophyten (Tab. 1).

Die Verwandtschaftsverhältnisse nach der **phylogenetischen Systematik** sind anders, denn diese Systematik geht von zwei möglichen Hypothesen aus. Die erste Hypothese betrachtet die Embryophyten als polyphyletische Gruppe, während die zweite sie als monophyletische Gruppe ansieht. Heute geht die Tendenz eher in Richtung der monophyletischen Gruppe, die der allmählichen Anpassung des Sporophyten an das Landleben besser Rechnung trägt.

Tab. 1 Beispiel für die Systematik der Embryophyten

▶ **Unterabteilung Bryophytina (Moose)**
- Klasse Marchiantiopsida (Lebermoose)
- Klasse Anthoceropsida (Hornmoose)
- Klasse Bryopsida (Laubmoose)

▶ **Unterabteilung Pteridophytina (Farne)**
- Klasse Lycopodiopsida (Bärlappgewächse: Lycopodiales, Isoetales, Sellaginellales)
- Klasse Equisetopsida (Schachtelhalme)
- Klasse Filicopsida (echte Farne: Leptosporales, Psilotales)

▶ **Unterabteilung Spermatophytina (Samenpflanzen)**

Ordnungsstufe der Gymnospermen (Nacktsamer)
- Klasse Ginkgoopsida (Ginkgoales)
- Klasse Coniferopsida (inkl. Gnetales)

Ordnungsstufe der Angiospermen (Bedecktsamer)
- Klasse Magnoliopsida 1 (= basale Dicotyledonen)
- Klasse Liliopsida (= Monocotyledonen)
- Klasse Magnoliopsida 2 (= Eudicotyledonen)

2. Entwicklungstendenzen des Generationswechsels bei Embryophyten

Bei den Moosen ist der Generationswechsel diphasisch alternierend mit einer haploiden und einer diploiden Generation. In dieser Gruppe ist der haploide Gametophyt in Form eines beblätterten Sprosses vorherrschend. Der sehr unscheinbare diploide Sporophyt hat eine begrenzte Lebensdauer (Abb. 1).

Bei den Farnen ist der diphasische Generationswechsel durch einen bedeutenderen Sporophyten gekennzeichnet, trotz einer nicht zu vernachlässigenden haploiden gametophytischen Phase. In dieser Abteilung nimmt die diploide Form mehr Platz ein im Vergleich zu den Moosen (Abb.1).

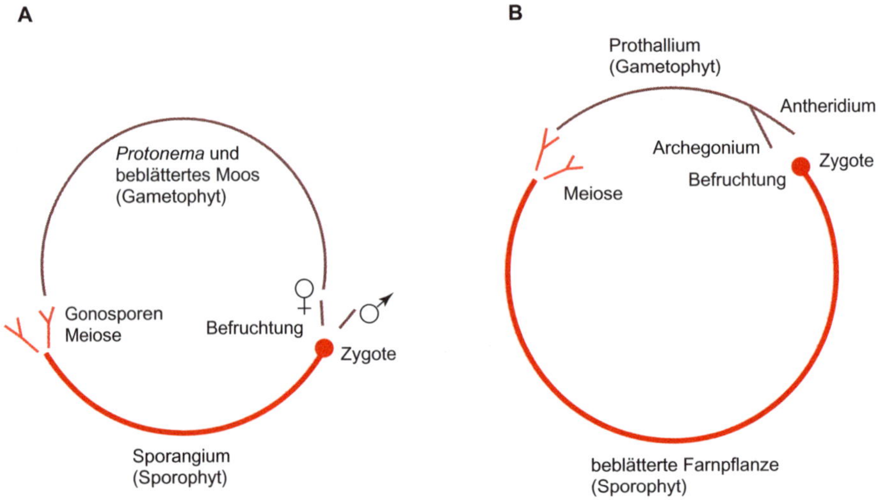

Abb. 1 Phasen des Entwicklungszyklus bei **A:** *Polytrichum* und **B:** *Polypodium*

Bei den Spermatophyten existiert noch ein Generationswechsel zwischen haploider und diploider Generation, jedoch ist hier der Sporophyt weitgehend vorherrschend gegenüber dem Gametophyten (Abb. 2).

Die diploide Form scheint im Laufe der Evolution bevorzugt zu werden, denn die Verdopplung der Gene bedeutet auch eine Verdopplung der Allele, was einer besseren Anpassung an ein wechselhaftes, oberirdisches Leben entspricht. Bei den Spermatophyten

- ist der Generationswechsel durch einen diploiden Sporophyten gekennzeichnet, der eine beblätterte Sprossachse von erheblicher Größe erreichen kann.
- ist, im Vergleich zu anderen Gruppen, der weibliche Gametophyt auf wenige Zellen reduziert, die bei den Gymnospermen (Nadelhölzern) das Endosperm bilden, und bei den Angiospermen den Embryosack.
- sind weibliche und männliche Gametophyten der Angiospermen am weitesten reduziert. Sie besitzen nur noch sieben Zellen (weiblich) beziehungsweise zwei bis drei Zellen (männlich). Das entspricht einer Reduzierung des gametophytischen Prothalliums.

Die Beziehungen zwischen den beiden Generationen werden im Lauf der Evolution immer enger, bis es zu einem parasitären Gametophyten auf dem Sporophyten kommt, was den Schutz und die Entwicklung des Prothalliums begünstigt. Die Reduzierung des Gametophyten begleitet diese Tendenz.

Die Entwicklung des Sporophyten als Parasit auf der Mutterpflanze stellt ebenfalls einen selektiven Vorteil dar, da es dem neuen Keimling im Samen ermöglicht, sich zu Beginn seiner Entwicklung (Ontogenese), wenn seine chlorophyllhaltigen Organe noch nicht funktionsfähig sind, **heterotroph** zu ernähren.

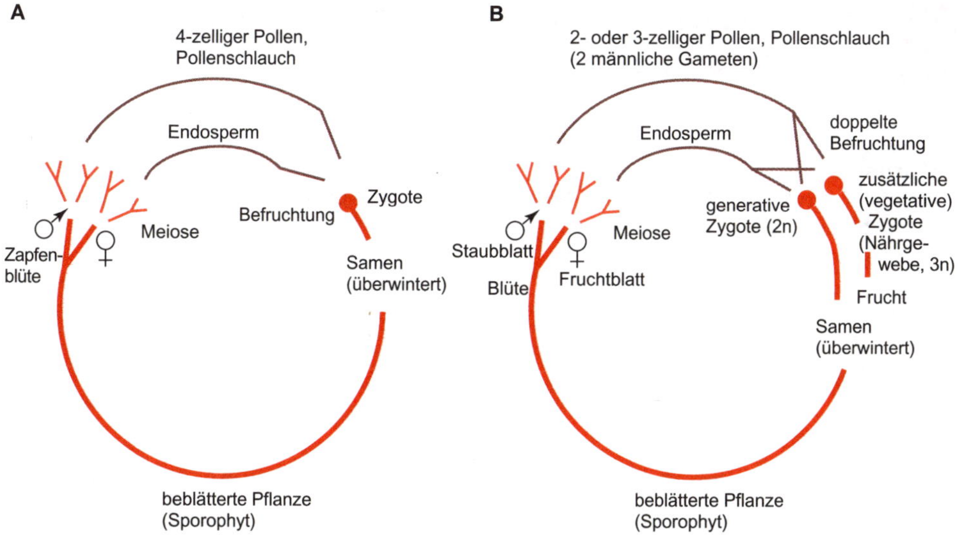

Abb. 2 Generationswechsel bei den **Spermatophyten**, **A:** Gymnospermen, **B:** Angiospermen

39 Generationswechsel der Bryophyten am Beispiel von *Polytrichum*

Worum es geht:
Bryophyten (Moose), Gametophyt, Sporophyt, Meiose, Mitose, Generationswechsel, Befruchtung, haploid, diploid

Der Generationswechsel der Moose weist einige Besonderheiten im Vergleich zu anderen Gruppen auf. Er zeichnet sich insbesondere durch die Vorherrschaft des Gametophyten als beblätterte Pflanze aus.

1. Gametophyt von *Polytrichum*

Polytrichum ist ein häufiges Laubmoos unserer feuchten Biotope. Man kann es leicht an seiner hohen Sprossachse und an seinen Blättern erkennen, die dunkelgrüne Polster auf dem feuchten, schattigen Waldboden bilden.

Bei dieser Art herrscht im Entwicklungszyklus der haploide Gametophyt vor (Abb. 1).

- Er besteht aus einem aufrechten Stängel mit länglichen Blättern und Zellfäden, den Rhizoiden, die Kontakt zum Boden haben.
- Seine Blätter tragen auf der Oberseite etwa 50 chlorophyllhaltige Lamellen, von denen jede fünf oder sechs Reihen von Zellen umfassen.
- Seine männlichen Stängel besitzen fertile, rosettenförmige Gipfel-„Blüten", die Antheridien umschließen. Diese sind durch sterile Zellfäden, die Paraphysen, voneinander getrennt. Im Inneren der Antheridien befinden sich die Spermatiden. Diese Gameten sind leicht spiralig und haben zwei endständige Geißeln.
- Seine weiblichen Stängel tragen flaschenförmige Archegonien, deren bauchiger Teil die Eizelle umschließt.

Den diploiden Organismus stellt das Sporangium dar, das vom Gametophyten getragen wird. Es hat lange, seidige Fäden, die zwischen den Blättern der Rosette liegen und es dem chlorophylllosen Sporophyten erlauben, sich als Parasit auf dem Gametophyten zu entwickeln. Die seidigen Fäden tragen eine Urne oder Deckelkapsel, von einer Kappe bedeckt, die nach der Befruchtung den Rest des Archegoniums darstellt. Im Inneren der Kapsel bilden sich Meiosporen (Gonosporen).

2. Sporophyt von *Polytrichum*

Zur Befruchtung schwimmt ein Spermatid oder männlicher Gamet im Tau den männlichen und dann den weiblichen Stängel entlang bis zur Eizelle. Das daraus entstehende Ei teilt sich, und der Embryo entwickelt sich zum Sporophyten. Er weist eine besondere Morphologie auf:

- einen langen zylindrischen Stiel (Seta), der eine Urne oder Kapsel trägt
- einen Saugfuß am unteren Ende der Seta, mit dem er sich an der Spitze des weiblichen Gametenstiels befestigt und über den er auch seine Nährstoffe bezieht
- Am oberen Ende trägt die Kapsel eine Kappe und überragt das Archegonium, das bei der Entwicklung des Sporophyten zerrissen wurde. Diese Kapsel umschließt das sporogene Gewebe, aus dem sich durch Meiose haploide Meiosporen bilden.
- Die Kapsel wird von einem konischen Deckel abgeschlossen, der sich zum Ausstreuen der reifen Sporen öffnet.

3. Phasen des Generationswechsels

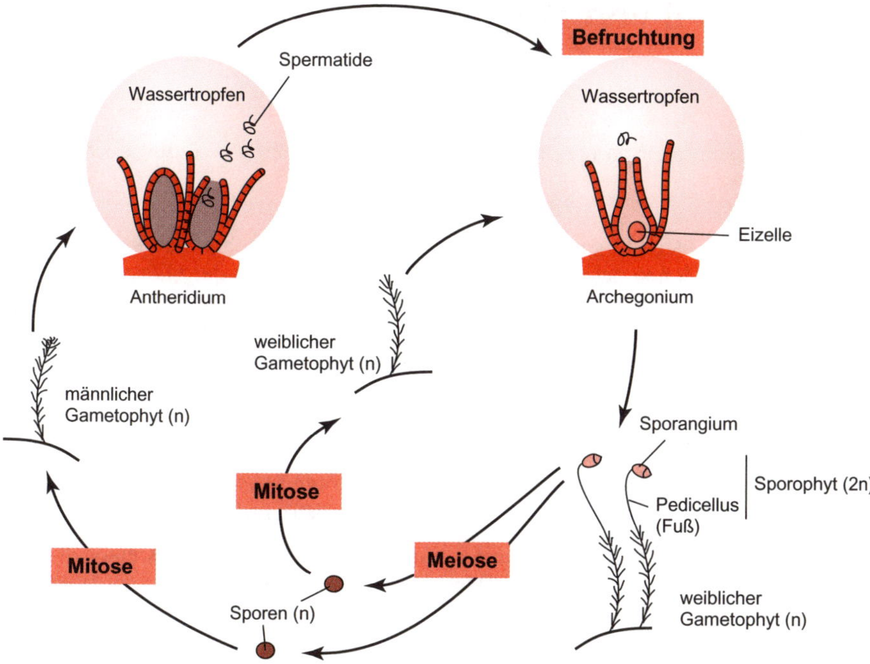

Abb. 1 Phasen des Generationswechsels bei *Polytrichum*

Die Öffnung der Kapsel durch Ablösen des Deckels setzt die Sporen frei. Die Keimung der haploiden Sporen erfolgt nicht weit von der Mutterpflanze entfernt auf dem feuchten Boden. Die Sporen nehmen Wasser auf und keimen zu einem fädigen Thallus aus, dem sogenannten **Protonema**.

Auf dem Protonema erscheinen schnell viele kleine Blättchen, aus denen sich beblätterte Stängel erheben. Das Protonema und die beblätterten Stängel bilden zusammen den **Gametophyten**. An der Spitze der gametophytischen Stängel erscheinen dichtere, blütenähnliche Blattrosetten, innerhalb derer sich die Antheridien, männliche Gametangien, bilden. Weibliche Rosetten entstehen auf der Spitze weiblicher Stängel (Pedicellus) und umschließen das Archegonium. In diesen Organen bilden sich männliche und weibliche Gameten.

40 Generationswechsel bei Pteridophyten am Beispiel von *Polypodium*

Worum es geht:
Pteridophyten, Gametophyt, Sporophyt, Meiose, Mitose, Generationswechsel, Befruchtung, haploid, diploid

Die Pteridophyten (Farne) sind Organismen, die im Allgemeinen feuchte Standorte der temperierten und tropischen Zonen besiedeln. Es sind geläufige Pflanzen der Ökosysteme. Der Tüpfelfarn (*Polypodium vulgare*) ist eine krautige Pflanze, die Böschungen, alte Mauern und steinige Abhänge besiedelt. Die Entwicklungsphasen dieser Art dienen häufig zur Darstellung des Generationswechsels, um die Besonderheiten der Pteridophyten aufzuzeigen.

1. Sporophyt und Gametophyt

Der Generationswechsel von *Polypodium* ist durch eine diploide Phase in der Form des Sporophyten und eine haploide Phase, die dem Gametophyten entspricht, gekennzeichnet.

Der Sporophyt hat den vegetativen Aufbau eines Cormus, d. h. er besteht aus einer Sprossachse, der Blätter und Wurzeln trägt. Diese Merkmale reihen ihn in die Cormophyten ein (Abb. 1).

- Der unterirdische Spross ist plagiotrop, d. h. horizontal und besteht aus einem Rhizom, das am Boden entlang kriecht und Blätter und seitliche Verzweigungen trägt. Adventivwurzeln entstehen den ganzen Spross entlang seitwärts.
- Das Wachstum geht von einer pyramidalen Apikalzelle aus, deren Teilungen sich zur Sprossachse entwickeln. Diese verzweigt sich durch die Endknospe.
- Die mehr oder weniger gefiederten Blätter sitzen mit langen Blattstielen am Spross und bilden den Wedel. Die Blattspreite breitet sich beidseitig einer Zentralachse (Rhachis) aus und wird von einer Epidermis mit Stomata umgeben. Zu Beginn liegen die Blätter in kreisförmigen Blattanlagen, die sich beim Wachstum entrollen und zu großen Blattwedeln ausbreiten.
- Die sporentragenden Blätter tragen gegen Frühjahrsende auf der Unterseite Sporangienhäufchen, die Tüpfel (Sori) bilden. Jedes Sporangium besteht aus einem kleinen gestielten Beutel, der einen verholzten Ring an seinem Rand trägt. Bei der Reifung verformt sich der Ring durch Austrocknen und zerreißt die Wand des Sporangiums, sodass seine Sporen freigesetzt werden. Es handelt sich um haploide **Meiosporen**, die in die Umgebung ausgestreut werden.

Der keimende hufeisenförmige Gametophyt stellt das **Prothallium** dar, eine morphologische Einheit, die keinen Cormus hat, d. h. keine Sprossachse, Blätter oder Wurzeln (Abb. 1).

- Die haploiden Sporen keimen und bilden einen chlorophyllhaltigen Vorkeim. Dieser entwickelt sich zu einem flächigen, herzförmigen Blatt mit einer Ober- und einer Unterseite. Die Unterseite trägt mehrzellige Rhizoide, die die Versorgung des Prothalliums mit Wasser und Nährsalzen gewährleisten.
- Das reife Prothallium ist hermaphroditisch (zwittrig) und weist Fortpflanzungsorgane auf, die Gameten in Gametangien bilden (daher die Bezeichnung Gametophyt, im Gegensatz zu Sporophyt).
  - Das weibliche Gametangium oder Archegonium ist ein langes, flaschenförmiges Organ, an dessen Basis die Eizelle liegt, der weibliche Gamet, umgeben von Bauchkanalzellen.
  - Die männlichen Gametangien sind die Antheridien, geschlossene, von mehreren kleinen, flachen Zellen umgebene Beutel, in denen sich die männlichen Gameten oder Spermato-

zoiden entwickeln. Sie sind begeißelt und können sich in der Wasserschicht zwischen dem Erdboden und der Unterseite des Prothalliums fortbewegen.

2. Phasen des Generationswechsels

Bei *Polypodium* findet die Befruchtung zwischen haploiden Spermatozoiden und der Eizelle statt (Abb. 1). Die Spermatozoiden bestehen hauptsächlich aus dem Zellkern, sind spiralig gewunden und tragen Geißeln, die sie zum Schwimmen befähigen. Die Eizelle ist unbeweglich in den Flaschenbauch des Archegoniums eingeschlossen. Der Flaschenhals ist nach außen geöffnet und setzt Substanzen frei, die Spermatozoide anlocken.

Die Befruchtung ist anisogam (morphologisch unterschiedliche Gameten) und abhängig von der Wasserschicht auf der Unterseite des Prothalliums. Es liegt also Zoidiogamie vor, und die daraus entstehende Zygote entwickelt sich sofort zu einer Keimmasse (Merkmal der Embryophyten). In dieser Zellmasse kann man einen Stiel oder Saugfuß erkennen, der den jungen Embryo mit den nötigen Nährstoffen versorgt, und Zellen, die Anlagen für Wurzel, Spross und Blätter darstellen.

Der neue Sporophyt ernährt sich zunächst parasitär und wird autonom, wenn die ersten Blätter Photosynthese betreiben. Im Reifestadium entwickeln die Sporophylle Sporangien und in deren Mitte eine Masse von runden, diploiden Zellen, die Sporenmutterzellen, aus denen durch Meiose haploide Zellen, die Meiosporen, entstehen. Diese Meiosporen werden freigesetzt und fallen auf den feuchten Boden, wo sie zu herzförmigen Prothallien auskeimen.

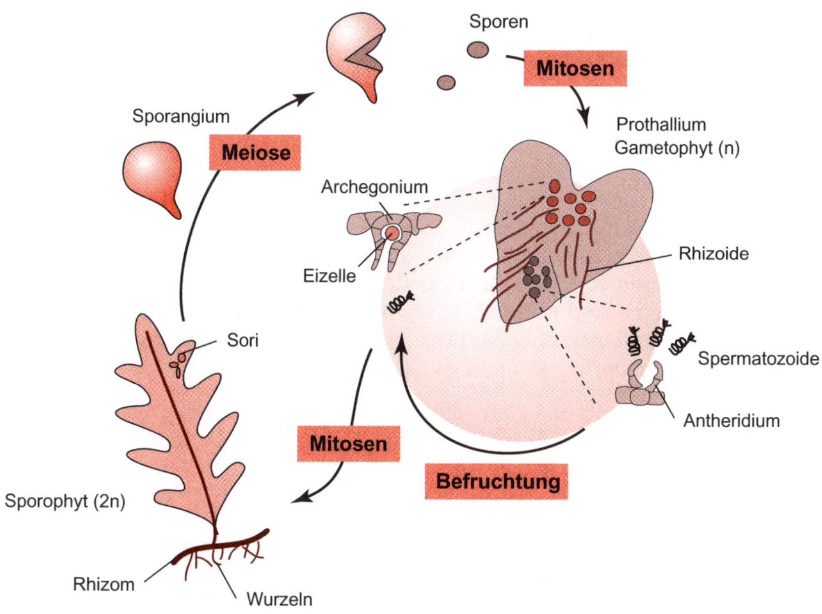

Abb. 1 Phasen des Generationswechsels bei *Polypodium*

41 Generationswechsel der Spermatophyten

Worum es geht:
Spermatophyten, Gymnospermen, Angiospermen, Gametophyt, Sporophyt, Meiose, Mitose, Generationswechsel, Befruchtung, haploid, diploid

Die **Spermatophyten** (Samenpflanzen) bilden eine Gruppe von Pflanzen mit Samen, die deutlich erkennbare Fortpflanzungsorgane bilden wie die Zapfen der *Gymnospermen* oder Blüten der *Angiospermen*. Es sind Phanerophyten, d. h. Pflanzen, deren Fortpflanzungsorgane sichtbar sind. Diese Gruppen sind heute stark vertreten und weit verbreitet.

1. Generationswechsel der Gymnospermen

Als Vertreter der Spermatophyten zeigt die Kiefer (*Pinus*) typische vegetative und reproduktive Merkmale. So weist der Sporophyt einen **monopodialen** Wuchs auf, d. h. einen aufrechten holzigen Stamm mit Verzweigungen und Blättern in Form von **Nadeln**.

Die meisten Arten sind monözisch (einhäusig), d. h. sie tragen männliche und weibliche Blüten auf demselben Individuum. (Abb. 1).

- Die Pflanze trägt männliche Fortpflanzungsorgane in Form von länglichen Büscheln mit fertilen, leuchtend gelben Staubblättern. Sie sind spiralig angeordnet und tragen an der Unterseite je zwei gefüllte Pollensäcke. Reife Pollenkörner besitzen ballonartige Auswüchse, die ihre Verbreitung durch den Wind fördern. Das Pollenkorn ist der haploide Gametophyt, der aus vier Zellen besteht: zwei Prothalliumzellen, einer generativen und einer vegetativen Zelle.
- Weibliche Zapfen stehen an der Spitze junger Zweige. Jeder Zapfen besteht aus einer Achse mit spiralig angeordneten Deckschuppen. Die Samenanlagen liegen auf der Oberseite und bestehen aus einem Integument, das den Nucellus umgibt, in dem sich ein coenocytisches haploides Endosperm differenziert. Das schützende Integument hat eine Öffnung, die Mikropyle. Die Samenanlagen sind nackt, d. h. nicht geschützt durch die seitlichen Auswüchse der sporophytischen Samenschuppe. Daher kommt die Einteilung in *Gymnospermen* (Nacktsamer), d. h. Samenpflanzen mit nackten Samenanlagen.

Die Pollenkörner werden durch den Wind zum weiblichen Zapfen getragen, wo sie durch die Mikropyle hindurch keimen. Dazu entwickelt die vegetative Zelle einen Pollenschlauch, während die generative Zelle sich mitotisch in eine Sockelzelle und eine Eizelle teilt. Letztere verbindet sich mit dem Pollenschlauch zu einer Art Fortplanzungsschlauch. In diesem Stadium ist die **Siphonogamie** bis zum nächsten Frühjahr blockiert.

Bei der Wiederaufnahme der Fortpflanzung kann man innerhalb des Endosperms Archegonien erkennen, die aus einer Eizelle und einem Halskanal, der auf wenige Zellen reduziert ist, bestehen.

Die Befruchtung beginnt mit der Teilung der spermatogenen Zelle in zwei männliche Gameten, Spermazellen, von denen nur eine an der Befruchtung teilnimmt. Die Zygote teilt sich zu einem coenocytischen Embryo, der sich in eine Keimmasse und einen Suspensor differenziert.

Daraus entsteht der Samen, Merkmal der Spermatophyten. Der Samen vertrocknet, während der Embryo und das Endosperm in eine Ruhephase übergehen. Das Ganze ist durch das Integument der Samenanlage geschützt, das sich verhärtet und durch Verholzung undurchlässig wird. Bei der Kiefer trägt der Samen geflügelte Auswüchse, die typisch für die Windverbreitung sind.

Der Samen ist dann im Ruhezustand, und in diesem physiologischen Zustand überwintert der Keim. Wenn es die klimatischen Bedingungen erlauben, kann eine neue Pflanze auskeimen.

Das Wachstum des vegetativen Sporophyten geschieht durch Apikalmeristeme, die das Längenwachstum gewährleisten, während sekundäre Meristeme (Kambium) am sekundären Dickenwachstum beteiligt sind.

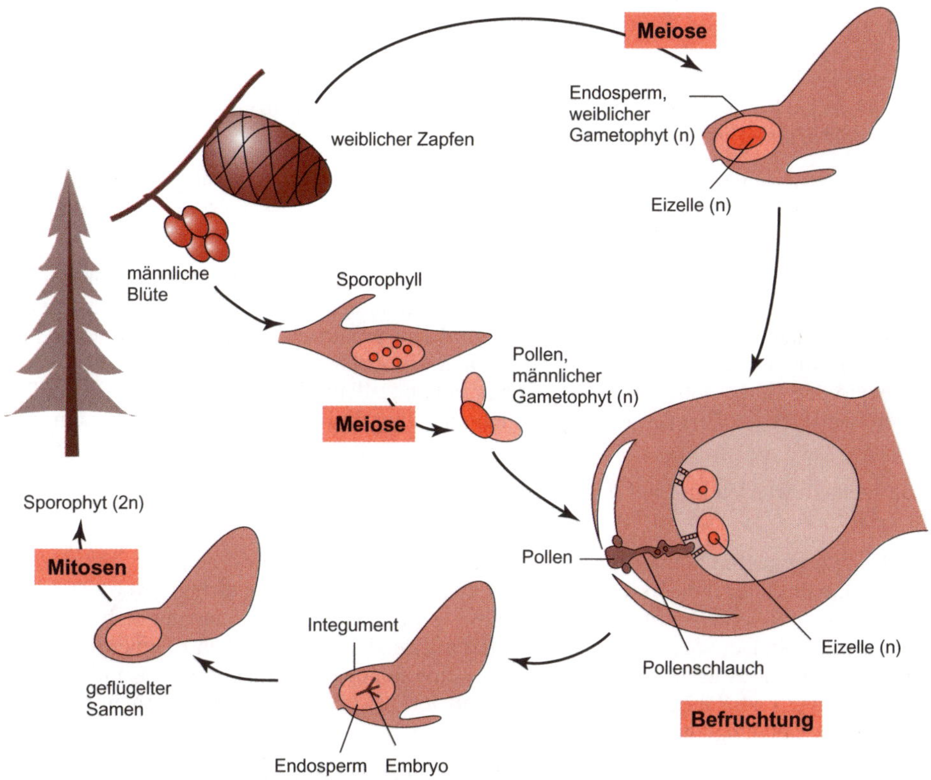

Abb. 1 Phasen des Generationswechsels bei *Pinus*

2. Generationswechsel der Angiospermen

Diese Gruppe weist viele gemeinsame Eigenschaften mit den Gymnospermen auf. Die neueren Errungenschaften jedoch, besonders im Bereich der Fortpflanzung, machen Angiospermen zu den auf der Erde am weitesten verbreiteten und in allen verschiedenen Ökosystemen anzutreffenden Organismen.

Die Neuerungen in der Fortpflanzung bestehen einerseits aus einer Konzentration der fertilen Teile innerhalb eines Organs, nämlich der **Blüte**, und andererseits aus der Anpassung an Bedingungen, die das Aufeinandertreffen der Gametophyten, und damit der Gameten, sowie die Verbreitung von Pollen und Samen (Abb. 2) erleichtern.

Die vollständige Blüte, am Beispiel von Hahnenfuß (*Ranunculus*), besteht aus:

- den **sterilen Teilen**, den Kelchblättern (Sepalen), die den Kelch (Calix), und den Blütenblättern (Kronblättern, Petalen), die die Krone (Corolla) bilden; zusammen heißen sie Perianth. Diese Teile dienen dem Schutz und der Anziehung von Tieren.
- den **fertilen Teilen**, den Staubblättern (Antheren) des Androeceums und den Fruchtblättern (Karpellen) des Gynoeceums. Sie sind an der Bildung der Gametophyten beteiligt.

Innerhalb der Staubblätter teilen sich die Zellen meiotisch zu haploiden **Mikrosporen**, die zu zwei- oder dreizelligen Pollenkörnern werden. Diese Strukturen sind noch weiter reduziert als bei den Gymnospermen und bestehen aus einer vegetativen Zelle mit zwei Spermazellen oder einer spermatogenen Zelle. Sie entsprechen dem reduzierten männlichen Gametophyten und werden in dieser Miniaturform verbreitet. Die Bestäubung geschieht meist durch den Wind (Anemophilie) oder durch Tiere (Zoophilie, durch Insekten Entomophilie). Es besteht eine Kooperation der Pflanze mit Tieren, besonders Insekten, die an der geschlechtlichen Fortpflanzung aktiv beteiligt sind.

Eine andere Neuerung der Angiospermen (Bedecktsamer) ist das Fruchtblatt (Karpell), das die Samenanlagen gehäuseartig bedeckt, durch den Griffel (Stylus) verlängert und an seinem Ende in die Narbe, die den Pollen auffangen kann, differenziert ist.

Innerhalb des Fruchtknotens liegen die Samenanlagen, eingebettet in die Placenta und so geschützt vor den Einflüssen der Umgebung. Jede Samenanlage besteht aus einem oder (meist) zwei Integumenten, die den Nucellus mit dem **Embryosack** in seiner Mitte umschließen. Der Embryosack bildet sich aus einer meiotischen und mitotischen Teilung und wird zum weiblichen haploiden Gametophyten. Er besteht aus sieben Zellen: neben der Eizelle aus zwei Synergiden (Gehilfen der Eizelle), drei Antipoden und einer diploiden Zelle mit den beiden Polkernen.

Ganz allgemein wurden im Lauf der Evolution die Gametophyten zu mikroskopischer Größe reduziert.

Die Befruchtung geschieht ebenfalls durch Siphonogamie, indem die vegetative Spermazelle durch den Griffel über die Mikropyle in das Innere des Eiapparats eindringt (Abb. 2). Einer der beiden Spermakerne befruchtet die Eizelle zur diploiden Zygote, aus der sich die neue Pflanze entwickelt. Der andere Kern verschmilzt mit den beiden Polkernen zu einer triploiden Zygote, der das Endosperm bildet. Es liegt also eine doppelte Befruchtung vor, und die Bildung von Zygote und Nährgewebe sind synchronisiert, was bei den Gymnospermen noch mit großer „Zeitvergeudung“ getrennt ist.

Der Befruchtung folgt die Umwandlung der Samenanlage in das Samenkorn durch Dehydratisierung und Übergang in die Ruhephase. Dies ist für die Aussaat wichtig und notwendig für das Warten auf bessere Bedingungen in der folgenden Vegetationsperiode. Die Umwandlung des Fruchtknotens in eine Frucht schützt den Samen und dient seiner Verbreitung.

Bei der Keimung nutzt der Samen die gespeicherten Reservestoffe entweder aus dem Nährgewebe (Samen mit Endospermspeicherung) oder aus den Keimblättern (Samen mit Cotyledonenspeicherung).

Wie bei den Gymnospermen entwickeln sich später primäre und sekundäre Meristeme.

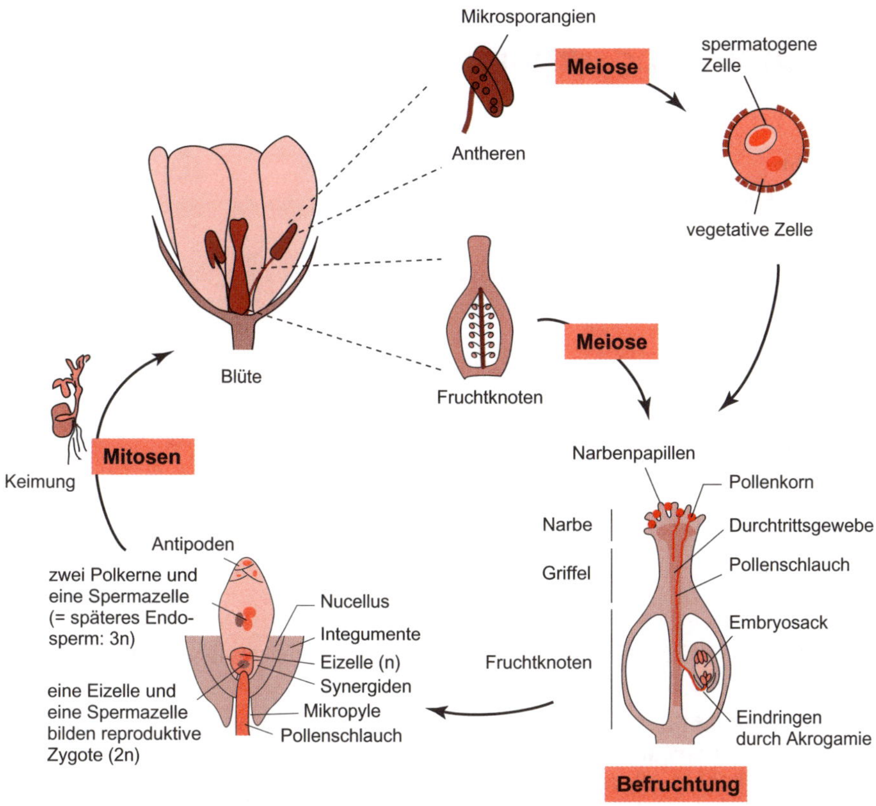

Abb. 2 Phasen des Entwicklungszyklus bei *Ranunculus*

42 Fortpflanzungsorgane der Angiospermen

Worum es geht:
Blüte, sterile und fertile Blütenteile, Gametophyt

Angiospermen sind weit verbreitete Pflanzen in irdischen Ökosystemen, die sich durch große taxonomische Vielfalt und weite Verbreitung innerhalb der verschiedenen Ökosysteme auszeichnen.

Ihr Erfolg erklärt sich größtenteils durch die Errungenschaften, die sie im Bereich der geschlechtlichen Fortpflanzung erworben haben. Diese Errungenschaften beziehen sich sowohl auf die Fortpflanzungsorgane, als auch auf die Art und Weise, wie Gameten aufeinandertreffen, und die Produkte der Befruchtung.

Die Blüte ist charakteristisch für Angiospermen. Trotz ihrer großen morphologischen Vielfalt sind die einzelnen Teile immer die gleichen und haben grundsätzlich den gleichen Aufbau.

1. Aufbau der Blüte

Blüten sind entweder isoliert oder zu Blütenständen zusammengefasst, was häufiger vorkommt. Jede Blüte besteht aus (Abb.1):

- einer **sterilen Blütenhülle** (Perianth), d. h. den **Kelchblättern,** die den **Kelch** (Calix) bilden, und **Blüten-** oder **Kronblättern**, die die **Krone** (Corolla) bilden. Die Kelchblätter enthalten wie die Blätter im Allgemeinen Chlorophyll und umhüllen die Blütenknospe. Die Blütenblätter sind oft durch **Pigmente** in **Chromoplasten** oder **Vakuolen** farbig und wirken anziehend auf Tiere (Insekten, Vögel).
- **fertilen Reproduktionsorganen** mit (von außen nach innen):
  - männlichen Staubblättern (**Stamina**), die als **Androeceum** zusammengefasst werden. Jedes **Staubblatt** besteht aus einem **Staubfaden (Filament)** und dem **Staubbeutel (Anthere),** das den **Pollen oder männlichen Gametophyten** enthält.
  - weiblichen Fruchtblättern (**Karpelle**), die als **Gynoeceum** zusammengefasst werden. Die einzelnen **Fruchtblätter** können getrennt oder miteinander verwachsen sein und umschließen die **Samenanlage**, den **Fruchtknoten** mit dem **Griffel** und der **Narbe** (zusammengefasst als **Stempel**).

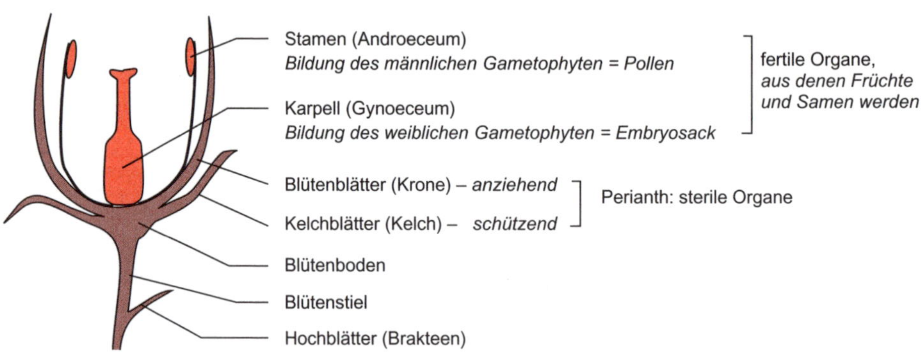

Abb. 1 Aufbau einer Blüte

2. Fertile Blütenteile und Gametophyten

Wenn die Staubblätter reif sind, öffnen sie sich, und die Pollenkörner fallen aus den Pollensäcken. Das Pollenkorn stellt den männlichen Gametophyten dar, der aus zwei oder drei Zellen (zwei- oder dreizelliges Pollenkorn) besteht, Reste des männlichen Prothalliums, und die Gameten bildet. Das Pollenkorn besteht aus (Abb. 2):

- einer Schutzhülle, die aus zwei Schichten besteht, der **Exine**, die stark strukturiert sein kann, und der **Intine**;
- einer größeren **vegetativen Zelle**;
- einer kleineren **generativen Zelle** bei zweizelligen Pollen oder zwei **Spermazellen** bei dreizelligen Pollenkörnern.

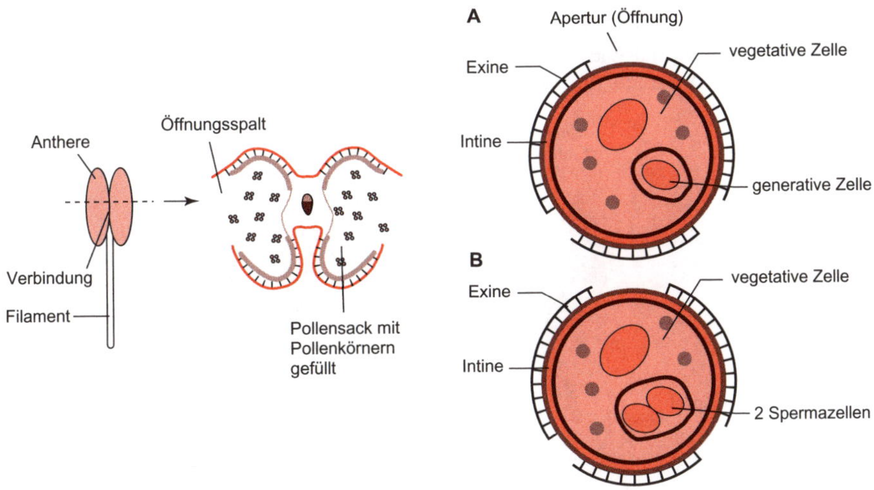

Abb. 2 Aufbau zweizelliger (**A**) und dreizelliger Pollenkörner (**B**)

Das Gynoeceum kann aus einem oder mehreren Fruchtblättern zusammengesetzt sein (Abb. 3):

- Das **apokarpe (chorikarpe) Gynoeceum** besteht aus einem oder mehreren getrennten Fruchtblättern, von denen sich jedes zu einem **einfächrigen** Fruchtknoten entwickelt, der eine oder mehrere Samenanlagen an seiner Wand trägt (parietale Placentation).
- Das **coenokarpe (synkarpe) Gynoeceum** besteht aus mehreren miteinander verwachsenen Fruchtblättern, die einen ein- oder mehrfächrigen Fruchtknoten bilden.
- Das **lysikarpe Gynoeceum** besteht aus mehreren miteinander verwachsenen Fruchtblättern, die einen einheitlichen Hohlraum bilden. Die Samenanlagen stehen auf einem Achsenzapfen im Zentrum (frei zentrale Placentation).

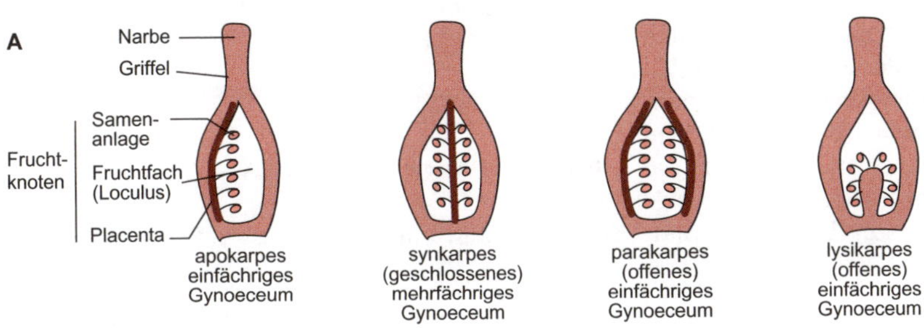

Abb. 3 **A:** Aufbau des Gynoeceums

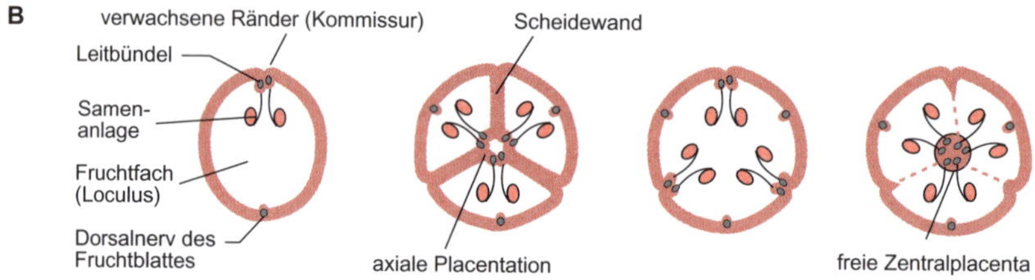

Abb. 3 **B:** Querschnitt durch häufig vorkommende Gynoeceen

Die Samenanlage ist an der **Placenta** durch einen **Stiel** (**Funiculus**) mit der Fruchtknotenwand verwachsen, der von Leitbündeln durchzogen ist, die sich an der **Chalaza** zu den **Integumenten** verzweigen (Abb. 4). Die Samenanlage ist eine komplexe Einheit, die bei Pflanzen nicht die gleiche Bedeutung hat wie im Tierreich. Nach der Befruchtung wächst die pflanzliche Samenanlage zum **Samen** aus und löst sich am **Hilum** (Abbruchstelle) vom Stiel.

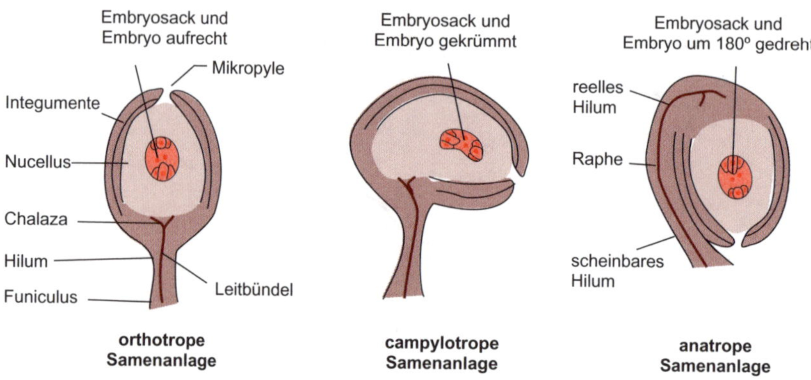

Abb. 4 Orientierung der Samenanlage

Je nach ihrer Krümmung unterscheidet man:

- **orthotrope** (aufrechte) Samenanlagen (Hilum, Chalaza und Mikropyle liegen in einer Geraden);
- **campylotrope** (gekrümmte) Samenanlagen (Hilum, Chalaza und Mikropyle bilden eine Kurve);
- **anatrope** (um 180° gedrehte) Samenanlagen (Hilum, Chalaza und Mikropyle machen eine Rückwärtswendung).

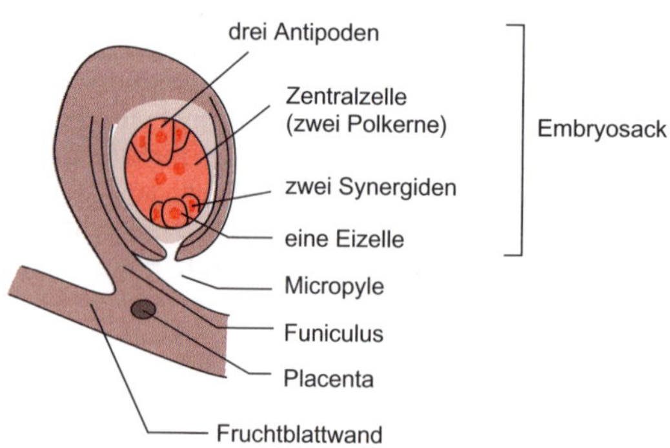

Abb. 5 Samenanlage mit Embryosack

Innerhalb der Samenanlage befindet sich der **Embryosack**, der aus sieben Zellen besteht. Diese Zellen setzen sich zusammen aus der **Eizelle** (dem weiblichen Gameten) und sechs weiteren Zellen (die das weibliche Prothallium darstellen): zwei **Synergiden**, drei **Antipoden** und zwei **Polkernen** innerhalb einer großen Zentralzelle (Abb. 5).

Der Embryosack wird vom Nährgewebe, dem **Nucellus** und einer schützenden Samenschale (den **Integumenten,** die nach der Befruchtung zur **Testa** werden) umgeben.

3. Blütenbildung

Beim Übergang von der vegetativen zur reproduktiven Lebensweise finden erhebliche Veränderungen am **Vegetationskegel** statt.

Es finden morphogenetische Veränderungen auf dem Niveau des apikalen Sprossmeristems statt, das Blütenstände und Endblüten hervorbringt (Abb. 6). Blütenstände bilden sich aus **Blütenstandsmeristemen**, die Hochblätter an mehr oder weniger langen Blütenstielen ausbilden und die seitlich an der Spitze ein **Blühmeristem** tragen, das die Blüten hervorbringt. Das Blühmeristem ist aufgeteilt in **Promeristeme des Perianths**, die zu Primordien der Kelch- und Blütenblätter werden, während **sporogene Promeristeme** die zentralen fertilen Blütenteile entwickeln, d. h. Staub- und Fruchtblätter.

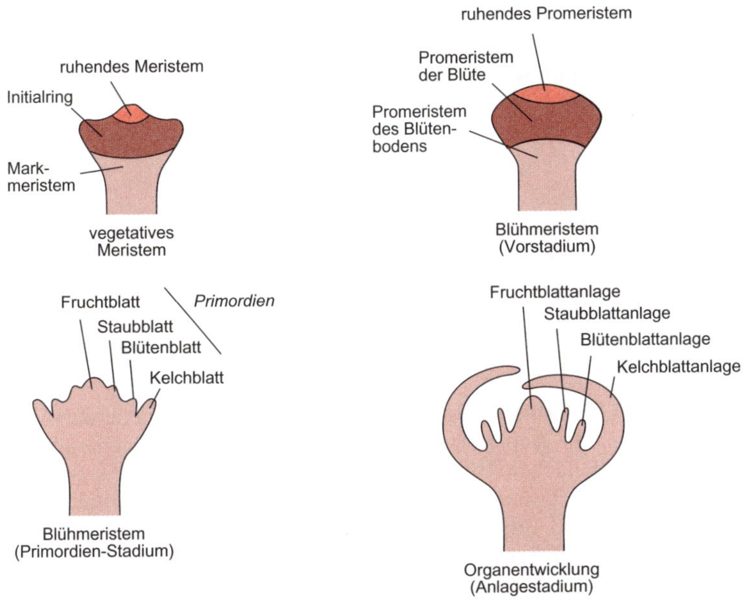

Abb. 6 Phasen der Blütenentwicklung

Bei *Arabidopsis thaliana* codieren die Blühgene *terminal flower 1*, *apetala* und *leafy* die Identität der Blütenorgane. Sie kontrollieren das Blütenstandsmeristem und die Lokalisierung des Blütenmeristems in organogenen Aktivitätsklassen A, B und C (Abb. 7):

- Bei Aktivität von A entstehen Kelchblätter.
- Sind die Klassen A und B aktiv, entstehen Kronblätter.
- Sind die Klassen B und C aktiv, entstehen Staubblätter.
- Ist nur Klasse C aktiv, entstehen Fruchtblätter.

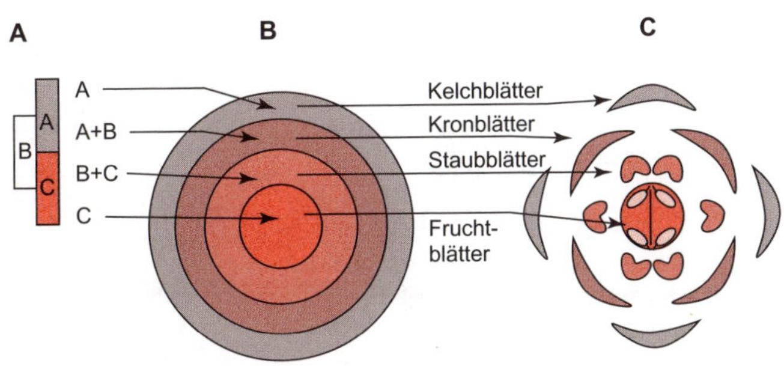

Abb. 7 Organisationsmodell in den Aktivitätszonen A, B und C des Meristems und Herkunft der Blütenteile
A: A, B und C sind Aktivitätszonen auf zwei Wirtel verteilt, **B:** konzentrische Verteilung der Wirtel und Expressionsprofil der Aktivitätsklassen A, B und C, **C:** Beteiligung derWirtel an der Stellung der Blütenteile

43 Bestäubung und Befruchtung bei Angiospermen

Worum es geht:
Pollen, Embryosack, Schlauchbefruchtung (Siphonogamie), Eizelle, Samenzelle, Bestäubung

Die Bestäubung ist eine wichtige Phase in der generativen Fortpflanzung, denn sie entspricht dem Weg des Pollenkorns zum Gynoeceum. An der Bestäubung beteiligt sind vor allem der Wind und Insekten.

Androeceum, Pollen und Gynoeceum weisen mehr oder weniger wirksame Anpassungen an dieses Zusammentreffen auf.

1. Bestäubungsarten

Die **Bestäubung durch den Wind** (**Anemophilie**) ist die einfachste Form der Bestäubung und erfordert als physischen Faktor nur den Wind. Für diesen Fall sind die Blütenstände breit ausgelegt, und die fertilen Teile des Androeceums und Gynoeceums sind beim reifen Blütenstand frei dem Wind ausgesetzt. Staubblätter hängen oft an langen, flexiblen, Filamenten (Hängeantheren). Die sehr zahlreichen und leichten Pollenkörner fliegen leicht im Wind, während die Narben des Gynoeceums fedrig und klebrig sind, damit sie den Pollen festhalten können.

Im Fall der **Bestäubung durch Insekten** (**Entomophilie**) helfen Nahrung suchende Insekten bei der Verbreitung des Pollens. Die Anpassungen der Blütenteile gehen teilweise sehr weit, um die Bestäubung wirksamer zu machen. Blütenstände sind mehr oder weniger kompakt und bei Reife Insekten zugänglich. Die Krone weist lebhafte Farben, attraktive Formen, Nektar abscheidende Drüsen und selektive Duftstoffe auf, die Insekten anziehen. Form, Größe und Stellung der Staubblätter und Stempel erleichtern den Kontakt zwischen Pflanze und Insekt (Abb. 1).

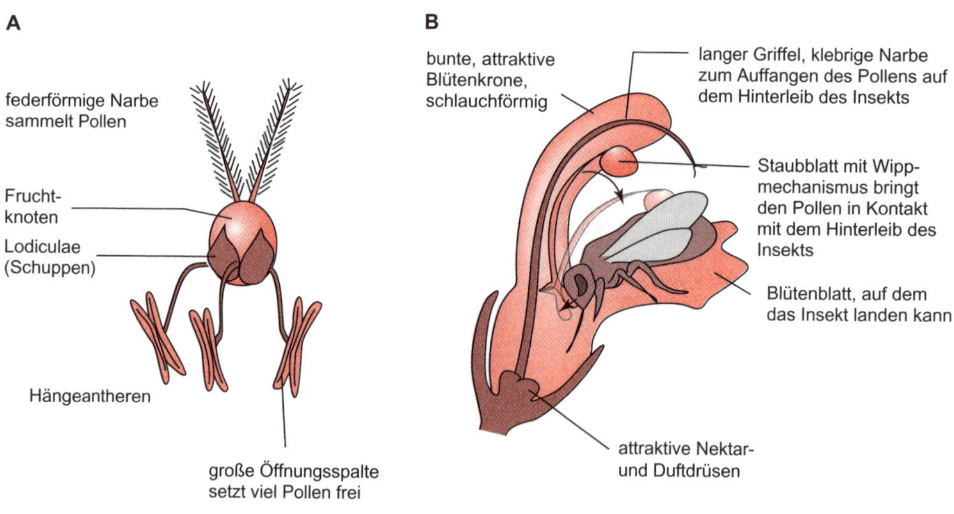

Abb. 1 Anpassung der Blüten an (A) Windbestäubung und (B) Insektenbestäubung

2. Zusammentreffen der Gametophyten durch Siphonogamie

Die meisten Angiospermen sind an terrestrische Lebensbedingungen an der Luft angepasst, und das Zusammentreffen der Gametophyten findet durch **Siphonogamie** (Schlauchbefruchtung) ohne das Medium Wasser statt (Abb. 2).

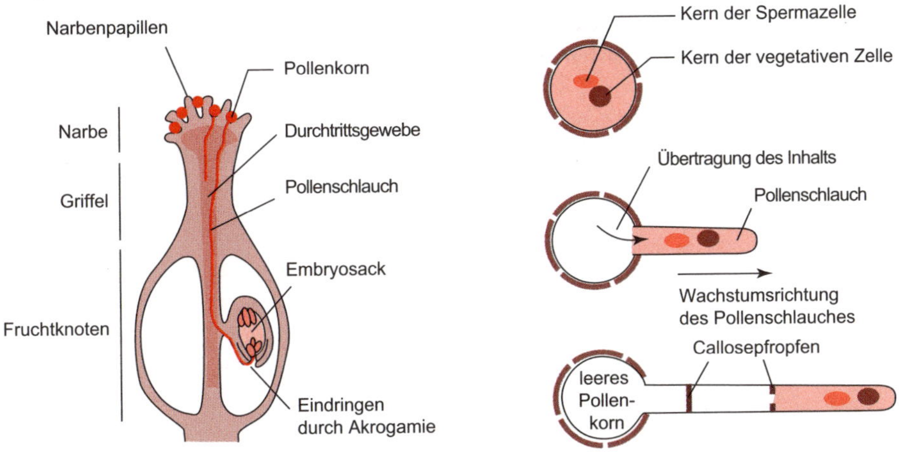

Abb. 2 Siphonogamie durch Wachstum des Pollenschlauchs

Von der Narbe festgehalten keimt das Pollenkorn mithilfe eines Pollenschlauches, der sich aus der vegetativen Zelle entwickelt. Diese verlängert sich zu einem Schlauch, der durch das Pollenschlauchleitgewebe wächst, bis er dort sein Cytoplasma in die Eizelle überträgt.

Die Keimung des Pollenschlauches wird durch ein System kontrolliert, das die Kreuzbefruchtung durch Fremdbestäubung (Allogamie) einer Selbstbestäubung gegenüber bevorzugt.

Im Laufe des Wachstums des Pollenschlauches teilt sich der Spermakern des zweizelligen Pollenkorns in zwei Spermakerne.

Der Pollenschlauch dringt im Allgemeinen durch die Mikropyle ein und öffnet sich im Nucellus, wo er beide Spermakerne freisetzt.

3. Modalitäten der doppelten Befruchtung

Außer der Blüte weisen Angiospermen eine andere wichtige evolutionäre Errungenschaft auf, die **doppelte Befruchtung**, die zur Bildung einer diploiden Zygote und einer zusätzlichen triploiden Zelle führt. Die erste ergibt den Embryo und später die junge Pflanze, die zweite das für die Keimung notwendige Nährgewebe (Endosperm) (Abb. 3).

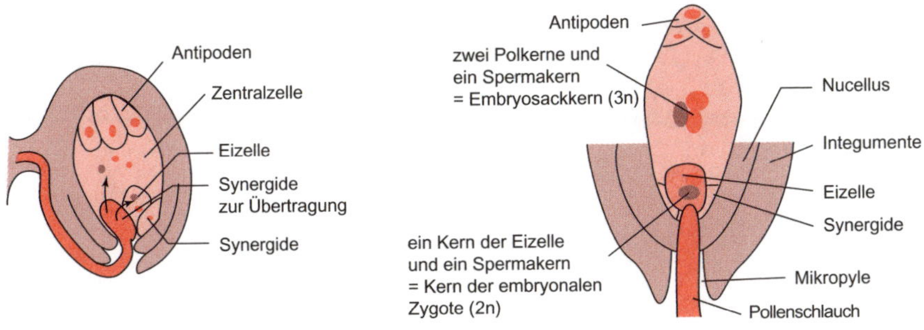

Abb. 3 Modalitäten der doppelten Befruchtung

Die doppelte Befruchtung geschieht folgendermaßen:

- Entladung der Spermakerne an der Mikropyle (Befruchtungsöffnung der Samenanlage) nach Durchqueren der Wand, die den Embryosack umschließt
- Übertragung der beiden Spermakerne an die beiden Synergiden
- Vereinigung einer der Spermakerne mit der Eizelle und Karyogamie zur diploiden Zygote
- Übertragung des anderen Spermakerns an die Zentralzelle und Verschmelzen mit den beiden haploiden Polkernen zum triploiden Endosperm.

44 Entwicklung des Samens und der Frucht bei Angiospermen

Worum es geht:
Embryogenese, Endospermentwicklung, Samen, Frucht

Der Samen stammt aus der befruchteten Eizelle, und sein Aufbau wird durch deren Morphologie bestimmt. Die Frucht dagegen stammt aus der Umformung der Wand der Eizelle nach der Befruchtung.

Diese Neuerungen erklären den evolutiven Erfolg der Spermatophyten (Samenpflanzen) und besonders der Angiospermen (Bedecktsamer), bei denen die geschützte Eizelle und der von der Frucht umgebene Samen ein Hauptmerkmal ist.

1. Umformung der Eizelle zum Samen

Die charakteristischen Elemente der Eizelle, Hilum, Mikropyle und Chalaza, findet man im Samen wieder. Durch ihre Form entwickeln orthotrope oder anatrope Samenanlagen abgerundete Samen, während campylotrope Samenanlagen eher nierenförmige Samen geben.

Im Lauf der Embryonalentwicklung macht die Hauptzygote, die sich zur jungen Pflanze entwickelt, eine Reihe von mitotischen Teilungen durch (Abb. 1):

- Die erste mitotische Teilung ergibt zwei Zellen: eine basale Zelle in der Nähe der Mikropyle und deren Tochterzellen den **Suspensor** bilden, der schließlich verschwindet, und eine apikale Zelle, die sich teilt und ein Zellmassiv bildet, den globulären Embryo.
- Die folgenden Teilungen konzentrieren sich auf den herzförmigen Embryo. Er besteht bei den **Dicotyledonen** aus zwei Primordien der Keimblätter, bei den **Monocotyledonen** aus einem einzigen Keimblatt um ein Apikalmeristem, das zukünftige Sprossapikalmeristem. Außerdem besitzt er einen zweiten Vegetationskegel am entgegengesetzten Pol, dem zukünftigen Wurzelapikalmeristem. Zwischen den beiden Polen liegen das zukünftige **Epicotyl** (Sprossabschnitt oberhalb der Keimblätter) und **Hypocotyl** (Sprossabschnitt unterhalb der Keimblätter).
- Die letzten Teilungen initiieren die ersten Blätter, die von einem winzigen Stängel mit der **Radicula** (Würzelchen) getragen werden.

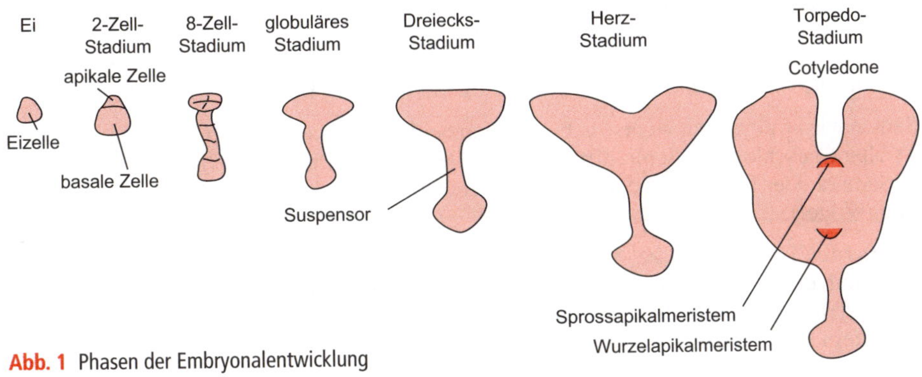

Abb. 1 Phasen der Embryonalentwicklung

Parallel zur Embryogenese finden mehrere Ereignisse statt:

- Die Entwicklung des Nährgewebes entspricht der Speicherung von organischen Substanzen (Polysaccharide, Triglyceride und Proteine) im Endosperm und/oder Perisperm.
- Die Umwandlung der Integumente der Samenanlage führt durch Verhärtung der Hülle zur Bildung der Samenschale (Testa).
- Infolge der Austrocknung des Speichergewebes und der Samenschale geht der Samen in eine Ruhephase über.

Am Ende der Reifephase verbleibt der so geschützte Samen in Erwartung günstiger Keimungsbedingungen in der Ruhephase. Die Keimung geschieht aus der Pflanzenanlage und den gespeicherten Reservestoffen heraus.

2. Umwandlung des Fruchtknotens zur Frucht

Botanisch gesehen ist die Frucht ein Organ, das aus der Umwandlung und Reife des Fruchtknotens entstanden ist. Nach der Befruchtung differenziert sich die Fruchtwand, d. h. die Wand des Fruchtknotens, der die Samenanlagen trägt, zum **Perikarp**, bestehend aus einer äußeren Schicht, dem **Exokarp**, einer mittleren, dem **Mesokarp**, und einer inneren Schicht, dem **Endokarp** (Abb. 2).

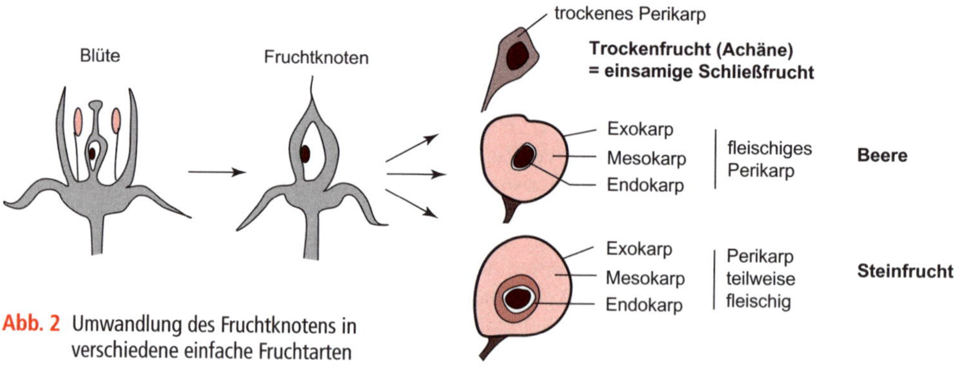

Abb. 2 Umwandlung des Fruchtknotens in verschiedene einfache Fruchtarten

Die Fruchtwand kann drei verschiedene Reifestadien durchmachen (Abb. 2):

- Das Perikarp verholzt vollständig zu Trockenfrüchten (Beispiele: Schließfrüchte der Gräser, Weizenkorn, Nussfrucht, Achäne der Korbblütler).
- Das Perikarp ist wasserhaltig und die Schichten verdickt und saftig bei fleischigen Früchten (Beispiele: Tomate und Weintraube sind Beeren).
- Das Perikarp ist teilweise fleischig, das Exokarp häutig, das Mesokarp fleischig, während das Endokarp einen verholzten Kern bildet: die Steinfrucht (Beispiele: Olive, Mandel).

Der Samen wird freigesetzt, wenn die Frucht sich bei Reife öffnet (Öffnungsfrüchte), oder die Frucht bleibt geschlossen (Schließfrüchte) und beteiligt sich an der Verbreitung durch den Wind (Samara oder Flügelnuss der Pseudoakazie, Ulme, etc.) oder durch Tiere (farbige Beeren durch Vögel).

Einzelfrüchte (Traube, Kirsche, Samara) leiten sich von apokarpem oder coenokarpem Gynoeceum mit einem ein- oder mehrfächrigen Fruchtknoten ab, während **Sammelfrüchte** (Himbeere, Sammelbalgfrucht der Ranunculaceae) von einem Fruchtknoten aus mehreren Fruchtblättern stammen, die je eine Einzelfrucht bilden.

Fruchtverbände (auch: **Sammelfrüchte**, z. B. Maulbeere, Ananas, Feige) sind entweder **Fruchtstände**, die von umgewandelten Blütenständen stammen, oder **Scheinfrüchte** (Apfelfrucht, Erdbeere), die aus der Umwandlung des Fruchtknotens und eines anderen Blütenteils entstehen.

45 Schutz der Pflanzen gegenüber ihrer Umwelt

Worum es geht:
Wasserhaushalt, hydropassive und hydroaktive Spaltöffnungsbewegungen, C_4-, CAM-Metabolismus, zweijährige und perennierende Pflanzen, Knospen, Ruhepause, Dormanz, Hypersensitive Reaktion, erworbene systemische Resistenz

Pflanzen sind immobil und mit unterschiedlichen abiotischen und biotischen Veränderungen ihrer Umwelt konfrontiert. Die abiotischen Veränderungen sind alltäglicher Art, wie Tag- und Nachtrhythmus oder jahreszeitliche Schwankungen. Biotische Faktoren sind z. B. Krankheitskeime. Diese Faktoren können die Entwicklung der Pflanze stören. Pflanzen bilden Schutzsysteme, um gegen diese Veränderungen zu kämpfen.

1. Regulation des Wasserhaushalts

Pflanzen, die der Luft ausgesetzt sind, leben unter austrocknenden atmosphärischen Bedingungen. Bei der Aufgabe, einen ausgeglichenen Wasserhaushalt und die notwendige **Transpiration** (Verdunstung) aufrechtzuerhalten, steht die Pflanze vor einem „Dilemma“: Um ein Gleichgewicht des Wasserhaushalts zu erreichen, muss sie einerseits den Unterdruck im Xylem, der für den Wassertransport von den Wurzeln in die Blätter sorgt, und andererseits die Wasserabgabe aus den Stomata kontrollieren.

Der anatomisch-morphologische Aufbau der Pflanze schützt sie vor zu großen Wasserverlusten. Unter extremen Bedingungen haben Pflanzen außerdem gewisse Anpassungsmechanismen entwickelt.

a) Stomatäre Regulation der Wasserverluste

Am Tag fördert die Sonneneinstrahlung die Öffnung der Spaltöffnungen (Stomata) für den Gasaustausch der Photosynthese und für die **Transpiration**.

Die Transpiration resultiert, abhängig von klimatischen Bedingungen, aus der Differenz des Wasserpotentials in Höhe von 90 MPa zwischen dem Blattparenchym (1 MPa) und der Atmosphäre (91 MPa). Die Transpiration geschieht zum größten Teil über die **Stomata** (stomatäre Fraktion), ein kleiner Bruchteil findet aber auch über die Verdunstung durch die **Cuticula** (cuticuläre Fraktion) statt.

Die Intensität des stomatären Austausches wird durch den Öffnungsgrad der Spaltöffnungen geregelt. Verschiedene Faktoren kontrollieren die Dürreresistenz des Blattes, d. h. mehr oder weniger leichten Gasaustausch und Wasserabgabe durch das Blatt.

- Bei niedriger Luftfeuchtigkeit und Absinken des Turgors im Blattparenchym, z. B. in einer Dürreperiode, verlieren die Schließzellen, die ohne Cuticula gegenüber Schwankungen der relativen Luftfeuchtigkeit sehr sensibel sind, Wasser und sind weniger turgeszent. Ihre inneren Ränder nähern sich zum **hydropassiven** Spaltenschluss und begrenzen so die Wasserabgabe (Abb. 1).
- Bei Wassermangel speichern Organe im Dürrestress ein Phytohormon, Abscisinsäure (ABA). Dieser Botenstoff wirkt auf die Zielzellen, die Schließzellen, und löst deren Plasmolyse und Wasserverlust aus (Abb. 2). Die ABA kontrolliert die Erhöhung der Ca^{2+}-Konzentration und der cytosolischen K^+- und Cl^--Ionen über zwei Signalwege: einerseits über Sauerstoff erzeugende Derivate und andererseits durch den Einsatz von IP_3. Dieser Mechanismus kennzeichnet den **hydroaktiven** Spaltenschluss (Abb. 2).

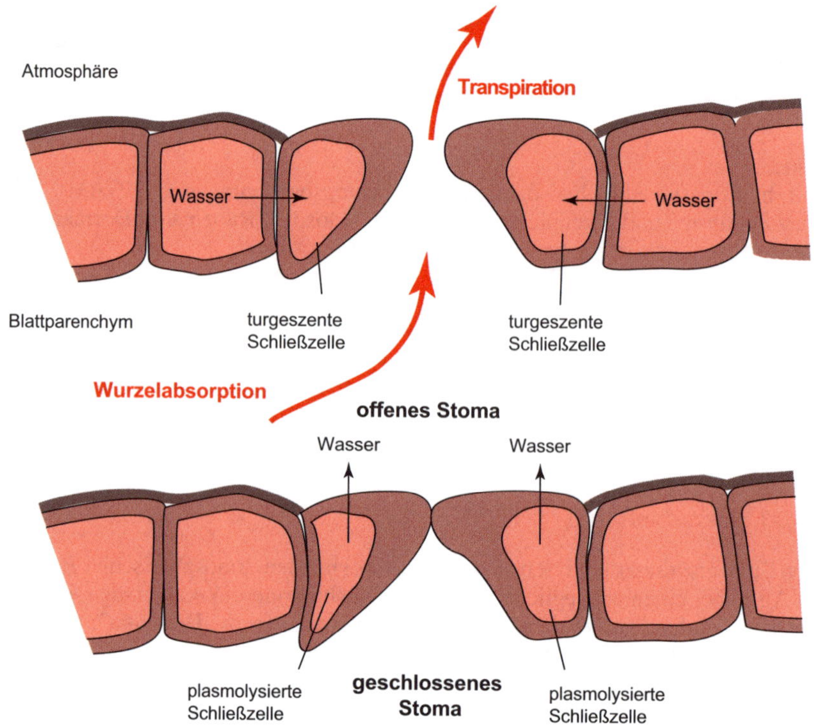

Abb. 1 Hydropassiver Spaltenschluss

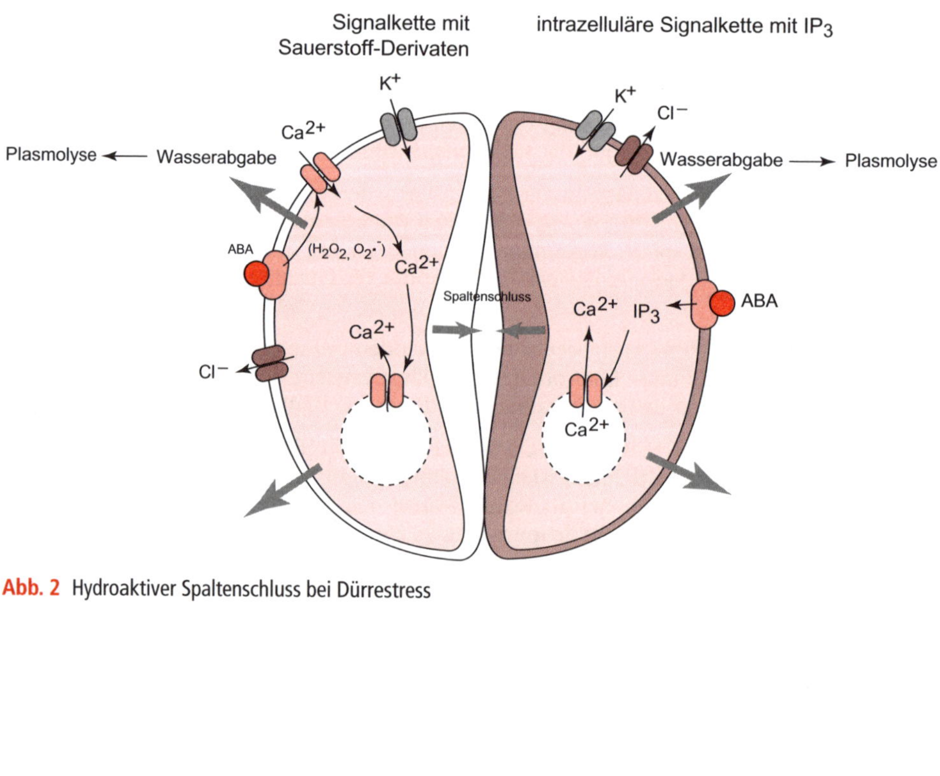

Abb. 2 Hydroaktiver Spaltenschluss bei Dürrestress

b) Physiologische und metabolische Anpassungen

Auf Stoffwechselebene lassen sich zwei Strategien unterscheiden, Wasserverluste bei voller photosynthetischer Aktivität zu vermindern. Diese Stoffwechselwege findet man bei Pflanzen, die ursprünglich tropische Regionen, Wüsten oder Halbwüsten besiedelten.

C_4-Pflanzen optimieren die Carboxylase-Funktion von RuBisCO, indem sie CO_2 in Form von C_4-Verbindungen in den Assimilationszellen zwischenspeichern (Abb. 3A). So wird CO_2 –im Vergleich zu anderen Pflanzen– wirksamer reduziert. Begrenzte Spaltöffnungsweite genügt den photosynthetischen Bedürfnissen der Pflanze, vermeidet Wasserverluste und trägt zum Gleichgewicht des pflanzlichen Wasserhaushalts bei.

CAM-Pflanzen (*crassulaceae acid metabolism*) schließen ihre Stomata tagsüber, wenn die Verdunstung zu stark wäre und irreversible Schäden im Wasserhaushalt nach sich ziehen könnte. Nachts, bei günstigeren klimatischen Bedingungen, ermöglicht die Stomataöffnung die Transpiration und den Gasaustausch, der für die Photosynthese notwendig ist. Auch bei diesem Stoffwechsel spielen C_4-Zwischenprodukte eine Rolle (Abb. 3B).

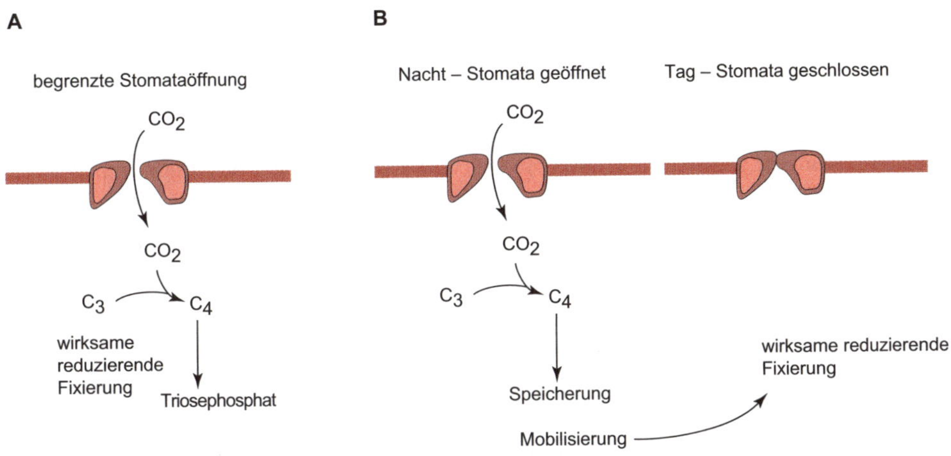

Abb. 3 Prinzip der CO_2-Fixierung bei C_4- **(A)** und CAM-Pflanzen **(B)** zumSchutz gegen Wasserverluste

c) Anatomische und morphologische Anpassungen zum Schutz der Pflanze

Anatomische und morphologische Anpassungen kommen vor allem bei Xerophyten vor, Pflanzen, die trockene Milieus besiedeln. Diese Anpassungen erstrecken sich über den gesamten vegetativen Teil, erhöhen die Wasserversorgung und begrenzen Wasserverluste, damit die Pflanze bessere Klimaverhältnisse abwarten kann.

Um die Wasserversorgung zu erhöhen, entwickeln Pflanzen Wurzelsysteme, die entweder Wasser mit einer Pfahlwurzel in der Tiefe suchen (*Armeria*), oder sie sind Flachwurzler, die ein Oberflächensystem besitzen, um von den geringsten Regenmengen zu profitieren (*Sedum, Thymus*). In jedem Fall ist das Wurzelwerk stets gut ausgebildet.

Um Wasserverluste durch Verdunstung zu begrenzen, besitzen Xerophyten kleine Blätter (**Mikrophylle** von *Astragalus*). Außerdem können stomatäre Wasserverluste durch Einsenken der Stomata in Krypten (Oleander), durch Haare und Drüsen (Lavendel) oder durch eingerollte Blätter (Strandhafer) reduziert werden.

Um eine Dürreperiode zu überstehen, können Pflanzen auch Wasser in wasserhaltigen Geweben speichern, deren Zellen angeschwollen sind (*Carpobrotus*).

2. Schutz vor jahreszeitlich bedingter Kälte

In gemäßigten Zonen sind Pflanzen einem klimatischen Wechsel unterworfen mit einer besonders schwierigen Jahreszeit, dem Winter. Pflanzen überwintern entweder in vegetativer oder in reproduktiver Form.

a) Überwinterungsorgane

Organe zur Überwinterung sind entweder Teile der vegetativen Pflanze oder Fortpflanzungsprodukte.

Vegetative Organe ermöglichen es der Pflanze, die schlechte Jahreszeit zu überleben und im nächsten Frühjahr ihre Entwicklung wieder aufzunehmen.

Produkte der geschlechtlichen Fortpflanzung ergeben genetisch neue Individuen, die mit der Keimung einen neuen Entwicklungszyklus aufnehmen.

Vegetative Schutzorgane der einzelnen Pflanze stammen von verschiedenen vegetativen Teilen und enthalten hydratisierte organische Reservestoffe, die vegetative oder reproduktive Knospen anschwellen lassen (Abb. 4):

- Wurzeln als Rübe (Möhre, Orchideen)
- Rhizome mit Knospen (Iris) oder Sprossknollen (Kartoffel)
- schalenartig aufgebaute fleischige Blätter (Zwiebel, Tulpe)
- Mischformen wie der Wurzel-Hypocotyl-Epicotyl-Komplex (Sellerieknolle, auch Wurzelsellerie genannt)

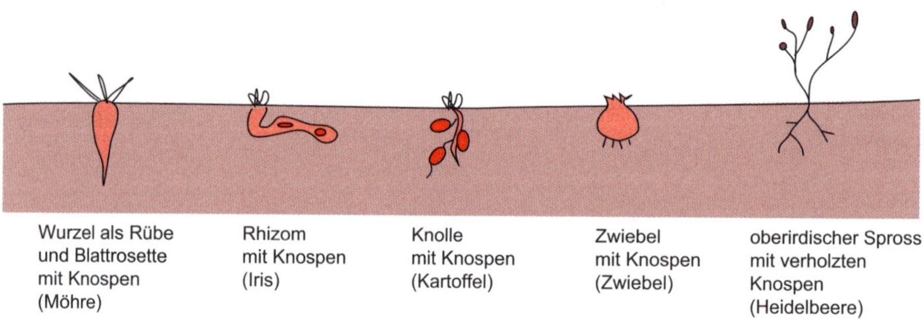

Abb. 4 Schutzeinrichtungen der Pflanze gegen die Winterkälte

Diese Organe, die man bei zweijährigen oder perennierenden Pflanzen antrifft, sind unterirdisch oder halb unterirdisch und so gegen die Kälte geschützt.

Die reproduktiven Formen bestehen aus einer Miniaturpflanze, dem Keimling, und aus dehydratisierten organischen Reservestoffen, die beide zusammen in eine Schutzschicht eingehüllt sind. Es handelt sich um Samen oder Früchte. Samen sind durch die Samenschale geschützt, die eine mechanische und/oder chemische Barriere (Bohne, *Ricinus*) darstellt. Früchte bilden eine zusätzliche Schutzschicht, besonders im Fall der Trockenfrüchte (Weizen, Mais).

Diese Organe werden im Lebensraum verbreitet und warten mit der Keimung auf optimale Bedingungen.

b) Knospen und ihre Aufgaben

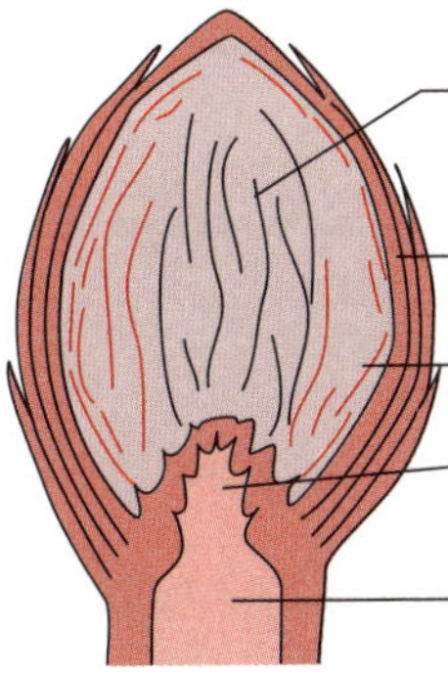

Abb. 5 Schutzeinrichtungen der Knospe

Knospen kommen bei krautigen, zweijährigen oder perennierenden Pflanzen und Holzgewächsen vor.

Es handelt sich um modifizierte Blätter, die bei unterirdischen oder oberflächlichen Organen krautig bleiben, wenn der Boden oder die Laubschicht genügend Schutz bieten (Wegerich, Salomonssiegel). Oberirdische Knospen verholzen, und in diesem Fall werden die äußeren Blätter schuppig, sind aneinander gefügt, wasserdicht durch Harz verklebt und bilden so eine Schutzschicht für die gestauchte Sprossachse mit Blattanlagen (Buche, Esche, Kastanie) und das Sprossapikalmeristem.

Die Knospen befinden sich in einem latenten Stadium, das als **Knospendormanz** bezeichnet wird. Die Ruhephase verhindert das Austreiben und führt zu einer extrem niedrigen Stoffwechselaktivität. Dieser Zustand wird, angepasst an die klimatischen Bedingungen, durch einen endogenen Rhythmus geregelt.

c) Schutz durch physiologische Ruhepausen

Die Überwinterungsorgane gewährleisten eine hinausgeschobene Entwicklung mit einer physiologischen Ruhepause, in der möglichst keine Reservestoffe mobilisiert werden. Dieser Ruhezustand ist durch ein Senken des anabolen und katabolen Stoffwechsels gekennzeichnet. So ist der Austausch mit der Außenwelt auf ein Minimum reduziert und die Atmung kaum wahrnehmbar, nur um gerade die Organe am Leben zu erhalten.

- Wasserhaltige Organe sind oft von einer mehr oder weniger wasserdichten Hülle umgeben, und die kohlenhydratreichen Zellen entwickeln ein hohes osmotisches Druckvermögen. Diese Zellen sind stoffwechselinaktiv.
- Dehydratisierte Organe sind ebenfalls durch durchlässige, mehr oder weniger dicke Schichten geschützt, während das Gewebe im Inneren wasserarm und reich an Osmolyten (osmotisch wirksamen Substanzen) ist, die den Stoffwechsel unterdrücken.
- Knospen sind gleichfalls geschützt und außerdem im Ruhezustand.

Für viele dieser Organe ist der Ruhezustand vom physiologischen Zustand der Dormanz begleitet. Es handelt sich um eine Unfähigkeit der Organe sich zu entwickeln, selbst wenn die klimatischen Bedingungen günstig sind. Die Dormanz kann mechanischen, chemischen oder genetischen Ursprungs sein. Sie bewahrt die Organe davor, zu früh den Lebensrhythmus wieder aufzunehmen. Sie kann durch Kälte (Vernalisation) oder erhöhte Temperaturen aufgehoben werden (Abb. 6).

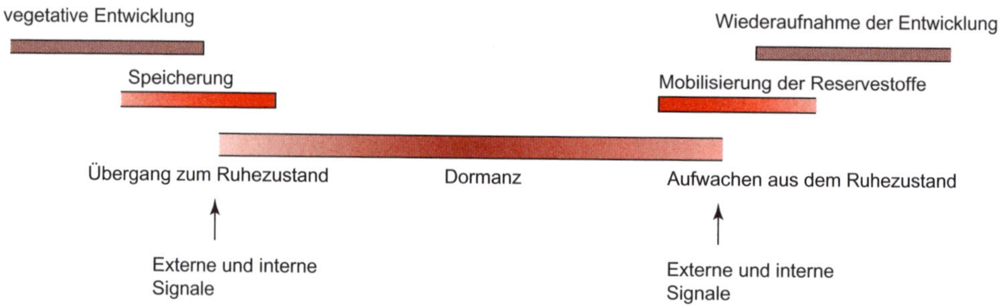

Abb. 6 Physiologische Zustände und Überwinterung

3. Schutz gegen pflanzenpathogene Organismen

Biologische Umweltfaktoren können mit Pflanzen interagieren, einerseits im Rahmen einer für beide Partner vorteilhaften Verbindung, der Symbiose, andere Interaktionen dagegen können für die Pflanze schädlich sein. So können Insekten sich von vegetativen oder reproduktiven Pflanzenorganen ernähren, oder Parasiten (z. B. Viren, Bakterien und Nematoden), die auf oder in der Pflanze schmarotzen und sich vermehren, können Krankheiten auslösen und sind somit pathogen.

a) Passive Schutzmechanismen

Es gibt verschiedene Formen des passiven Schutzes:

- Die **Konsistenz der Organe**, d. h. inwiefern sie verholzt sind oder eine Cutinschicht haben, kann eine Schutzfunktion ausüben, indem sie die Organe festigt oder manchmal ungenießbar macht.
- Die **Cuticula** auf der Oberfläche oberirdischer Organe begrenzt das Eindringen pathogener Keime und bildet so eine Barriere zwischen Pflanze und Umwelt.
- Eine Mischung aus komplexen Verbindungen wie Terpene, Alkohole, etc. stellen die **ätherischen Öle** dar, die insektenabweisend wirken und daher einen Schutz für die Pflanze bedeuten.

b) Schutzmechanismen durch die Hypersensitive Reaktion

Wenn Mikroorganismen die Schutzbarriere der Pflanze überschritten haben und sich innerhalb des Gewebes befinden, werden spezifische Marker dieser Keime, sog. Elicitoren, von der Pflanze erkannt. Die Folge ist eine Antwort, die freie Radikale wie das Hyperoxidanion oder Wasserstoffperoxid produziert (ROI, r*eactive oxygen intermediates*). Diese Zwischenprodukte aktivieren eine Reihe von Reaktionen (Tab. 1).

- **Zerstörung der infizierten Zelle (Nekrose)** und gleichzeitig des pathogenen Keims
- **Verstärkung der Zellwand** (z. B. durch Kalloseauflagerung), die dadurch weniger durchlässig wird, und Eindämmung des pathogenen Keims, dessen Ausbreitung damit begrenzt wird.
- **Synthese von Abwehrenzymen** wie Proteasen, die Moleküle des Pathogens inaktivieren, sogenannte PR-Proteine (*pathogenesis related*), die bakterielle und Pilzzellwände abbauen und die Keime so unschädlich machen.

c) Schutz durch Phytoalexine

Bei der **hypersensitiven Reaktion** werden **Phytoalexine** erzeugt. Es handelt sich um Isoflavonoide, die sich über komplexe Wege vom Sekundärstoffwechsel ableiten. Diese Substanzen liegen in Pflanzengeweben unter normalen Bedingungen in geringen Mengen vor, werden aber infolge einer bakteriellen oder Pilzinfektion verstärkt synthetisiert. Es handelt sich um Stoffwechselprodukte mit antimikrobieller Wirkung.

d) Schutz durch induzierte Resistenz

Die hypersensitive Reaktion ist eine induzierte lokale Antwort, die nur an der primären Infektionsstelle reagiert. Andere Vorgänge verallgemeinern diesen Pflanzenschutz auf die ganze Pflanze oder sogar auf Nachbarpflanzen. Man spricht hierbei von erworbener systemischer Resistenz SAR (*systemic acquired resistance*) (Abb. 7):

- Die erworbene systemische Resistenz SAR bedeutet eine Verlängerung der lokalen Antwort. Sie besteht aus der Bildung von Botenstoffen wie Salicylsäure, die sich in der ganzen Pflanze über das Phloem (Siebzellen) verbreiten und eine Resistenz der gesunden Organe gegenüber dem Erreger aktivieren. So ist der ganze Organismus nach lokalem Pathogenkontakt geschützt.
- Die erworbene systemische Resistenz kann auch auf Nachbarpflanzen übertragen werden, indem die Salicylsäure in flüchtige Methylsalicylsäure umgewandelt wird, die der resistenten Pflanze entströmt, und so die Resistenz auf Nachbarpflanzen verbreitet.

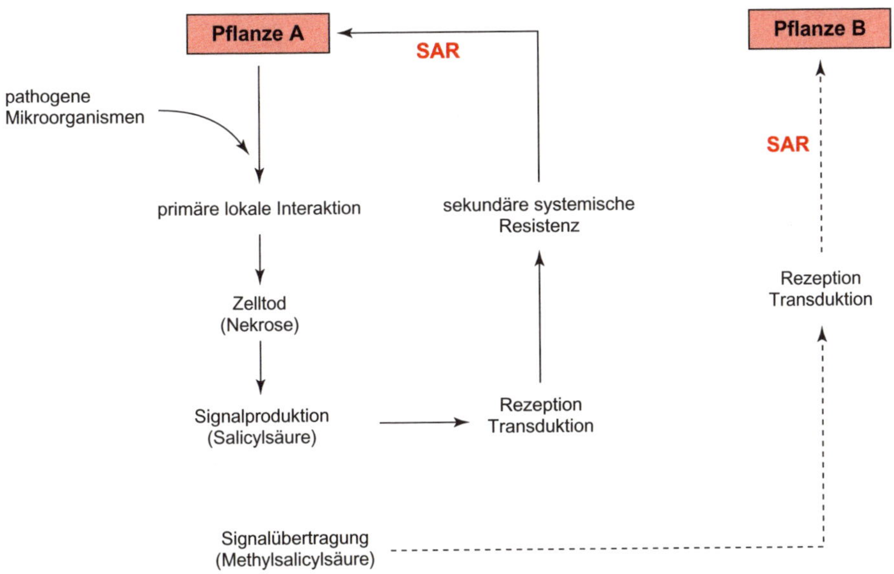

Abb. 7 Entstehen der erworbenen systemischen Resistenz (SAR)

Bei einer lokalen Antwort und der Übertragung des Infektionssignals auf die ganze Pflanze und auf Nachbarpflanzen finden zu Beginn der Resistenz Stoffwechselveränderungen des gesunden Gewebes statt (Tab. 1).

Tab. 1 Veränderungen des infizierten Gewebes nach Resistenzerwerb

Änderungen der Zellwand durch Verdickung und Verstärkung – Blockierung der Verbreitung von Bakterien und Pilzen – Entwicklung der Zellwandresistenz gegen Enzyme des pathogenen Erregers
Aktivierung der sekundären Stoffwechselwege – Synthese von antimikrobiellen Phytoalexinen – Synthese von Ethylen, Salicylsäure – Aktivierung der oxidativen Stoffwechselwege – Aktivierung der aromatischen Stoffwechselwege
Produktion von pathogeninduzierten PR-Proteinen (*pathogenesis related*) – Angriffsmechanismus der Zellwand und Membran von Mikroorganismen (Chitinasen/Lysozyme, Glucanasen) – Inhibierung der pathogenen Faktoren von Mikroorganismen (Inhibitoren von Proteasen und Polygalacturonasen)

46 Von der Entstehung des Lebens zur Evolution der Lebewesen

Worum es geht:
Evolution, organische Materie, Prokaryoten, Zelle, Fauna, Flora

Die Erde entstand vor 4,6 Milliarden Jahren, sie war damals von einer primitiven sauerstofffreien Uratmosphäre umgeben. Der Wasserdampf in der Atmosphäre kondensierte zu Ozeanen und bildete so die Hydrosphäre. Die ultraviolette Strahlung wurde noch nicht durch die Ozonschicht aufgehalten, da es sie damals noch nicht gab. Sie lieferte diesem Urozean die zur Synthese organischer Verbindungen notwendige Energie. Die „Moleküle des Lebens" konnten sich damit zu der strukturellen Einheit des Lebens, der Zelle, zusammenfügen.

Die zunehmende Komplexität der Lebewesen und die durch sie bedingte Anreicherung der Atmosphäre mit molekularem Sauerstoff führte zum Übergang vom anaeroben zum aeroben Stoffwechsel und von der Ein- zur Mehrzelligkeit. Eines der großen Ereignisse der Evolution der Lebewesen war der Schritt aus dem Wasser ans Land (Abb. 1).

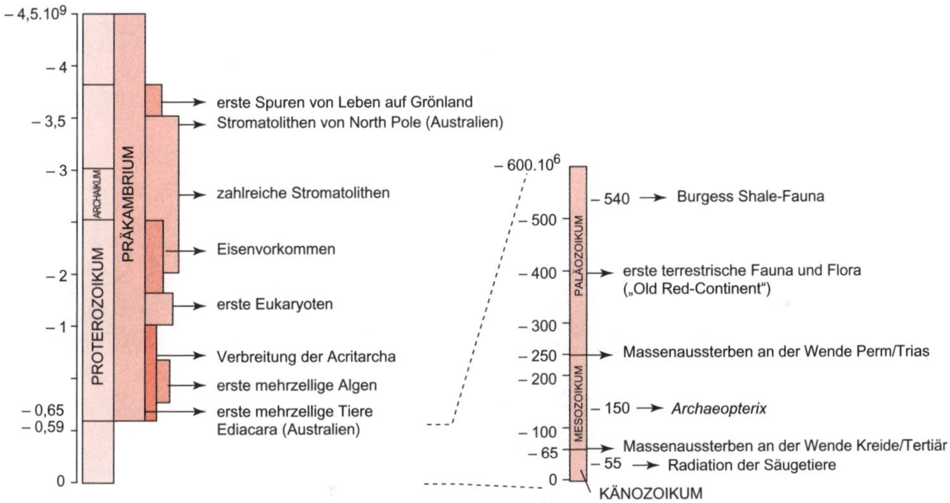

Abb. 1 Entstehung und Evolution des Lebens

1. Uratmosphäre und Aufkommen organischer Materie

Die Uratmosphäre der Erde bestand aus den anorganischen Stoffen Wasserstoff, Ammoniak, Wasser und einer einfachen organischen Verbindung, dem Methan.

Aus diesen elementaren Stoffen synthetisierten sich organische Moleküle, was zur Herausbildung der Zelle, der strukturellen und funktionalen Einheit des Lebens, führte.

a) Bildung der ersten „organischen Bausteine" des Lebens

Zwischen 1894 und 1964 postulierten Oparin und Haldane unabhängig voneinander, dass sich unter den Ausgangsbedingungen auf der Erde durch intensive Sonneneinstrahlung und Blitze kleine organische Moleküle aus den atmosphärischen Gasen (Cyanwasserstoff HCN, Formaldehyd CH_2O, etc.) bilden könnten. Diese Moleküle wurden dann in den irdischen Gewässern, den Ozeanen, gelöst.

Dieselben Forscher fanden auch heraus, dass die chemischen Grundelemente der Lebewesen die Elemente C (Kohlenstoff), H (Wasserstoff), O (Sauerstoff) und N (Stickstoff) sind. Dass aus ihnen die für das Leben essentiellen organischen Moleküle werden, hängt von einer ständigen Energiequelle ab, der Sonnenenergie (Abb. 2).

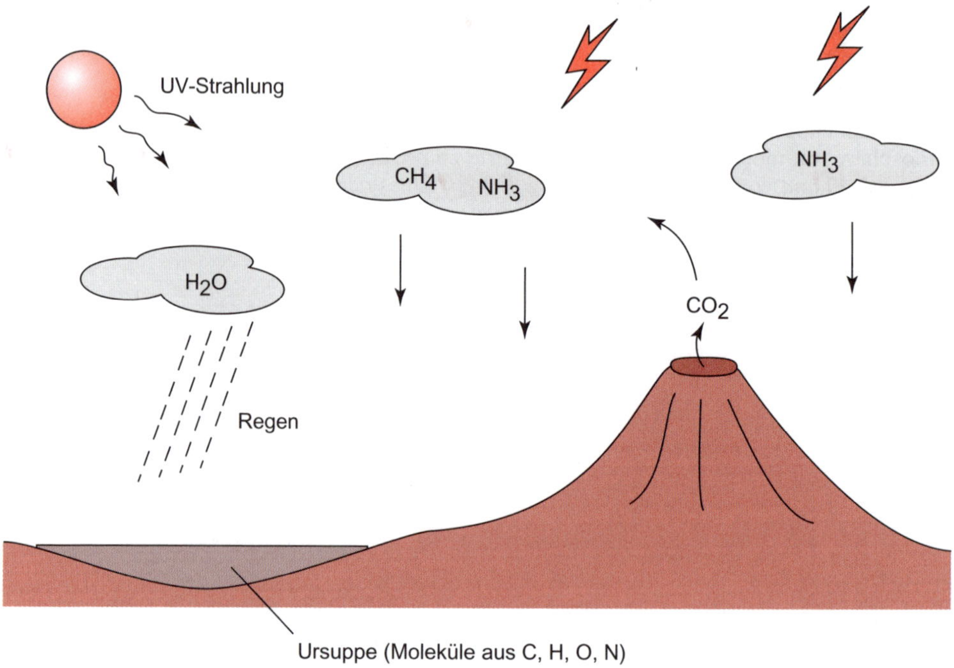

Abb. 2 Ursprung der zum Leben essenziellen organischen Moleküle

Von der gleichen Idee ausgehend baute Stanley Miller 1953 eine Versuchsanlage, die ein absolut steriles geschlossenes System unter Vakuumbedingungen darstellte.

Er füllte Wasser (H_2O) und die Gase CH_4, NH_3 und H_2 in einen Kolben. Mit einer Wärmequelle erhitzte er das Wasser, bis es verdampfte, und erhielt so die Uratmosphäre (nach Oparin und Haldane). Mit Hilfe von zwei Elektroden produzierte er elektrische Entladungen, die Blitze als Energiequelle simulieren sollten. Mit einer Kühlanlage ließ er den Wasserdampf kondensieren und simulierte so den Niederschlag auf der Erde, in dem die neu gebildeten Moleküle gelöst waren. Nach einer Woche fand Miller unter den Molekülen, die sich im Kolben angesammelt hatten, einfache organische Verbindungen, u. a. Aminosäuren.

Die Bildung solcher organischer Moleküle aus anorganischen Ausgangsverbindungen lässt sich dadurch erklären, dass

- ein Molekül Wasserdampf (H_2O) kombiniert mit einem Molekül Methan (CH_4) ein Molekül Formaldehyd ergibt.
- Ribose, ein Zucker mit fünf C-Atomen, aus fünf Molekülen Formaldehyd gebildet werden kann.
- man Cyanwasserstoff erhält, wenn Methan (CH_4) und Ammoniak (NH_3) kombiniert werden.
- fünf Moleküle Cyanwasserstoff zusammen Adenin bilden, eines der wichtigsten Nucleotide zur Bildung der DNA.
- die drei Verbindungen Formaldehyd, Wasser und Cyanwasserstoff kombiniert Aminosäuren und Glucose bilden (Abb. 4).

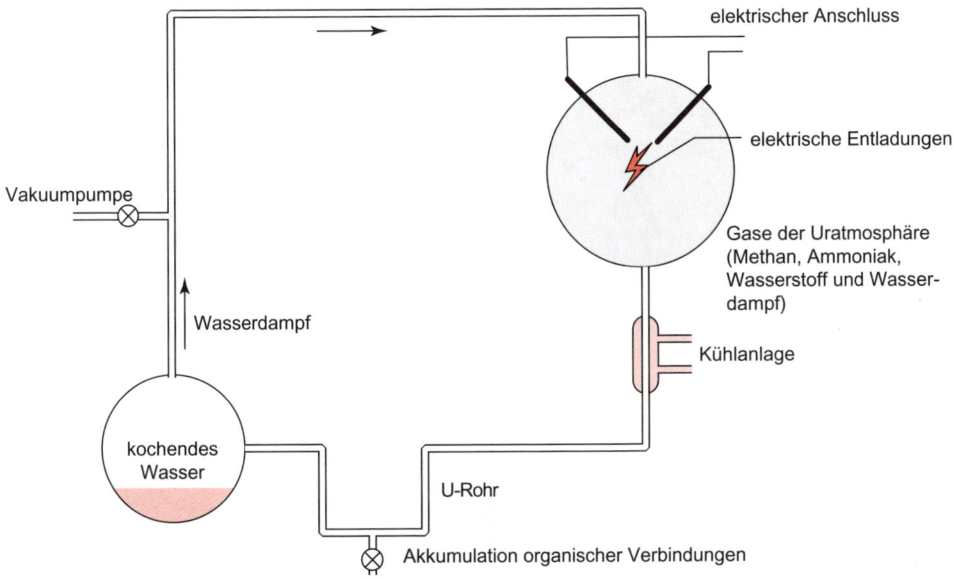

Abb. 3 Entstehung der ersten molekularen Bausteine des Lebens (Experiment nach Miller)

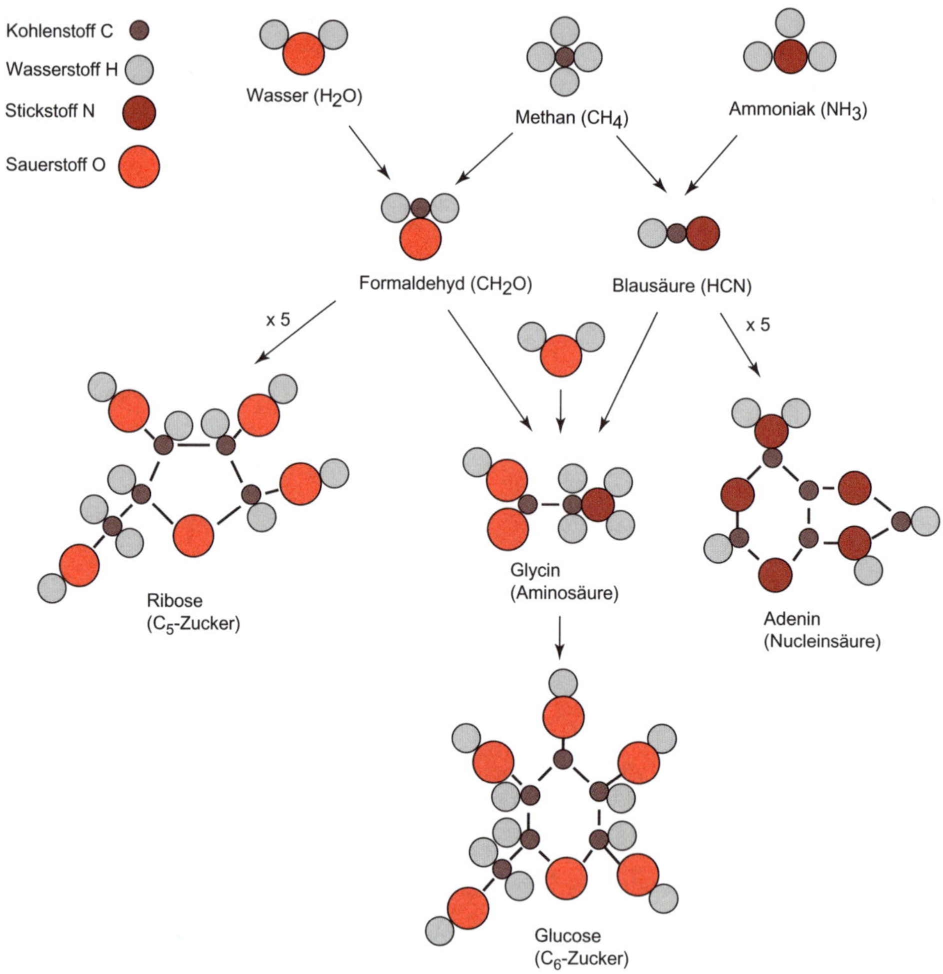

Abb. 4 Bildung bestimmter Biomoleküle aus einfachen Vorstufen

b) Vom inerten organischen Molekül zum Biomolekül

Unter den Polymeren, die unter präbiotischen Bedingungen (Millers Experiment) synthetisiert wurden, erwiesen sich einige als autokatalytisch, d. h. sie können ihre eigene Vermehrung beschleunigen.

Eine andere Eigenschaft dieser Polymere ist es, sich zu proteinhaltigen Mikrotröpfchen zu organisieren, sich vom umgebenden Milieu durch eine Membran zu isolieren und Kügelchen mit einem Durchmesser von mehreren Mikrometern zu bilden, die an Bakterien erinnern. Diese Mikrotröpfchen tauschen mit ihrer Umgebung Stoffe und Energie aus, werden dicker, zerfallen in mehre Tröpfchen oder verschwinden, sie haben somit Eigenschaften einer funktionierenden Zelle.

2. Auftreten der ersten Lebewesen

a) Prokaryoten, erste Lebewesen

Vor 3,85 Milliarden Jahren: erste Spuren von Lebensprozessen

Das Alter der Erde wird auf ungefähr 4,6 Milliarden Jahre geschätzt und die ersten Spuren des Lebens auf 3,85 Milliarden Jahre. Diese Schätzung beruht auf der Untersuchung an Kohlenstoffisotopen, womit man gewisse Lebensprozesse wie die Photosynthese aufzeigen konnte. Da ^{12}C leichter ist als ^{13}C, wird es bei chemischen Reaktionen wie der Photosynthese bevorzugt eingebaut. Graphitschichten (reiner Kohlenstoff) in den Isua-Gneisen auf Grönland (vor 3,85 Milliarden Jahren) sind ungewöhnlich reich an ^{12}C, was die Existenz von Lebewesen, die zu jener Zeit irgendeine Form von Photosynthese betrieben haben, wahrscheinlich macht.

Vor 3,46 Milliarden Jahren: Stromatolithen, photosynthetisierende Bakterien

Im North Pole-Massiv in Westaustralien wurden die auf 3,46 Milliarden Jahre datierten ältesten **Stromatolithen** (biogene Sedimentgesteine) gefunden. Es handelt sich um konzentrisch geschichtete Kalksteingebilde, die sich in seichten marinen Gewässern gebildet haben. Sie sind vergleichbar mit den heute in der Shark Bay in Westaustralien vorkommenden Stromatolithen, die durch photosynthetische Prozesse autotropher **Cyanobakterien** („Blaualgen") wachsen. Andere vergleichbare Formen charakterisieren diese Zeit: die Mikrosphären (*Huronispora*), Bakterien (*Eobacterium isolatum*) und andere Moneren (Prokaryoten, Bakterien und Cyanobakterien). Diese Stromatolithen sind also genau wie die heutigen in warmen Flachmeeren entstanden, wo sie schleimige laminare Matten an der Oberfläche der Sedimente bilden.

Diese „Schleimschicht" besteht aus einem Filamentgeflecht aus Bakterien und Cyanobakterien. Sie hat zwei Funktionen:

- Einerseits fängt sie Sedimentpartikel zwischen ihren Filamenten.
- Andererseits induziert sie die Ausfällung von Sedimentpartikeln durch die Photosynthese, indem durch den CO_2-Verbrauch der Partialdruck dieses Gases in seinem Mikromilieu sinkt. Durch den CO_2-Entzug wird die biogene Fällung von Calciumcarbonat ($CaCO_3$) auf der Oberfläche begünstigt. Die eingefangenen Partikel werden zementiert und bilden schließlich eine Abfolge von festen Krusten, die zu einem Gestein werden, dem Algenlaminit (Abb. 5).

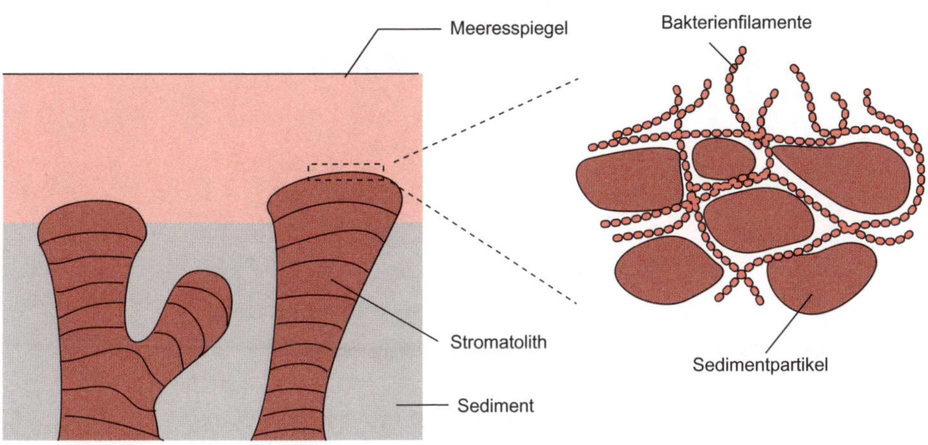

Abb. 5 Entstehung von Stromatolithen

▶ Vor 2 Milliarden Jahren: Anreicherung der Atmosphäre mit molekularem Sauerstoff
Uraninit (Pechblende) und Pyrit sind häufige Minerale in marinen und kontinentalen Ablagerungen geringer Tiefe, die in Kontakt mit der Atmosphäre stehen. Ab einem Zeitpunkt von zwei Milliarden Jahren vor heute nahm die Häufigkeit dieser Elemente in ihrer reduzierten Form ab. Im Gegensatz dazu reicherte sich das Mineral Hämatit (Fe_2O_3) an. Höher oxidiertes Eisen kann sich nur in stark oxidierender Umgebung gebildet haben. Es ist daher wahrscheinlich, dass in jener Zeit molekularer Sauerstoff gebildet, an Eisen gebunden und dann im Gestein fixiert wurde.

Aus heutiger Sicht ist der einzige biochemische Prozess, der dieses Phänomen erklären kann, die Photosynthese. Erst nachdem die gesamte oxidierbare Materie in der Uratmosphäre durch Photosynthese oxidiert worden war, konnte sich molekularer Sauerstoff in der Biosphäre anreichern (Abb. 6).

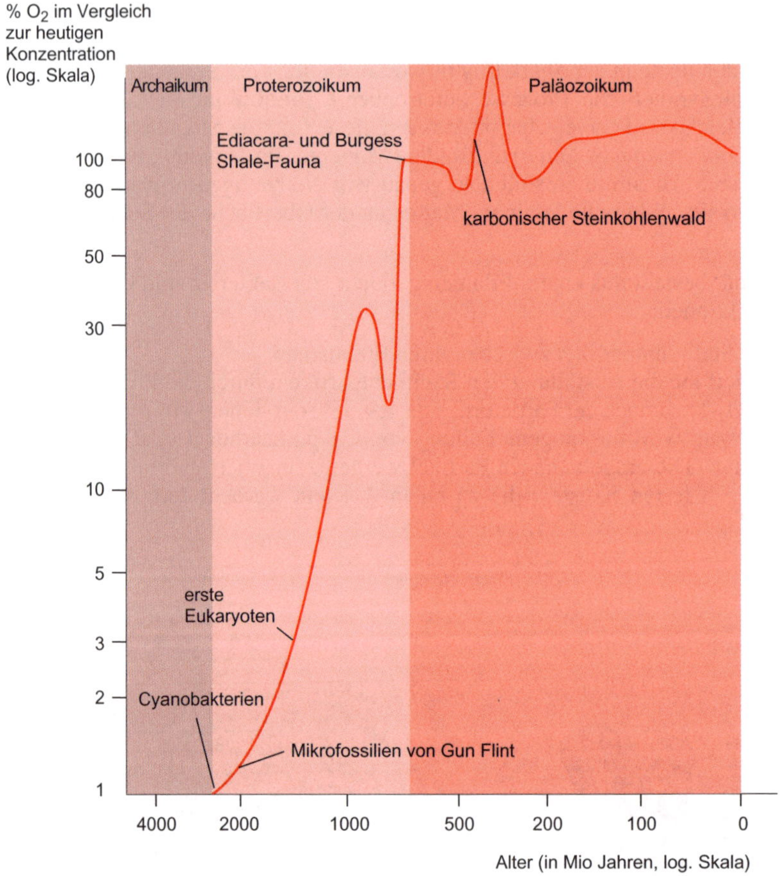

Abb. 6 Entwicklung der Sauerstoffkonzentration in der irdischen Atmosphäre

b) Erste eukaryotische Zellen und die Entstehung der Artenvielfalt

▶ Vor 1,4 Milliarden Jahren: erste Überreste von einzelligen Eukaryoten
Erste **eukaryotische Zellen** traten vor ungefähr 1,4 Milliarden Jahren auf. In fossilem Zustand kann man prokaryotische und eukaryotische Zellen nur aufgrund der Größe (> 60 μm) voneinander unterscheiden. Die ältesten Vertreter sind die **Acritarchen**, die Eigenschaften sowohl

von heutigen Eukaryoten als auch von Prokaryoten haben, was sicher auf Endosymbiose zurückzuführen ist.

▶ **Vor 1 Milliarde Jahren: die ersten mehrzelligen Wasserlebewesen**
Die ersten Spuren von mehrzelligen Lebewesen liegen 1 Milliarde Jahre zurück (kohlige Abdrücke von Montana), sie entsprechen weitgehend mehrzelligen Algen.

▶ **Vor 650 Millionen Jahren: Kambrische Explosion der aquatischen Flora und Fauna**
Die formenreiche Ediacara-Fauna von vor 650 Millionen Jahren in Australien umfasst zahlreiche Fossilien, darunter diploblastische und triploblastische Formen.

Jedoch bleibt die phylogenetische Einordnung gewisser Arten wie *Spriggina* (Arthropode oder Annelide), oder *Praecambrium*, das keiner der heute bekannten Arten ähnelt, noch rätselhaft. Auch gibt es keine bekannten phylogenetischen Beziehungen zu nachfolgenden Faunen.

▶ **Vor 525 Millionen Jahren: Artenvielfalt und Evolution der Biosphäre**
Der Burgess Shale (in den kanadischen Rocky Mountains) stellt ein sauerstoffhaltiges, dem Licht ausgesetztes marines Biotop dar; das waren ideale Bedingungen für die Entwicklung von Lebewesen. Gewisse Arten können bekannten Klassen zugeordnet werden (*Canadapsis*, Arthropoda, Crustacea), andere entsprechen ausgestorbenen Klassen (*Marella*, Arthropoda), bzw. deren Untergruppen (*Opabinia*). Die anatomische Vielfalt der Lebewesen war nie so groß wie damals, und fast alle bekannten phylogenetischen Gruppen finden sich in dieser Fauna wieder.

3. Vor 400 Millionen Jahren: Die Eroberung des Festlandes

Im verkieselten Torf von Rhynie in Schottland wurde eine der ältesten Gefäßpflanzen der Erde, *Rhynia*, gefunden. Diese blattlose **Pteridophyte** (**Psilophyte**, Urfarne) weist ein Rhizom mit Rhizoiden auf, einen aufrechten Spross, Stomata, Sporangien, verholztes Stützgewebe und Leitgewebe. Ihre Morphologie entspricht den Anpassungen an das Leben auf dem Festland. Die ersten Spuren von Landwirbeltieren erscheinen ebenfalls in dieser Zeit.

In der Folge ist die Evolution durch eine globale Erhöhung der Biodiversität gekennzeichnet aber auch durch mehr oder weniger massive Aussterbeereignisse, die eben dieser Biodiversität entgegen gewirkt haben (Abb. 7).

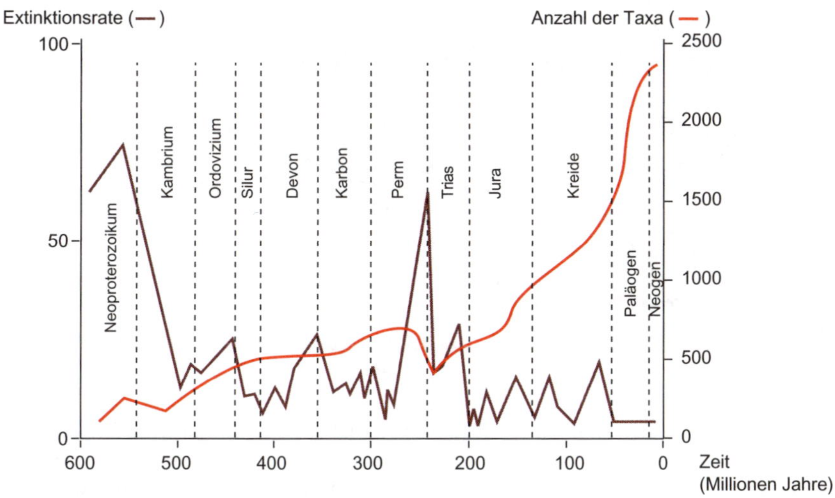

Abb. 7 Biodiversität und Extinktionsrate der Gattungen im Verlauf der Evolution

47 Systematik der Metazoen

Worum es geht:
Systematik, Kladistik, abgeleitete Merkmale, Metazoa

Die mehrzelligen Tiere oder Metazoen sind heterotroph, oft beweglich und haben alle Lebensbereiche erobert. Sie decken ihren Kohlenstoff- und Energiebedarf aus organischen Verbindungen, die von autotrophen photosynthetisierenden Organismen produziert worden sind. Die Metazoen können nach phylogenetischen Gesichtspunkten in ein kladistisches System eingeordnet werden. So unterscheidet man die Parazoa (Gewebelose), die noch keine echten Gewebe haben, von den Eumetazoa (Gewebetiere) mit echten Geweben. Die Systematik der Metazoa beruht auf abgeleiteten Merkmalen, die jede Gruppe gemeinsam hat (Synapomorphien).

1. Abgeleitete Merkmale der Metazoen

Alle Metazoen haben gemeinsame abgeleitete Merkmale, die von einem hypothetischen, nicht näher bestimmten gemeinsamen Vorfahren stammen. Diese Merkmale betreffen insbesondere das Collagen, die Meiose und das Spermatozoid.

Das Collagen ist ein langes Strukturprotein, das an der Bildung der extrazellulären Matrix beteiligt ist. Diese gewährleistet die Anordnung der Zellen im Gewebe und fördert die Morphogenese. Fibronectin und Integrine, ebenfalls Merkmale der Metazoen, sind weitere Bestandteile dieser Matrix. Andere interzelluläre Beziehungen treten in Form von Desmosomen, starken Membranverbindungen, auf (Abb. 1).

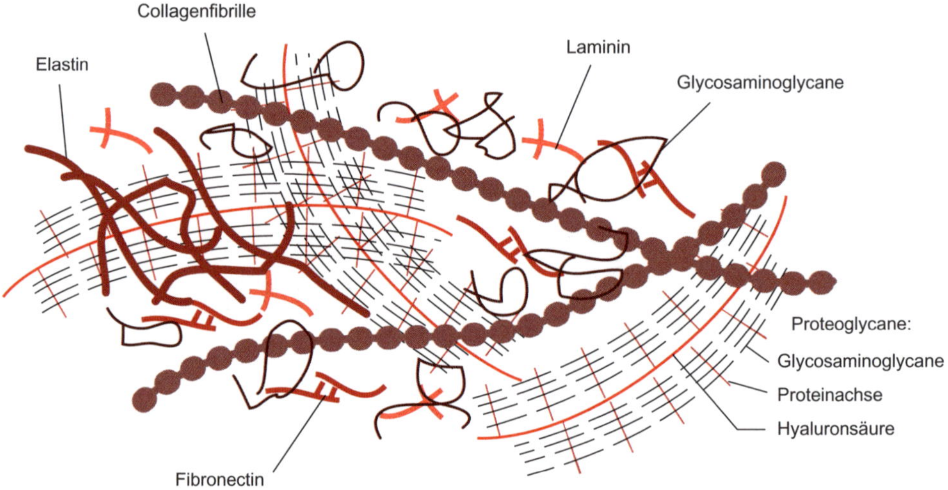

Abb. 1 Collagen, gemeinsam abgeleitetes Merkmal der Metazoen, ist ein Bestandteil der extrazellulären Matrix

Metazoen haben außerdem ein Spermatozoid mit einem Kopf, der einen kondensierten Kern umschließt, und mit einem Akrosom (Kopfkappe). Das Mittelstück enthält Mitochondrien mit zwei achteckigen Centriolen, an denen die Geißel ansetzt (Abb. 2).

Bei Tieren entstehen bei der Meiose direkt Gameten, keine Sporen. Beim Weibchen bleibt nach der Meiose nur eine Eizelle funktionstüchtig, die drei anderen degenerieren und bilden die Polkörperchen.

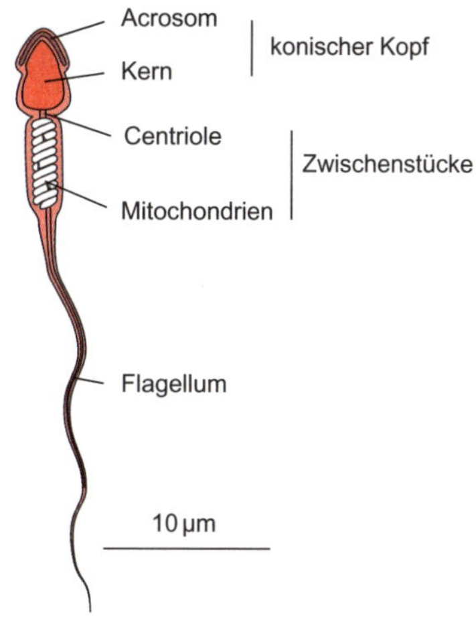

Abb. 2 Spermatozoid der Metazoen

2. Parazoa

Parazoa besitzen keine echten Gewebe. Sie umfassen die Placozoa und die Porifera, Tiere ohne spezielle Symmetrie.

a) Placozoa

Die Placozoa (Plattentiere) bestehen aus zwei Zellschichten, die einen mit mesenchymatischen Zellen ausgekleideten Hohlraum umschließen. Sie bilden temporäre Verdauungskammern um Nahrungspartikel, die sie auch außerhalb verdauen.

b) Porifera

Die Porifera (Schwämme) bestehen aus zwei Blättern, dem Ektoblast und dem Endoblast. Das Endoblast ist mit begeißelten Choanocyten (Kragengeißelzellen) ausgestattet, die u. a. einen Wasserstrom im Gastralraum erzeugen (Abb. 3).

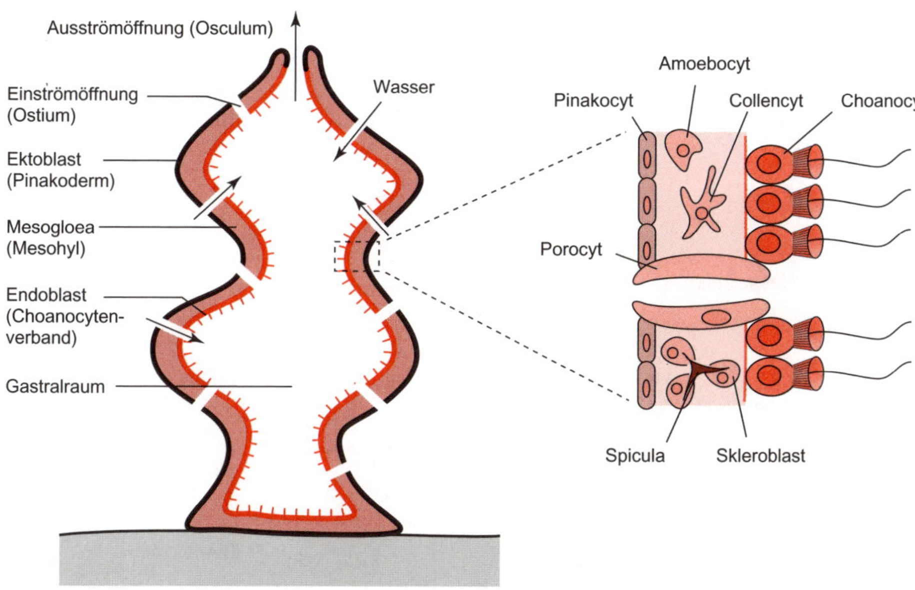

Abb. 3 Aufbau der Porifera (Schwämme)

Vertreter dieses Stammes sind:

- Kieselschwämme (Silicea);
- Hexactinellida, deren Nadeln, die Hexactine, drei Hauptachsen mit insgesamt 6 Spitzen aufweisen. Diese Schwämme leben in Kolonien, sind innen hohl und oben geöffnet (Beispiel: *Euplectella aspergillum*, Gießkannenschwamm);

- Demospongia (Hornkieselschwämme), deren Skelett aus Kieselnadeln und Collagen besteht und die nach dem Sycon-Bauplan aufgebaut sind (Beispiel: *Spongia officinalis*, als Badeschwamm gebraucht);
- Calcarea (Kalkschwämme, Beispiel: *Leucandra aspera*).

3. Eumetazoa

Alle anderen Metazoa sind Eumetazoa oder „echte mehrzellige Tiere".

Sie besitzen eine extrazelluläre Matrix mit Collagen IV in den Epithelien, die mit einer Basallamina den Aufbau echter Gewebe gewährleisten. Außerdem lassen *gap junctions* kleinere Moleküle passieren.

In der Embryonalentwicklung der diploblastischen Metazoen entstehen bei der Gastrulation zwei Keimblätter, das Ektoderm und Entoderm.

Die Verdauung findet im Gastralraum statt, der vom Entoderm ausgekleidet ist. Er enthält exokrine Drüsenzellen, die Verdauungsenzyme sekretieren.

Außerdem führt die Zelldifferenzierung zur Bildung von Muskelzellen, sensorischen und motorischen Nervenzellen. Das neuronale Netz ist zu einem Nervensystem mit chemischen Synapsen an den Verbindungsstellen der Zellen organisiert.

Zu den Eumetazoa zählen die Cnidaria (Nesseltiere), Ctenophora (Rippenquallen), die Mesozoa, deren Zuordnung nicht abschließend geklärt ist, und die Bilateria.

a) Cnidaria

Die Cnidaria (Nesseltiere, Beispiel: *Chlorohydra vividissima*) besitzen Nesselzellen, spezialisierte Angriffs- und Verteidigungszellen. Jede Nesselzelle umschließt ein Vesikel, die Nesselkapsel (Nematocyste), die einen giftigen, wie eine Harpune ausschleuderbaren Nesselfaden enthält (Abb. 4).

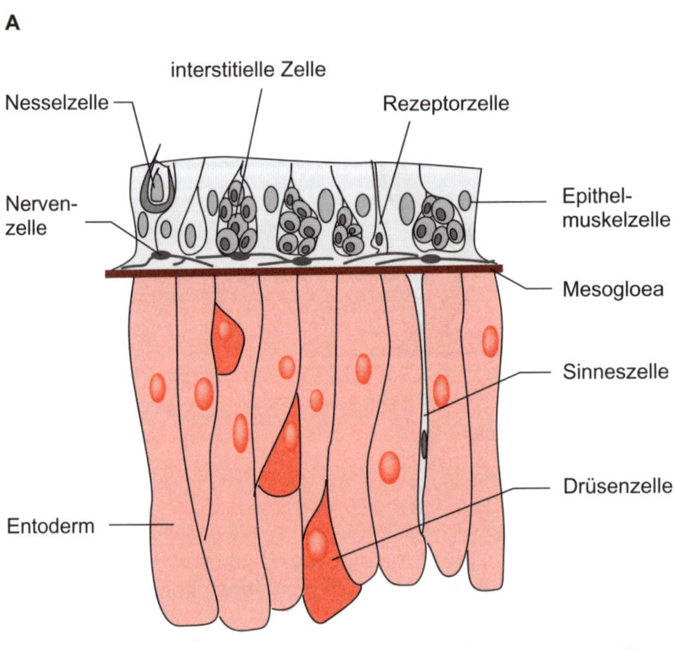

Abb. 4 Zelluläre Organisation der Cnidaria; **A:** Querschnitt der Zellwand (→ Fortsetzung nächste Seite)

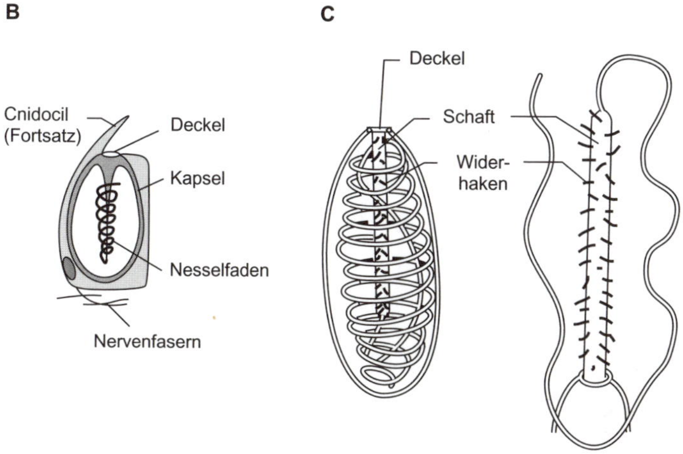

Abb. 4 (Fortsetzung) Zelluläre Organisation der Cnidaria; **B:** Nesselzelle im Detail und **C:** ungereizte Nesselkapsel (links) und gereizte Nesselkapsel (rechts)

Die Muskulatur der Nesseltiere ist doppelten, ekto- und entodermalen, Ursprungs.

Außer bei den Anthozoa (Blumentieren) geschieht die Fortpflanzung durch einen Zyklus von einem Polypen-, einem Medusen- und einem Larvenstadium. Die Planula genannte Larve hat eine bewimperte Epidermis (Abb. 5).

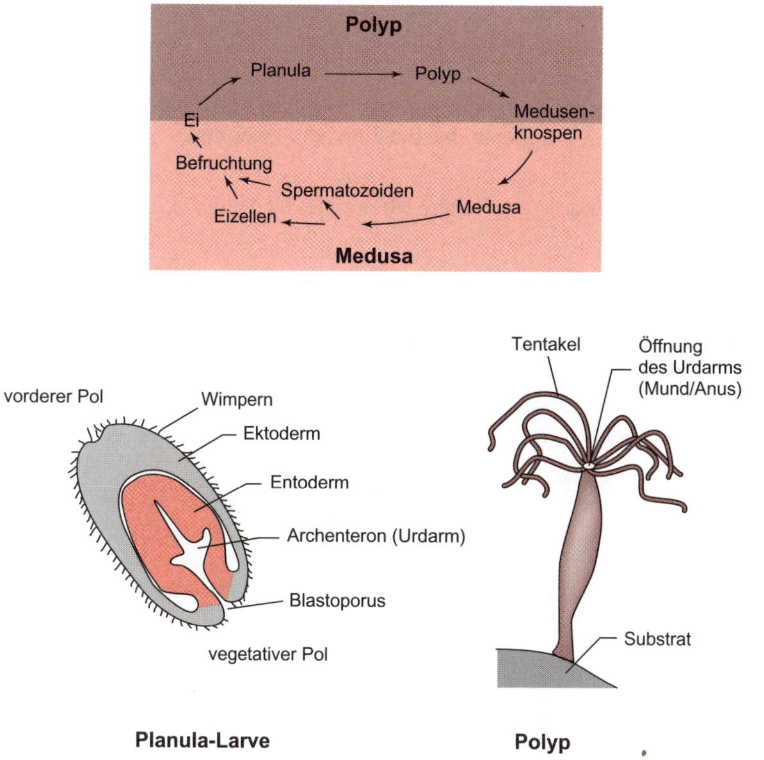

Abb. 5 Lebenszyklus der Nesseltiere

b) Ctenophora

Die Ctenophora (Rippenquallen) sind biradialsymmetrisch. Sie besitzen Kolloblasten, Klebzellen, die an den Tentakeln sitzen (Abb. 6).

Die Ctenophora tragen acht Reihen meridionaler Bänder von Ruderplättchen, die aus kammartig miteinander verwachsenen Cilien bestehen und von einem Organ synchronisiert werden. Sie ermöglichen eine gerichtete Bewegung im Wasser (Abb. 6).

Die Cydippea-Larve ist charakteristisch für das Taxon.

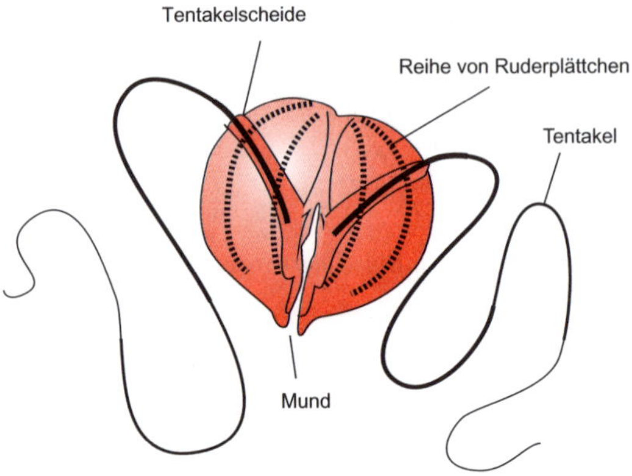

Abb. 6 Aufbau einer Rippenqualle

c) Myxozoa

Die Myxozoa (Beispiel: *Myxobolus pfeifferi*) sind parasitische Tiere, die aus wenigen Zellen bestehen und Sporen tragen (Abb. 7). Jede Spore besitzt eine oder zwei Zellen mit einem Polfaden, mit dem sie sich am Wirt festhält.

Das Gen der 18S-RNA trägt gemeinsame abgeleitete Merkmale der Metazoa, die genaue Zuordnung ist allerdings strittig.

Das Fehlen embryonaler Keimblätter kann eine durch die parasitäre Lebensweise bedingte sekundäre Veränderung sein.

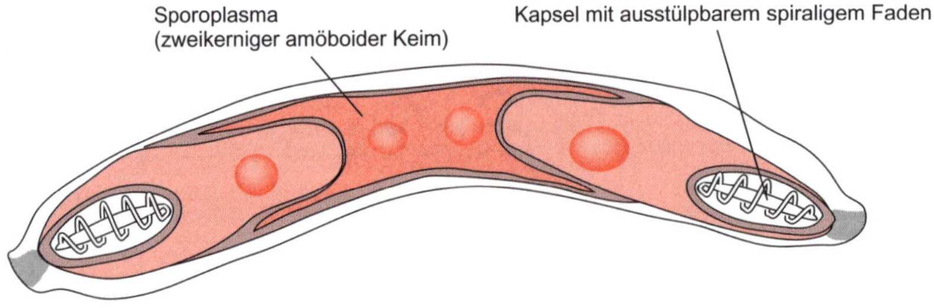

Abb. 7 Längsschnitt durch die Spore eines Myxozoen

d) Mesozoa

Die Mesozoa (Zwischentiere) sind Parasiten, deren Mesoderm, das Nervensystem und der Verdauungstrakt rückgebildet sind, daher werden sie als degenerierte Metazoa klassifiziert.

Sie besitzen eine oder mehrere polyploide Zellen.

Die Entwicklung der Embryonen findet intrazellulär statt.

e) Bilateria

▶ Allgemeine Merkmale der Bilateria

Die Bilateria sind bilateralsymmetrisch. Ihre Hauptachse verläuft vom Vorder- bis zum Hinterende, ist parallel zur Fortbewegungsrichtung und zum Nahrungsweg im Verdauungstrakt.
Der unverzweigte Verdauungstrakt ist vollständig.
Der Blastoporus (Urmund) der Gastrula entwickelt sich zu einer der Öffnungen des Verdauungstrakts.
Ein drittes Keimblatt, das Mesoderm, erscheint; die Bilateria sind triploblastische Eumetazoen.
Die Exkretionsfunktion wird ursprünglich von Protonephridien ausgeübt.
Synapsen übertragen Signale nur in eine Richtung, und das Nervensystem ist um ein übergeordnetes Cerebralganglion und eine Nervenkette aufgebaut, an der **Cephalisation** (Kopfbildung) stattfindet.
Die „HOX"-Gene zur Regulation der Morphogenese sind in Komplexen angeordnet.
Man unterscheidet bei den Bilateria die Protostomia und die Deuterostomia.

▶ Protostomia

Bei den Protostomiern (Urmünder) entwickelt sich der Blastoporus (Urmund) zum Mund.
Die sekundäre Leibeshöhle (Coelom) bildet sich durch Schizocoelie, d. h. bei der Metamerisierung stülpen sich mesodermale Zellen in einen Hohlraum ein (Abb. 8).
Das Nervensystem liegt bei den Hyponeuria auf der Ventralseite.
Falls ein Skelett vorhanden ist, liegt es extern.

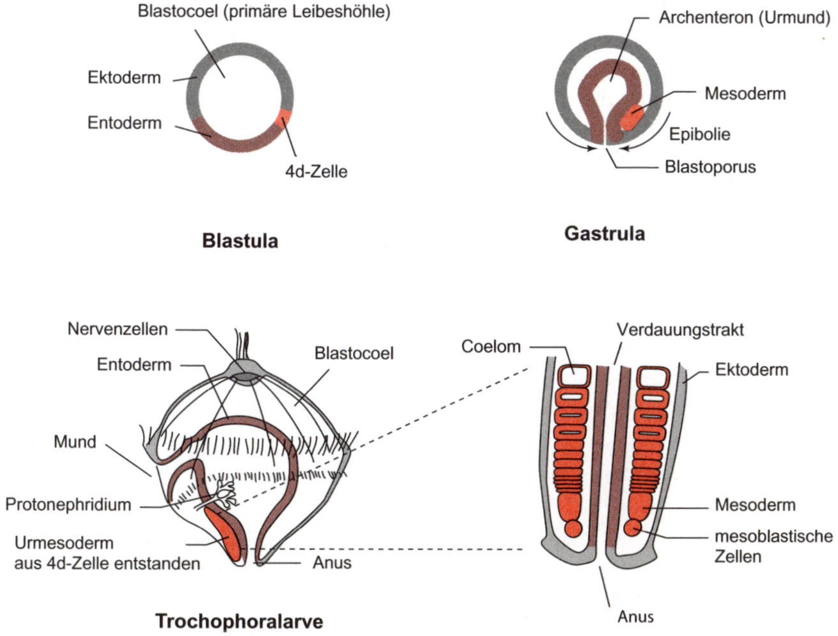

Abb. 8 Bildung des Mesoderms und Einstülpung des Coeloms durch Schizocoelie bei Prostomiern

Zu diesen Tieren gehören die Lophotrochozoa und die Cuticulata.

Die Lophotrochozoa besitzen eine Trochophoralarve (Beispiel: Anneliden).

Die Cuticulata (Beispiel: Insekten) besitzen eine Cuticula aus zwei Schichten: die Epicuticula (aus drei Lamellen bestehend: Kalk-, Wachs- und Cuticulinschicht) und die Procuticula.

▶ Deuterostomia

Bei den Deuterostomiern (Neumündern) entwickelt sich der Blastoporus zum Anus, der Mund ist eine sekundäre Öffnung. Die Leibeshöhle bildet sich durch Enterocoelie.
Das Skelett liegt intern.

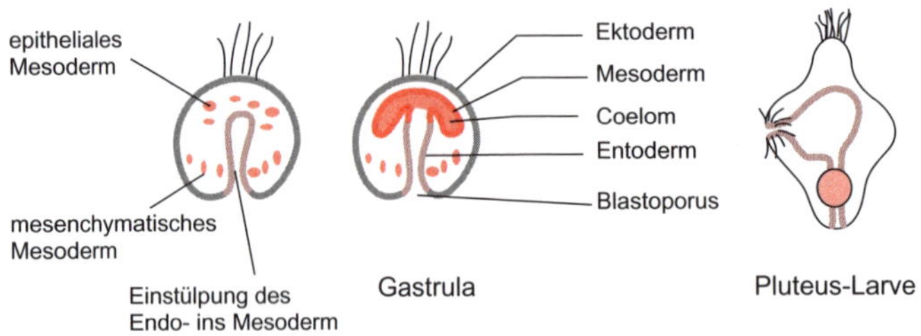

Abb. 9 Bildung des Coeloms durch Enterocoelie bei den Deuterostomia

Man unterscheidet zwei Gruppen der Deuterostomia, die Echinodermata und die Pharyngotremata (Abb. 10).

Die Echinodermata (Stachelhäuter) besitzen ein internes Skelett in Form von Platten unterhalb der Haut. Das Hydrocoel besteht aus meerwassergefüllten Kammern, dem Ambulakralsystem. Dieses hydraulische System steht über Poren in der Madreporenplatte (Siebplatte) mit dem Außenmilieu in Verbindung.

Die Pharyngotremata (Kiemenlochtiere) haben seitliche bewimperte Kiemenspalten, die durch ein Knorpelskelett gestützt werden. Der Nervenkanal liegt dorsal, daher sind sind sie Epineuria.

Zu den Pharyngotremata gehören die Vertebrata (Wirbeltiere). Von den Pharyngotremata leiten sich die Chordata, die Myomerozoa die Craniota (Schädeltiere) und schließlich die Vertebraten ab. Sie selbst schließen die Petromyzontidae (Agnatha (Kieferlose), Neunaugen) und die Gnathostoma (Kiefermäuler) ein. Die Gnathostomata differenzieren sich in Chondrichthyes (Knorpelfische), zu denen die Haie gehören, und Osteichthyes (Knochenfische). Letztere differenzieren sich wiederum in Sarcopterygia (Fleischflosser) und Actinoptreygia (Strahlenflosser) (Abb. 10).

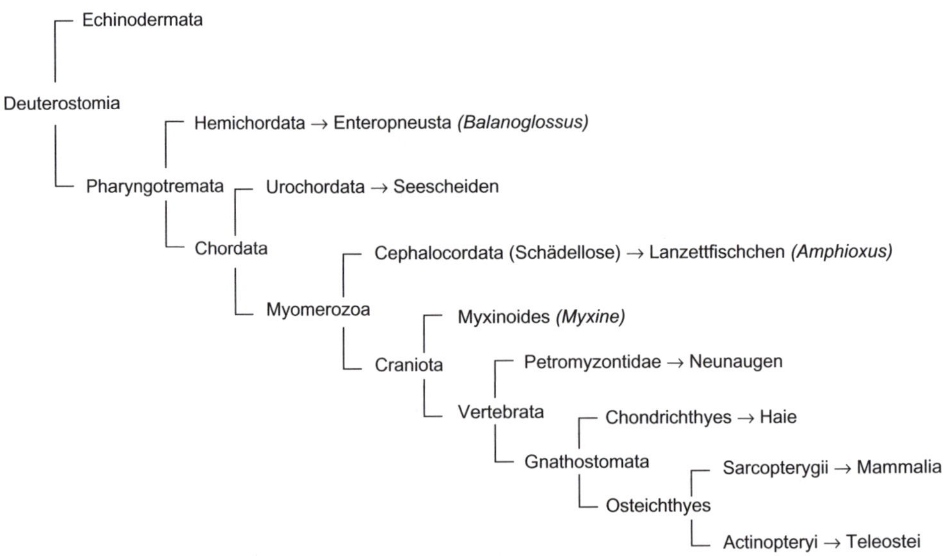

Abb. 10 Systematik der Deuterostomia

48 Der Mensch in der phylogenetischen Systematik

Worum es geht:
Phylogenetische Systematik, Kladististik, plesiomorphe Merkmale, apomorphe Merkmale, Menschenaffen, Mensch

In der phylogenetischen kladistischen Klassifizierung ist der heutige Mensch (*Homo sapiens sapiens*) ein Primat der Hominidae (Menschenaffen). Er hat einen gemeinsamen Vorfahren mit dem Schimpansen und dem Gorilla, der weder Schimpanse, noch Gorilla, noch Mensch ist.

Der Mensch weist plesiomorphe und apomorphe Merkmale auf, die nacheinander in verschiedenen Zeitaltern der Geschichte des Lebens aufgetaucht sind.

1. Plesiomorphe und apomorphe Merkmale

Ein **plesiomorphes Merkmal** ist ein ursprüngliches Merkmal von Vorfahren, das mit anderen Taxa geteilt wird. Ein **apomorphes Merkmal** kennzeichnet einen neuen Zustand, der sich in einer Folge von evolutionären Schritten von dem seiner Vorfahren weg entwickelt hat. Der Mensch besitzt also bestimmte plesiomorphe Merkmale, die er mit anderen Taxa teilt, sowie apomorphe Merkmale (Tab. 1).

Tab. 1 Plesiomorphe und apomorphe Merkmale des Menschen

plesiomorphe Merkmale gemeinsam mit anderen Taxa	apomorphe Merkmale der Hominini
Coelomata: – dorsal metamerisiertes Coelom (Somit) **Chordata** (Chordatiere): – Epineurium (oben liegender Nervenstrang) – Kiemenspalten **Vertebrata** (Wirbeltiere): – Wirbel **Craniota** (Schädeltiere): – Schädel **Gnathostomata** (Kiefermäuler): – Kiefer- und Zungenbeinbogen sind am Hirnschädel befestigt – Kiefer- und Zungenbeinbogen bilden Kiefer **Sarcopterygii** (Fleischflosser): – Struktur der Gliedmaßen – Lungenatmung – Reduktion der Hautschädelknochen **Synapsida**: – Vergrößerung der Schädelhöhle – nur ein Temporalfenster – sekundärer Gaumenknochen – Gelenk zwischen Dentale (Unterkieferknochen) und Squamosum (Schädelknochen)	Wirbelsäule und Taille: – Lordose (ventral konvexe Krümmung der Wirbelsäule) – doppelte S-Krümmung der Wirbelsäule – Verkürzung und Verbreiterung des Beckens – stark entwickelter Gesäßmuskel – tonnenförmiger Brustkorb Schädel: – dünne Schädeldecke – starke Wölbung des Gehirnschädels, mit Rundung der occipitalen Region – Reduktion des Überaugenwulstes – erhöhte Stirn – Reduktion des vorstehenden Unterkieferknochens – Naht zwischen Oberkiefer und Vorkiefer beim Erwachsenen verwischt – freies Gesicht – Zahnknochen mit Kinn – parabolischer Zahnbogen – Reduktion der Zahnhöcker Gliedmaßen: – Reduktion der vorderen Extremitäten und Freiwerden der Hand

Fortsetzung auf nächster Seite

Tab. 1 Fortsetzung

plesiomorphe Merkmale gemeinsam mit anderen Taxa	apomorphe Merkmale der Hominini
Amniota (Nabeltiere): – Amnion (Embryonalhülle) – Metanephros wird Niere **Höhere Säugetiere**: – Placenta – heterodonte Bezahnung **Primaten**: – reduziertes Maul und Herausbildung des Gesichts – binoculare (stereoskopische) Sicht – Uterus simplex (einheitliches Hohlorgan) – Krallen in Nägel umgewandelt – Greiffüße – vordere Extremitäten beweglich durch das Schlüsselbein **Catarrhini** (Schmalnasenaffen): – 32 Zähne – unten geöffnete Nasenlöcher **Hominoidea** (Menschenartige): – Atrophie der Schwanzwirbel – verlängerte Schulterblätter – verstärkte Faltung der Gehirnrinde – Ober- und Zwischenkiefer bilden einen Kanal (Canales incisivi) – Stirnhöhle **Hominidae** (Menschenaffen): – pränatale Fusion zwischen Stirn- und Kahnbein	– Handgriff verbessert durch kräftige Handmuskulatur, durch Zangengriff Daumen – Zeigefinger und Daumen – Zeigefinger, Mittelfinger – Verschwinden des Greiffußes – Entwicklung des Fersenbeins – Reduktion des Basipodiums zu 8 Handwurzelknochen Sinnesorgane: – Verbesserung des Farbsehens – Spezialisierung der Hörorgane Gehirn: – Entwicklung des Großhirnrinde – Differenzierung der Rindenzonen Diverses: – Reduktion der Behaarung

2. Systematische Einordnung des Menschen

1758 vereinigte Linné in seiner *Systema Naturae* den Menschen, die Affen und die Chiropteren (Fledermäuse) in der Ordnung der Primaten. Bald darauf stellte Blumenbach (1780) den Menschen in eine eigene Ordnung, die „Bimanen", die er den „Quadrumanen" (Affen und Halbaffen) gegenüberstellte. Diese Aufteilung wurde von Cuvier und den meisten folgenden Zoologen übernommen, bis zu den Arbeiten von Huxley und Darwin in den 1860er Jahren.

Im 20. Jahrhundert trennt die traditionelle Systematik (Simpson 1945, 1961) den Menschen in der Familie der Hominiden von der Familie der Pongiden ab, die die Großaffen (Schimpanse, Gorilla, Orang-Utan) umfasst. Diese stammesgeschichtliche Gruppe (oder dieses Taxon) der Pongiden ist also eine paraphyletische (oder evolutive) Gruppe mit einem gemeinsamen Vorfahren, die aber nur einen Teil seiner Nachkommen enthält.

In den 1960er Jahren zeigte Goodman ausgehend von molekularen Daten (serologische Proteine), dass die afrikanischen Großaffen direkt mit dem Menschen verwandt sind, und dass der Schimpanse eine Schwestergruppe zum Menschen darstellt. *Homo* und *Pan* haben also einen gemeinsamen Vorfahren, der aber nicht der Vorfahre des Gorillas ist. Um die Verwandtschaftsbeziehungen zu berücksichtigen, schloss Goodman (1963) in der Familie der „Hominiden" den Menschen, den Schimpansen und den Gorilla zusammen. Er beließ den Begriff „Pongiden" für den einzigen heutigen Vertreter der Art *Pongo* (Orang-Utan). So sieht der heutige phylogenetische Stammbaum der Großaffen aus (Abb. 1):

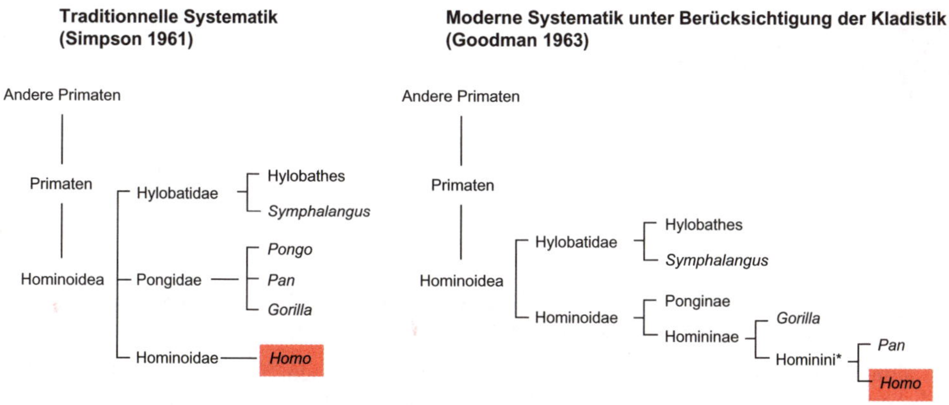

Abb. 1 Vergleich der traditionellen und modernen Systematik des Menschen

* Im Französischen werden sowohl Pan als auch Homo zu den Hominini gezählt, im Deutschen jedoch nur Homo; Panini sind dort auf gleicher Ebene neben Hominini und Gorillini eingeordnet.

49 Hominisation

Worum es geht:
Mensch, Hominisation, Verwandtschaft, Bipedie, Evolution des Gehirns, Sprache, *Australopithecus*, *Homo*

Als Hominisation bezeichnet man die schrittweise Entwicklung des heutigen Menschen und seine Differenzierung gegenüber den Menschenaffen (Hominidae).

Die allmählich fortschreitende Entwicklungslinie zum Menschen ging vor 30 Millionen Jahren von anthropomorphen Vorfahren der Großaffen und des Menschen aus. Die Rekonstruktion der Hominisation beruht auf anatomischen, molekularen und genetischen Vergleichen. Einige dieser Etappen sind die echte Bipedie, das vergrößerte Schädelvolumen und der Zugang zu Handwerk, Kunst und Kultur (Tab. 1).

1. Chronologie der Evolution des Menschen

Die Chronologie der Evolution des Menschen kann an verschiedenen archäologischen Ereignissen gemessen werden.

Tab. 1 Evolution der Menschheit, seiner Kultur und Wirtschaft

4,5 Milliarden Jahre	Entstehung der Erde
3,8 Milliarden Jahre	erste einzellige Lebewesen
1 Milliarde Jahre	erste Metazoen
70 Millionen Jahre	erste Primaten (Montana und/ oder Marokko)
35 Millionen Jahre	***Aegyptopithecus***: Vorfahre der Großaffen und des Menschen, Größe einer Katze (Ägypten und Oman)
15 Millionen Jahre	Anthropomorphe Großaffen: der *Proconsul africanus* (Kenia und Uganda) und der *Kenyapithecus* (Kenia), erste schwanzlose Hominiden
10 Millionen Jahre	*Ramapithecus* (Afrika), erster Affe mit hominiden Merkmalen, etwa 0,90–1,20 m groß, Gehirn von 400 cm^3, Zweibeiner, Freiwerden der Hände
8 Millionen Jahre	geographische Trennung der Hominiden von den Pongiden (Ostafrikanischer Graben)
7 Millionen Jahre	*Sahelanthropus tchadensis* („Toumai"), Merkmale von Homininae
4,5 bis 2 Millionen Jahre	***Australopithecus afarensis*** (Lucy, in Äthiopien gefunden), ernährt sich auch von Fleisch, rudimentäre Werkzeuge, Bipedie bestätigt
3,5 bis 3 Millionen Jahre	*Australopithecus bahrelghazali* (Abel), Hominide aus Westafrika
3 Millionen Jahre	verschiedene Hominide bewohnen Afrika, *Australopithecus africanus* (Südafrika) und *A. afarensis*
2,3 bis 2 Millionen Jahre	*Homo habilis* könnte von Afrika zum Vorderen Orient gewandert sein. *Homo habilis* (***Paranthropus robustus***) fast perfekter Zweibeiner, produziert Steinwerkzeuge, Beginn der artikulierten Sprache

Fortsetzung auf nächster Seite

Tab. 1 Fortsetzung

1,9 Millionen Jahre	Auftreten von *Homo erectus* außerhalb Afrikas, echter Zweibeiner, *Homo ergaster* in Kenia und Zentralchina
1,7 Millionen–750 000 Jahre	strukturierte Wohnstätten in Äthiopien
730 000 Jahre	*Homo erectus* bedient sich des Feuers, kann es aber noch nicht anzünden
500 000–400 000 Jahre	*Homo erectus* beherrscht das Feuer, Jäger, Fischer, Sammler, wohnt in Hütten und Höhlen. Sein Hauptwerkzeug ist der Faustkeil. Auftreten des archaischen *Homo sapiens* in Sambia und im Vorderen Orient
300 000 Jahre	*Atlanthropus* von Ternifin in Oranien (Algerien), naher Verwandter des *Sinanthropus* (Peking) und des *Pithecanthropus* (Java). Prä-Neandertaler bewohnen Europa, den Vorderen Orient und Zentralasien
300 000 Jahre	Neandertaler treten in Sierra de Atapuerca, Spanien auf
200 000 Jahre	der moderne *Homo sapiens* ersetzt den archaischen *Homo sapiens*
175 000 Jahre	Steinwerkzeuge werden angefertigt
120 000 Jahre	Auftreten des *Homo sapiens sapiens* im Vorderen Orient, Asien und Europa
100 000 Jahre	Neandertaler herrscht in Europa vor
50 000 Jahre	*Homo sapiens sapiens*, der moderne Mensch, verbreitet sich in Australien und Amerika über die zugefrorene Beringstraße
40 000 Jahre	Denisova-Mensch (Sibirien, Altai-Gebirge) stellt eine „dritte Menschenart" dar, Zeitgenosse des Neandertalers und des modernen Menschen
36 000 Jahre	Neandertaler bestattet seine Toten
35 000 Jahre	Cro-Magnon-Mensch (*Homo sapiens*) stellt den modernen Menschen dar
30 000 Jahre	Neandertaler verschwindet. *Homo sapiens sapiens* in Frankreich
23 000 bis 19 000 Jahre	Beginn der Höhlenmalereien
18 000 Jahre	erste Lampen und Erfindung der Knochennadel mit Öhr
13 000 Jahre	Zivilisation der Magdalénien-Menschen besiedelt die Pyrenäen
12 000 Jahre	Zweite Bevölkerungswelle in Amerika aus Asien über die Beringstraße
10 000 bis 5 000 Jahre	Ende der Höhlenmalereien Übergang zur Landwirtschaft (Mesolithikum) Erfindung von Pfeil und Bogen Tausch über weitere Entfernungen Bildung erster Dörfer und Städte erste Bestattungsriten
5 000 Jahre	Bau erster Dolmen (Neolithikum)
4 000 Jahre	erste Stadtstaaten im Vorderen Orient

2. Bipedie bei den Australopitheken

Die ersten Hinweise auf Zweibeinigkeit liegen 3,8 Millionen Jahre zurück und betreffen die Australopitheken (Tab. 1). Das bekannteste Fossil ist Lucy mit ungefähr 3,5 bis 4 Millionen Jahren.

Das Becken und die unteren Gliedmaßen von *A. afarensis* lassen auf Bipedie schließen. Das Becken ist wie beim Menschen und anders als bei den Affen verbreitert, und das Hüftgelenk, das den Winkel des Beins mit der Vertikalen bestimmt, ist kennzeichnend für den aufrechten

Gang. Obwohl es sich noch um eine unvollkommene Zweibeinigkeit handelt, wie der im Vergleich zum *Homo sapiens* kürzere Oberschenkelknochen und das Becken beweisen, und dieser *Australopithecus* zweifellos auch noch fähig war, sich in Bäumen fortzubewegen (arboricol), ist die Bipedie ein wesentlicher Fortschritt in der Hominisation, denn sie macht die Hände frei, die bei anderen Primaten zur Fortbewegung benötigt werden (Tab. 2).

Die Augenhöhlen liegen weiter vorn als bei den Affen und die hinteren Extremitäten sind kürzer, ebenfalls Merkmale der Bipedie.

Tab. 2 Arten der Fortbewegung bei den Primaten

Art / Fortbewegung	Gorilla	Schimpanse	Bonobo	*Australopithecus* (Lucy)	Mensch
Proportionen der Vorderextremitäten (in % der Hinterextremitäten)	116	105	102	105	72
Bipedie (in %)	2	5–10	15–20	40–60	99
Quadrupedie (in %)	50–80	40–60	30–40	10–20	0
Hängen/ Klettern in Bäumen (in %)	20–40	40–60	50–60	30–50	1

Die Bipedie erkennt man durch den Vergleich des Skeletts von Schimpanse und Mensch, der Mensch ist das einzige Tier mit aufrechter Haltung (Abb. 1).

Homo erectus war ein perfekter Zweibeiner, und diese Fortbewegungsart ermöglichte es ihm, große Strecken zurückzulegen, was ein 200 000 Jahre altes Fossil in Indonesien bestätigt. Damit in Einklang stehen Indizien, dass *Homo erectus* vor fast zwei Millionen Jahren in Afrika auftrat. Er könnte also inzwischen andere Kontinente, Europa und Asien, erreicht haben.

3. Vergrößerung des Schädelvolumens, der Zugang zu Kunst, Kultur, Handwerk und Sprache

Die Schädelkapsel des *Homo erectus* hat ein Volumen von 1 000 cm^3, viel größer als das des *Australopithecus*. Dieser Schädel zeigt eine erhebliche Entwicklung der Hirnrinde, möglicherweise verbunden mit einer Zunahme psychomotorischer Leistungen. Diese Entwicklung des Gehirns ist eines der Merkmale der **Hominisation**. Eine ihrer Folgen war die Herstellung von Werkzeugen wie Faustkeilen oder behauenen Steinbeilen, Zeichen einer noch primitiven, aber ausbaufähigen Handwerkskunst. *H. erectus* beherrschte ebenfalls das Feuer und so konnte er kältere Regionen besiedeln.

Zeichen einer Kultur sind weitere Merkmale der Hominisation. Sie zeigt sich zunächst in der Herstellung von behauenen Steinen. Erste Anzeichen ihrer Herstellung noch vor dem *H. erectus* sind ein wesentlicher Schritt zur Hominisation. Nach dem Steinhandwerk folgten andere Materialien (Holz, Knochen, dann polierter Stein, Metall, usw.).

Letzter Vertreter der Abstammungslinie vor einigen zehntausend Jahren ist der *Homo sapiens*, die Art zu der der heutige Mensch gehört. Dieser Mensch besaß ein Schädelvolumen von 1 400 cm^3. Er entwickelte vielfältige Gewerbe (verbesserte Werkzeuge, Knochen). Er fertigte Kunstwerke von hoher Qualität an (Grotte von Lascaux) und hatte magisch-religiöse Glaubensvorstellungen, denn er bestattete seine Toten nach genau festgelegten Ritualen. Der *Homo sapiens* ist ebenfalls über weite Entfernungen gewandert und hat alle Kontinente und die meisten ozeanischen Inseln erreicht. Die Entwicklung der Kultur (Handwerk, Kunst, Glaube) bildet die letzte Stufe der Hominisation.

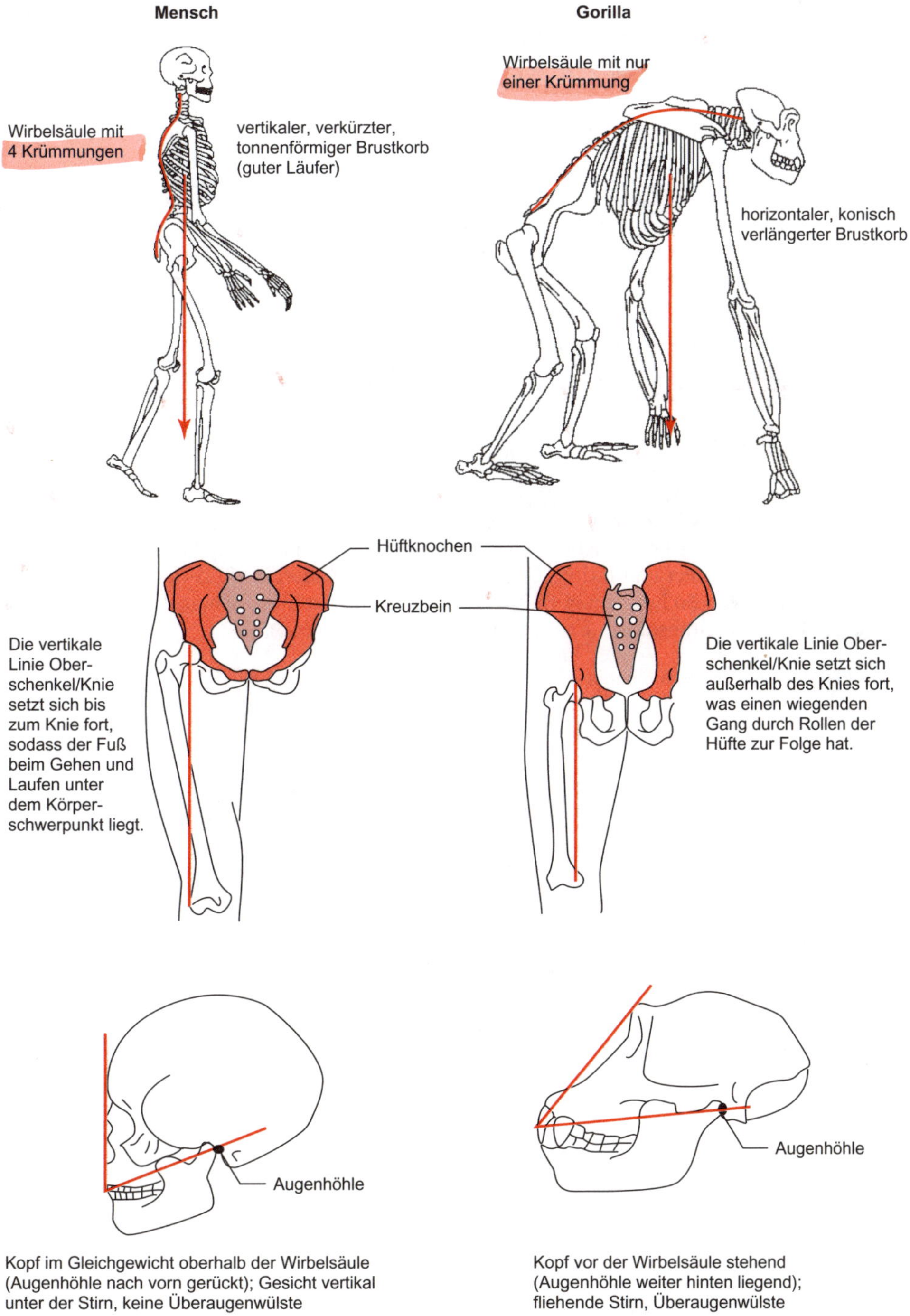

Abb. 1 Vergleich des Skeletts eines echten Zweibeiners (Mensch) und eines Vierbeiners (Gorilla)

Die Sprache entwickelt sich beim *Homo sapiens* in direktem Zusammenhang mit der Entwicklung des Gehirns. Der *Australopithecus* besaß noch ein ähnliches Kommunikationssystem wie die heutigen Schimpansen.

Den Neandertaler hinderte anatomisch nichts an der Herausbildung einer Sprache. Jedoch waren das Gehirn und damit die kognitiven Fähigkeiten noch ungenügend, um eine artikulierte Sprache zu entwickeln.

Beim *Homo erectus* betrug die Größe des Gehirns 80 % der Größe des heutigen menschlichen Gehirns. Trotzdem konnte er nicht sprechen, da sein Kehlkopf zu hoch lag. So konnten die Migrationen nach Asien, Ozeanien und Europa nur durch eine hochentwickelte Kommunikationsform (Körpersprache) begleitet werden. Es war eine völlig andere Ausdrucksform, als wir sie heute verwenden.

Die Stellung des Kehlkopfs beim heutigen Menschen (Abb. 2) ist vor 150 000 Jahren entstanden und die Sprachentwicklung begann vor etwa 100 000 Jahren. Sprechen war erst möglich, nachdem der Kehlkopf sich gesenkt und die Schädelbasis sich zurückgebogen hatte, wodurch ein genügend großer Rachenraum entstand, um den Stimmbändern ihren vollen Tonumfang und genügend Lautkontraste zu ermöglichen.

Es existiert ein Sprachgen auf dem Chromosom 7, das Gen FOXP2. Der moderne Mensch trägt als Einziger zwei Modifikationen, die ihm eine bessere Kontrolle der Bewegungen des Kehlkopfes und des Mundes ermöglichen. Dieser Vorteil hat sich nur beim Menschen vor etwa 200 000 Jahren verbreitet und fixiert. Die Folgen sind der kulturelle, künstlerische und technologische Fortschritt im Jungpaläolithikum zusammen mit der mündlichen Überlieferung des Kulturerbes (Kunst, Grabstätten, Erfindung neuer Techniken, etc.).

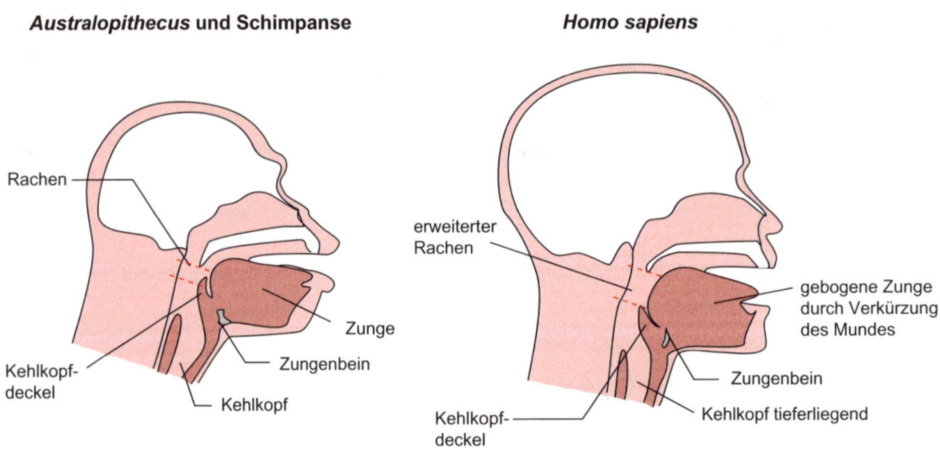

Abb. 2 Stimmbildungsorgane

50 Akteure des Ökosystems

Worum es geht:
Biozönose, Biotop, abiotische Faktoren, Biom, Toleranzgesetz, trophische Netze, Primärproduzenten, Konsumenten, Destruenten, Mineralisierer

Ein **Ökosystem** ist eine Gemeinschaft von Lebewesen verschiedener Arten, einer **Biozönose**, in einer gemeinsamen geologischen, pedologischen und atmosphärischen Umgebung, dem **Biotop**. Die Lebewesen in einem Ökosystem bauen Beziehungen untereinander und mit ihrer Umwelt auf.

Ein Ökosystem besteht demnach aus den beiden Faktoren Biotop und Biozönose.

1. Biotop und Verbreitung der Arten

Das Biotop gibt eine Reihe von physikalisch-chemischen Merkmalen der Umwelt vor. Physikalische Parameter sind z. B. Gravitation, Strahlung, etc. Chemische Parameter sind z. B. der Gehalt an Wasser, molekularem Sauerstoff, Mineralsalzen, etc.

Das Biotop bedingt die Verbreitung der Organismen innerhalb des Ökosystems sowie seine Artenvielfalt. Es stellt sich ein räumlicher Verteilungsgradient der Organismen und der besiedelten geographischen Zonen ein, das **Biom** oder die Ökozone. Zum Biom gehören auch gemeinsame klimatische und bodenkundliche Voraussetzungen. Obwohl gewisse terrestrische Biome meist nach der vorherrschenden Vegetation benannt werden, charakterisiert sich jedes Biotop auch durch die Mikroorganismen, Pilze und Tiere, die darin vorkommen (Abb. 1).

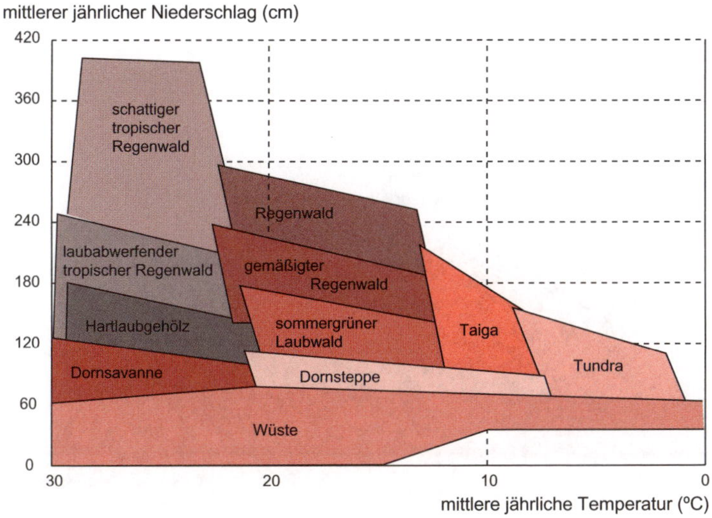

Abb. 1 Biome

Die Lebewesen, die ein Biotop besiedeln, sind an die Bedingungen der Umwelt angepasst. Die begrenzenden Faktoren geben den Rahmen für Standardverteilung und Abweichungen vor. Diese Verteilung folgt dem Toleranzgesetz von Shelford (Abb. 2).

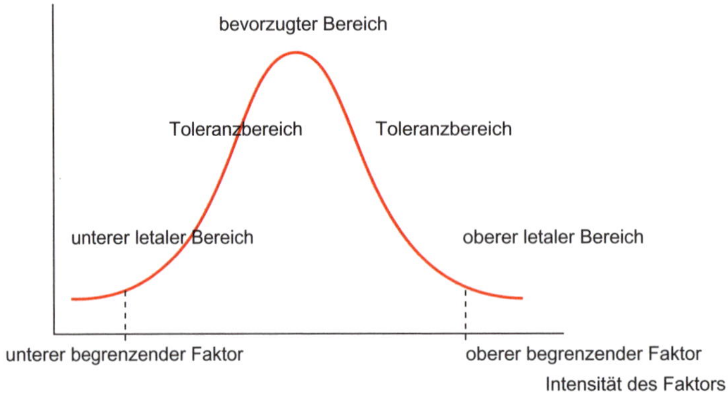

Abb. 2 Toleranzgesetz nach Shelford

Ein Ökosystem steht im Gleichgewicht, wenn die Populationen konstant bleiben und bei Aussterben einer Art entweder andere Arten durch Einwanderung an ihre Stelle treten, wenn es sich um ein isoliertes Gebiet handelt, oder neue Arten durch Artenbildung ihren Platz einnehmen. So wird die entsprechende ökologische Nische besetzt.

Die physikalisch-chemischen Parameter bestimmen im terrestrischen Milieu einen Verteilungsgradienten der Organismen nach Höhe und Hanglage. Als Beispiel weisen die (französischen) Alpen eine Artenvielfalt der Flora auf, die sich in fünf Verteilungszonen je nach Höhe aufteilen lassen: Hügellage, Berglage, subalpines, alpines und Schneegebiet. Je nach Hangrichtung (Nord oder Süd) ändert sich die Übergangshöhe dieser Zonen und liegt je nach Sonneneinstrahlung tiefer (Abb. 3).

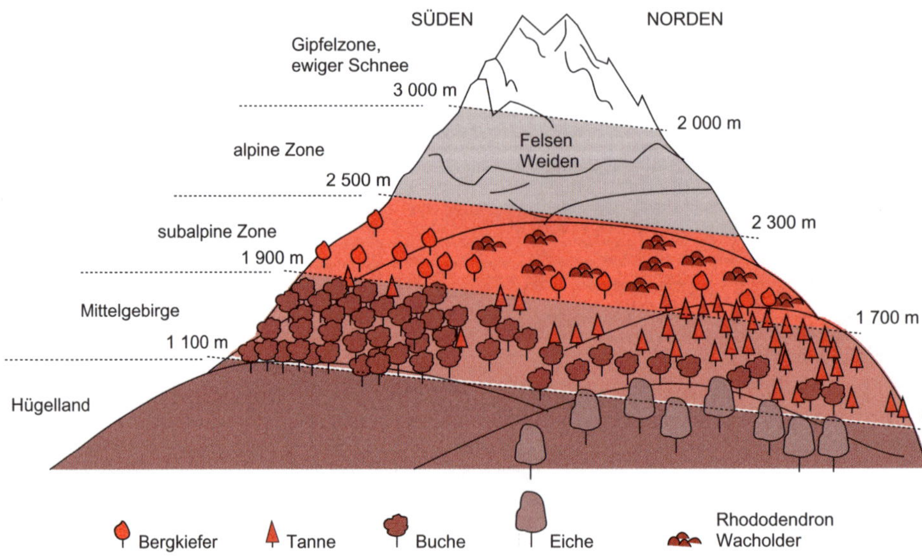

Abb. 3 Biodiversität der Bergflora in Abhängigkeit von Höhe und Hangrichtung

Im aquatischen Milieu, und besonders im Meer, nimmt die Strahlungsintensität mit der Tiefe ab, ein wesentlicher Faktor für die Verteilung der marinen Flora. Zum Beispiel ist die Verteilung der Algen im Ärmelkanal auf 45 m Meerestiefe, dagegen im Mittelmeer auf 100–150 m begrenzt. Die Infrarotstrahlung wird in den ersten Zentimetern absorbiert. Die Rotstrahlung reicht nur bis ungefähr 10 m Tiefe und in 75–100 m Tiefe dringt nur Blaustrahlung und in geringer Menge Grünstrahlung ein. Noch tiefer herrscht totale Finsternis. So sind in der Tiefe im Schwachlichtbereich nur noch Rotalgen anzutreffen, denn sie besitzen Phycoerythrin, das im grünen Bereich (um 500 nm Wellenlänge) absorbiert und die Energie an das Photosystem weiterleitet.

2. Beziehungen zwischen Organismen einer Biozönose

Alle Organismen eines Ökosystems bilden eine Biozönose. Innerhalb des Ökosystems bildet jede Art eine Population, die durch intra- und interspezifische Faktoren der natürlichen Selektion unterworfen ist. Jede Population besetzt eine eigene **trophische Nische**, in der sie „Unterkunft und Verpflegung" findet (Abb. 4).

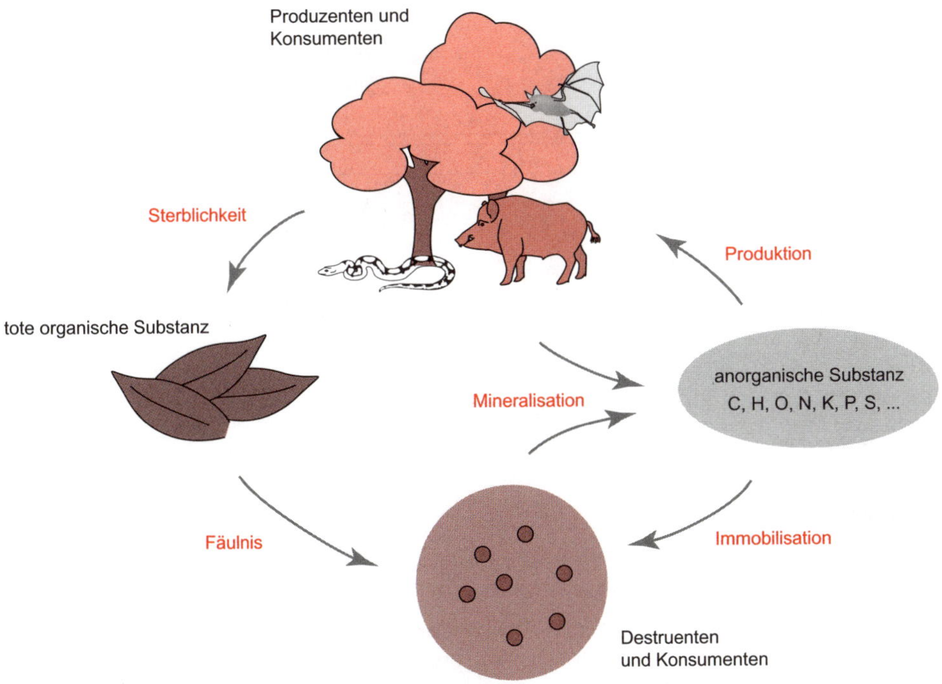

Abb. 4 Nahrungsbeziehungen innerhalb eines Ökosystems

In einem Ökosystem stellen sich Nahrungsbeziehungen (trophische Beziehungen) zwischen den Organismen ein, was als **trophisches Netz** bezeichnet wird. Jedes dieser trophischen Netze bildet Nahrungsketten, die aus einzelnen Organismen mit speziellen Nahrungsbedürfnissen bestehen.

a) Primärproduzenten

Primärproduzenten sind Organismen, die durch Photosynthese oder Chemosynthese Energie in Form von organischer Substanz aus mineralischer Substanz anreichern. Das gesamte Ökosystem beruht auf der Primärproduktion (Abb. 5).

Primärproduzenten sind meist makroskopische oder mikroskopische Photosynthese betreibende grüne Pflanzen.

Sie verwenden die Sonnenenergie, um bestimmte mineralische Substanzen (CO_2, H_2O, NO_3^-, SO_4^{2-}, PO_4^{2-}, etc.) in organische Substanzen (Kohlenhydrate, Lipide, Proteine) umzuwandeln.

Diese Primärproduzenten, die aus lebenden Pflanzen bestehen, stehen an der Basis des „Systems der Herbivoren“, im Gegensatz zum „System der Detrivoren“, das auf Destruenten basiert.

Einige Primärproduzenten benutzen die Energie von Redoxreaktionen anorganischer Substanzen, um organische Substanz zu synthetisieren (**Chemosynthese** oder Chemolithoautotrophie).

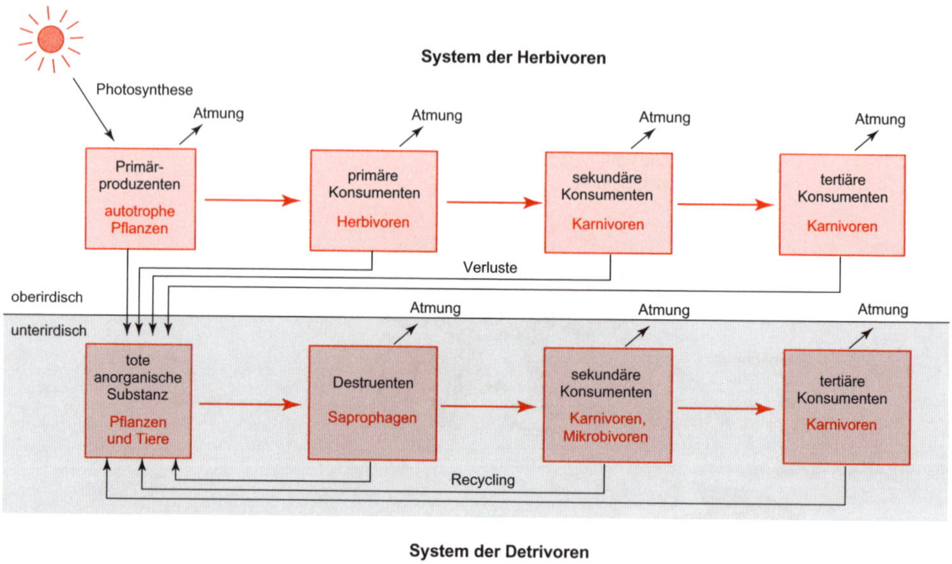

Abb. 5 Trophische Netze

b) Konsumenten

Konsumenten sind Organismen, die sich von frischer oder sich zersetzender organischer Substanz ernähren, die von anderen Organismen produziert wurde:

- Im System der Herbivoren verbrauchen **Primärkonsumenten** organische Substanz, die von Primärproduzenten, autotrophen Organismen, produziert wurde. Das sind die Pflanzenfresser.
- **Sekundärkonsumenten** ernähren sich von Primärproduzenten. Das sind Fleischfresser oder manchmal Parasiten, die sich von Primärkonsumenten ernähren (z. B. parasitische Nematoden).
- **Tertiärkonsumenten** ernähren sich von Sekundärkonsumenten.

Bei jedem Glied der Nahrungskette gibt es erhebliche Energieverluste, weshalb Quartärkonsumenten selten und auf wenige Superprädatoren oder gewisse Parasiten begrenzt sind.

Die Einordnung ist nicht immer einheitlich, da viele Organismen zu mehreren dieser Kategorien zuzuordnen sind.

Außerdem produzieren Konsumenten wie Primärproduzenten ihre eigene Biomasse und sind daher ebenfalls **sekundäre Produzenten**.

c) Destruenten

Destruenten (oder Reduzenten) sind Organismen, die tote organische Substanz verzehren und sie umwandeln oder mineralisieren. Diese Funktion ist zum Recycling der organischen Substanz unerlässlich und wird hauptsächlich von Mikroorganismen (Pilzen, Bakterien) und einigen Invertebraten übernommen.

Die Destruenten gehören zum sog. System der Detrivoren, in dem man ähnliche Nahrungsketten wie im System der Herbivoren vorfindet (Abb. 4). Die Gesamtheit der toten Gewebe (Blätter, Tierleichen, Faeces, etc.) bilden für Destruenten einen Vorrat an toter Substanz, den Humus. Sie sind ihrerseits Nahrung für sekundäre Konsumenten (Protozoen, kleine Invertebraten), und diese wieder Nahrungsquelle für tertiäre Konsumenten.

d) Mineralisierer

Mineralisation ist die Umwandlung von organischer Substanz in Minerale (Wasser, Nitrate, Phosphate, CO_2, Calcium, etc.).

In ökologischer Hinsicht entspricht die Atmung der Lebewesen dem Übergang von organischem Kohlenstoff zu mineralischen Kohlenstoff (CO_2).

Bestimmte Mikroorganismen (Fäulniserreger: Bakterien und Pilze) können Proteine zu Ammoniak abbauen (Ammonifikation). Einige Bakterien (*Nitrosomonas*) können Ammoniak zu Nitrit (NO_2) oxidieren (Nitrifikation), während andere (*Nitrobacter*) Nitrit zu Nitrat oxidieren (Nitratation). Beide Prozesse werden als Nitrifikation bezeichnet und gewährleisten die Mineralisation von organischem Stickstoff.

51 Energiefluss innerhalb des Ökosystems

Worum es geht:
Biozönose, Biotop, Energiefluss, Substanz, Mensch

Ein Ökosystem stellt eine Biomasse dar, deren Produktivität von der Biodiversität abhängt und einen Energieumsatz aufweist.

Alle Organismen produzieren Biomasse. Es bilden sich zwischen den Arten innerhalb eines Ökosystems Nahrungsbeziehungen, die sich durch Substanztransfer und Energiefluss ausgleichen. Autotrophe Organismen, die Primärproduzenten, nehmen aus ihrer Umwelt mineralische Substanz auf, die sie in organische Substanz umwandeln, unerlässlich für die Konsumenten, die Heterotrophen, zur Produktion der eigenen Biomasse. Die Produktivität eines Ökosystems hängt von seiner Biodiversität ab.

1. Produktion der Biomasse

Alle Organismen, egal ob Primärproduzenten, Destruenten oder Konsumenten, sind Produzenten von Biomasse. Die Rückführung der Biomasse in die mineralische Substanz wird während der Mineralisierung durch Atmung oder Gärung gewährleistet. So kreist ein Substanz- und Energiefluss innerhalb des Ökosystems.

a) Wachstum und Produktion von Biomasse

Die Produktion pflanzlicher Biomasse hängt von physikalisch-chemischen Faktoren ab, die die Photosynthese beeinflussen. Die Menge der Pflanzenmasse, die durch pflanzliches Wachstum erzeugt wird, wird durch die Trockenmasse ausgedrückt (Abb. 1). Gleichermaßen schafft ein Tier neue Substanz durch sein Wachstum.

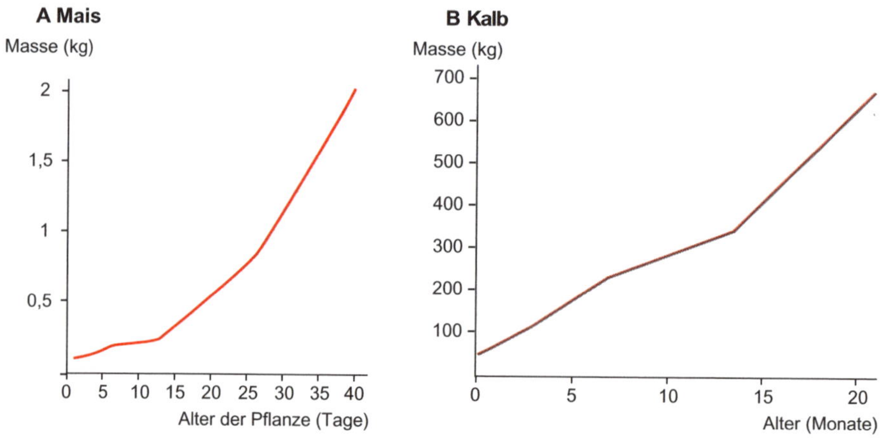

Abb. 1 Produzierte Biomasse wachsender Organismen

b) Biomasse und Produktivität

Ein Ökosystem ist durch seine Biozönose gekennzeichnet, eine Lebensgemeinschaft, die eine bestimmte Substanzmenge darstellt, die Biomasse, die pro Flächeneinheit gemessen werden kann. Die Produktivität eines Ökosystems entspricht demnach der Erhöhung der Biomasse pro Zeit und Oberfläche.

Biomasse und Produktivität unterscheiden sich von einem Ökosystem zum anderen jeweils durch Alter, Intervention des Menschen und Biodiversität (Tab. 1). Die Biomasse nimmt ebenfalls von einer Trophieebene zur nächsten hin ab (Tab. 2).

Tab. 1 Gesamtbiomasse einiger landwirtschaftlicher Erzeugnisse

Landwirtschaftlicher Anbau	
Angebaute Art	**Gesamtbiomasse (Tonne pro Hektar)**
Luzerne	32
Weizen	10
Futtermais	20
Zuckerrübe	18
Rohrzucker	31

Tab. 2 Biomasse eines 120 Jahre alten, natürlichen Eichen-Hainbuchenwaldes

Natürlicher Eichen-Hainbuchenwald		
		Biomasse (t oder kg pro ha)
Primärproduzenten	Wurzeln	54 t
	Stämme	180 t
	Zweige	76 t
	Laub	3 t
	Gras	2 t
	Streu	6 t
Primärkonsumenten	Laub-Konsumenten	1 kg
	Gras-Konsumenten	2,5 kg
Sekundärkonsumenten	Fleischfresser	0,6 kg
Destruenten	Bodenfauna	0,5 t
Gesamtbiomasse		322 t

2. Substanzumwandlung und Energiefluss

a) Wirkungsgrad der Sonnenenergieumwandlung

Photosynthese betreibende Organismen wandeln Sonnenenergie in organische Substanz um. In ökologischer Hinsicht wird die genutzte Energiemenge in Kilojoule (kJ) ausgedrückt und auf die Fläche pro Jahr übertragen. Der erhaltene Wert wird mit der **Nettoprimärproduktion**, dem Energiewert der in einem Jahr neu gebildeten pflanzlichen Biomasse auf der gleichen Fläche, verglichen.

In einem Wald zum Beispiel wird für $2\,006 \cdot 10^3$ kJ gelieferter Strahlenenergie ein Teil für Photosynthese genutzt, ein Teil wird reflektiert ($300 \cdot 10^3$ kJ) und ein Teil der absorbierten Energie geht als Wärme ($826 \cdot 10^3$ kJ) oder als Evapotranspiration ($836 \cdot 10^3$ kJ) verloren. Der Rest stellt die **Bruttoprimärproduktion** dar. Ein Teil dieser Produktion wird jedoch bei der Zellatmung ($24 \cdot 10^3$ kJ) abgegeben. Die verbleibende Biomasse entspricht der Nettoprimärproduktion, in unserem Beispiel $20 \cdot 10^3$ kJ.

b) Energietransfer zwischen den Trophieebenen

Die Nettoprimärproduktion geht teilweise in die Nahrungsketten ein. Der Energiefluss innerhalb des Ökosystems berechnet sich aus dem Nutzungsgrad der Energie der verschiedenen trophischen Ebenen, indem man die Energiezufuhr, Verluste (nicht assimilierte Substanz) und die für die Atmung aufgewandte Energie (als Wärmeabstrahlung verlorene Energie) betrachtet. Die Ergebnisse weisen eine Energiepyramide auf, die mit der Pyramide der Biomasse vergleichbar ist. Der Stoffkreislauf in den Trophieebenen weist einen Energieverlust innerhalb der trophischen Netze auf (Abb. 2).

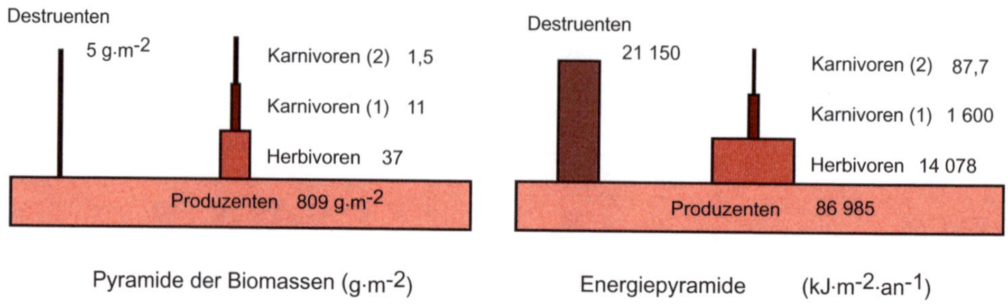

Abb. 2 Pyramide der Biomasse (**A**) und der Produktivität (**B**) in einem aquatischen Ökosystem

3. Einfluss des Menschen auf die Ökosysteme

Der Mensch bezieht für seine Bedürfnisse Ressourcen aus seiner Umwelt oder verändert dabei ihre Zusammensetzung. So kann das dynamische Gleichgewicht in einem natürlichen Ökosystem gestört und die Biodiversität verändert werden.

In den letzten Jahrhunderten hat der Mensch gleichzeitig fossile Energiequellen, die sich in Millionen Jahren angereichert hatten, und Holz verbrannt und dabei CO_2, das über lange Zeit absorbiert und fixiert worden war (Erdöl, Kohle), in die Atmosphäre freigesetzt. Dies hat zur Folge, dass das Gleichgewicht des Kohlenstoffkreislaufs empfindlich gestört ist. Es besteht eine positive Korrelation zwischen den CO_2-Emissionen und menschlicher Tätigkeit (Industrie, Abholzung). Die CO_2-Konzentration in der Atmosphäre ist mit der industriellen Entwicklung gewaltig gestiegen (380 ppm), nachdem sie in den vorhergehenden Jahrtausenden stabil war (280 ppm). Wasserdampf, CO_2 und Wolken absorbieren infrarote Strahlung (IR). Die von der Erdoberfläche emittierte IR-Strahlung wird teilweise von der Stratosphäre absorbiert, um dann wieder an die Erdoberfläche rückgestrahlt zu werden. Dieser Effekt, der Treibhauseffekt, ist ein durchaus natürliches Phänomen. 75 % des Treibhauseffektes werden von den 0,035 % des CO_2 der Luft und von Wasserdampf verursacht, 15 % von Methan (CH_4) und der Rest von Distickstoffoxid (Lachgas, N_2O).

Die erheblichen CO_2-Emissionen durch den Menschen in die Atmosphäre sowie die Abgabe von Aerosolen erhöhen daher den natürlichen Treibhauseffekt, was sich in einer globalen Klimaerwärmung niederschlägt.

Kurz- und mittelfristige Klimaänderungen sind also vorauszusehen, aber schwer als Modell darzustellen. Diese Änderungen dürften die Ozeane beeinflussen und ihre Erwärmung wiederum das Abschmelzen des Polareises und Modifikationen der Strömungen. Der Meeresspiegel lässt, je nach Voraussage, einen Anstieg von 20 bis 60 cm erwarten.

Um die Mannigfaltigkeit des Ökosystems zu bewahren, aus dem der Mensch seine Ressourcen bezieht, versucht er, seine wirtschaftlichen Bedürfnisse und die Erhaltung der Biodiversität der Ökosysteme miteinander in Einklang zu bringen.

Index

Q

R